电力应急培训系列教材

HONGLAO ZAIHAI QIANGXIAN JIUYUAN SHIXUN JIAOCHENG

洪涝灾害抢险救援实训教程

蔡 辉 ◎主编

图书在版编目（CIP）数据

洪涝灾害抢险救援实训教程 / 蔡辉主编 . -- 成都：
四川大学出版社，2025.1
ISBN 978-7-5690-5401-9

Ⅰ．①洪… Ⅱ．①蔡… Ⅲ．①水灾－救援－教材
Ⅳ．① P426.616

中国版本图书馆 CIP 数据核字（2022）第 049718 号

书　　名：洪涝灾害抢险救援实训教程
　　　　　Honglao Zaihai Qiangxian Jiuyuan Shixun Jiaocheng
主　　编：蔡　辉

选题策划：李波翔
责任编辑：李波翔
责任校对：杨　果
装帧设计：青于蓝
责任印制：李金兰

出版发行：四川大学出版社有限责任公司
　　　　　地址：成都市一环路南一段 24 号（610065）
　　　　　电话：（028）85408311（发行部）、85400276（总编室）
　　　　　电子邮箱：scupress@vip.163.com
　　　　　网址：https://press.scu.edu.cn
印前制作：四川胜翔数码印务设计有限公司
印刷装订：成都金龙印务有限责任公司

成品尺寸：185 mm×260 mm
印　　张：17.5
字　　数：347 千字

版　　次：2025 年 1 月 第 1 版
印　　次：2025 年 1 月 第 1 次印刷
定　　价：88.00 元

本社图书如有印装质量问题，请联系发行部调换

扫码获取数字资源

四川大学出版社
微信公众号

编委会

主　编　蔡　辉

副主编　邓　创　卢鸿宇　王圣伟

编委会成员（以姓氏笔画为序）

卜祥航　马文豪　马　林　王　姗　王　彬　王晨鹏

王　超　卢　陶　杨颖锐　李　兴　李　苗　吴　驰

张纪礼　张青松　张　冀　陈　杰　陈　欣　罗　刚

罗志贤　罗修明　罗　霄　周　炜　聂　鹏　高　嵩

黄　超　章诗佳　梁瀚文　韩一冬　蒲　坚　廖满超

颜　艇　魏川翔　魏嗣琴

前　言

我国幅员辽阔，地理气候条件复杂，自然灾害种类多且发生频繁。其中，洪涝灾害就是我国最严重的自然灾害之一，每年因灾造成大量财产损失与人员伤亡。近年来，洪涝灾害频繁侵袭我国多地，且具有突发性强、波及范围广、破坏力大、次生灾害频发等多种特点，所需应急处置救援工作量大，对应急管理人员的指挥决策水平及现场救援抢险人员的应急技能提出了更高要求。

在此背景下，国网四川省电力公司电力应急中心以习近平新时代中国特色社会主义思想为指引，组织电力应急领域的专家，依托供电企业应急能力建设要求，结合电力生产实际，编写了《洪涝灾害抢险救援实训教程》一书，以满足供电企业应急知识培训的实际需求。

本书共五章。第一章阐述了洪涝灾害的定义和特征，分析介绍了洪涝灾害对电力生产的主要危害和影响。第二章从洪涝灾害救援实际工作出发，详细阐述了救援风险评估、队伍及物资集结、洪涝灾害监测预警等十六个方面的洪涝灾害救援技术。第三章对洪涝灾害中开展现场救援、应急通信、生产防洪应急装备的用途、操作流程和注意事项作了详细介绍。第四章从预案管理、指挥处置、处置后评估、新闻报道与舆情处置等方面出发，阐述了洪灾灾害预防和响应有关重要环节的应急机制，同时列举多项典型案例以供读者学习参考。第五章梳理了应急演练的相关知识。最后为附录。全书内容丰富、讲解细致，具有较强的实用性、系统性和可操作性。

编写工作启动后，编写组严谨工作，进行了多方调研和多次探讨。本书凝结了编写组专家和广大电力工作者的智慧，以期能够准确表达管理规范和标准要求，为供电企业应急管理人员的工作提供科学有效的参考。但科学技术不断发展，应急管理方法不断创新，编者水平有限，不足之处恳请读者批评指正。

编写组

2022年2月

目 录

洪涝灾害抢险救援实训教程
HONGLAO ZAIHAI QIANGXIAN
JIUYUAN SHIXUN JIAOCHENG

第一章 概 述

一、定义

洪涝灾害是指由降雨、融雪、冰凌、风暴潮等引起河流泛滥、山洪暴发和农田积水所造成的危害。我国东部地区的洪涝灾害主要由暴雨和沿海风暴潮形成，西部地区的洪涝灾害主要由融冰、融雪和局部地区暴雨形成。此外，北方地区冬季可能出现冰凌洪水，对局部河段造成灾害。

二、我国洪涝灾害的特征

从发生的范围、强度、频次、对人类的威胁性而言，我国大部分地区以暴雨洪涝为主，且绝大部分地区50%以上集中在5—9月。受气候地理条件和社会经济因素的影响，我国的洪涝灾害具有范围广、发生频繁、突发性强、损失大的特点。

洪涝是一种高度复杂的自然现象，与天文圈、大气圈、生物圈、人类圈和岩石圈都有着密切的联系，是五个圈层相互作用、相互反馈的产物。洪涝灾害的孕育、发生、发展和消亡的演化过程受天体背景（如太阳活动、月球活动等）、气候、气象、海洋、水文、地形地势和人类活动等众多要素的作用、牵引和制约，主要影响因素有地理位置、气候条件和地形地势。同时，洪涝灾害的演化会导致各类次生灾害，并对人类社会、经济和环境均造成影响。

（一）洪涝灾害的转化机理

（1）转化为经济损失事件。洪涝灾害除了造成人员伤亡、房屋倒塌以外，还常常造成大面积的农田被淹和交通干线被毁。洪水对交通运输也有较大影响，每年汛期各类洪水对铁路的正常运输和行车安全构成很大危害。再者，一些大中城市沿河分布，地势平坦，极易受到洪水的侵袭；一旦受到洪水袭击，就损失惨重。洪涝灾害发生必然会造成一定的经济损失，因此洪涝灾害转化为经济损失事件是不可避免的。

（2）转化为舆情事件。由于洪涝灾害与民众的生命财产密切相关，一旦发生洪涝灾害并且损失惨重，民众对洪涝灾害事件的关注程度会比较高，因此，洪涝灾害事件

很容易导致舆情事件。洪涝发生后，社会上有关于死亡人数、水源污染、发生疫病等谣言，若媒体没有及时发挥自己的舆论引导作用，也会使群众失去对政府的信任，使洪涝灾害转化为舆情事件。

（3）转化为疫情事件。水灾和疫病常常有因果关系，水灾引起疫病的暴发和蔓延，给社会带来的冲击和影响甚至超过水灾本身。洪涝灾害引起的疫情主要有以下类型。一是疫源地的影响。由于洪水淹没了某些传染病的疫源地，所以啮齿类动物及其他病原宿主迁移和扩大，从而引起某些传染病的流行。二是传播途径的影响。洪涝灾害导致生态环境恶化，扩大了病媒昆虫滋生地，各种病媒昆虫密度增大。三是洪涝灾害导致人群迁移引起疾病。洪水淹没或行洪一方面使传染源转移到非疫区，另一方面使易感人群进入疫区，这种人群的迁移极易导致疾病的流行。四是居住环境恶劣引起发病，年老体弱者、儿童和慢性病患者更易患病。

（4）转化为地质事件。山洪往往引起山体滑坡。山洪不同于一般的洪水，它流速快、历时短、冲刷力极强、破坏力大、水势陡涨陡落，会形成暴雨—山洪—泥石流—滑坡—崩塌山地灾害链。山洪灾害对其活动范围内的人员、建筑、工业、农业、交通、通信、电力、水利设施等均会造成直接的破坏。

（5）转化为社会治安事件。洪水灾害对社会影响的一个方面是人口的流动（逃荒），造成社会的动荡。历史上严重的洪涝灾害造成人口伤亡、经济破坏，惨烈程度难以想象。大的水灾对生产生活造成的破坏在短时间内难以恢复，逃亡现象往往持续若干年，给多个地区都会带来一系列的治安问题。

（二）洪涝灾害的蔓延机理

洪涝灾害事件的蔓延是指洪涝灾害转化为疫情事件，疫情事件有可能蔓延为其他疫情。过去，病畜尸体以及排泄物中带有大量菌体，通过污染的土壤和水源传播多种疫病，极有可能形成长久的疫源地。随着水土流失，原来地下层的疫源暴露在土表，成为新的传染源。

（三）洪涝灾害的衍生机理

洪涝灾害事件的衍生是指应对洪灾的措施导致了其他类型突发事件的发生。在抗洪救灾过程中可能衍生的事件有：应对网络舆情事件导致矛盾更加激化，救灾不力导致民怨高涨，救灾过度劳累牺牲、参与救援或过度关注灾难都会产生心理问题，救灾防疫过度造成二次污染等。

（四）洪涝灾害的耦合机理

洪涝灾害事件的耦合机理是指洪涝灾害与其他因素互相作用和影响，最后导致洪涝灾害更加严重。例如，洪涝灾害遇到特殊的地质地貌背景、异常的气候条件、政治敏感事件等都会引发次生灾害。

三、洪涝灾害对电力设施的危害和影响

每年5月至9月，受暴雨影响，我国可能频繁发生洪涝灾害，同时由于地理位置和地形地势的不同，洪涝灾害对不同地区的影响程度存在一定差异。在洪涝灾害下，由于大量降雨的影响，电力设备极易发生短路损坏、内部放电损坏、器身部件受潮损坏等情况。而且输电杆塔、变电站建筑设施等电力设施也可能被洪水破坏。

（一）对输电线路的影响

杆塔基础土壤受到严重冲刷而流失，使基础失掉应有的稳固性而倾倒。位于山坡、堑坡等处的杆塔会由于山体受雨水冲刷引起滑坡、塌方、错位而倾倒。这种倒塌造成的停电事故，抢修时往往受到天气、道路运输条件以及器材准备等多方面的不利因素影响，使恢复时间拖延，从而影响群众生活和工业生产。此外，对城市地下电缆而言，洪涝灾害带来的危害极大，会因泡水导致电缆接头漏电从而使电缆线路停运，还可能发生附近行人触电的次生事故。

（二）对变电设备的影响

在洪涝灾害下，变电站容易被淹，同时由于大量降雨，容易致使变压器发生绝缘受潮故障。电力变压器绝缘受潮是威胁其安全稳定运行的重要设备隐患。变压器绝缘受潮后，绝缘性能大大下降，在系统电流以及内部和外部过电的长期作用下，绝缘性能将会进一步恶化，甚至被击穿，导致变压器损坏。个别变压器安装在低洼地带，容易受到洪涝的冲击，甚至被淹没，致使变压器不能正常工作。

（三）对发电设备的影响

在洪涝灾害下，一方面，水库下游水位会随着水库的下泄洪量增大而升高，会造成发电水头降低，水力发电的出力减小，即出库下泄洪量会对水电站的出力造成负面效应。另一方面，由于洪水中含有大量的泥沙和其他杂物，容易对水轮机组等发电设备造成损坏。

第二章　救援技术

第一节　洪涝灾害现场救援风险评估

一、概述

遇到洪水、滑坡体、泥石流、雷暴雨等灾害时，开展应急救援工作需要对灾害进行相应的风险评估。及时有效地开展现场应急救援工作，是降低人员伤亡和财产损失的重要举措和保障。

雷暴雨产生洪水，降雨量是在防汛中首先要关注的重要技术数据。水文气象规定：24h降雨量，小于10mm为小雨，10~24.9mm为中雨，25~49.5mm为大雨，50~99.9mm为暴雨，100~249.9mm为大暴雨，大于250mm为特大暴雨。12h降雨量，小于5mm为小雨，5~9.9mm为中雨，10~29.9mm为大雨，30~69.9mm为暴雨，70~139.9mm为大暴雨，大于140mm为特大暴雨。180min降雨20mm为短时暴雨。一般在发生暴雨时就要注意防洪安全，特别是山洪泥石流多发区和城市内涝易发区，更需要注意防范和开展应急救援工作。

洪水、滑坡体、泥石流一般是暴雨引发的自然灾害现象。洪水等级是衡量防汛抗洪难度的重要标准，洪水标准有洪峰、洪量、洪水位三个重要数据。洪峰是指一次暴雨洪水发生的最大流量数值，洪量是指一次暴雨洪水产生的洪水总量，洪水位是指一次暴雨洪水引起河道或水库水位上涨达到的数值。洪水等级一般以洪水总量的重现期为标准，划分为4个等级：重现期小于5年的洪水，称为小洪水；重现期为5~20年的洪水，称为中洪水；重现期为20~50年的洪水，称为大洪水；重现期大于50年的洪水，称为特大洪水。

二、抢险现场安全风险划分

洪水、滑坡体、泥石流、雷暴雨等灾害危害性极大，可能造成很大的经济损失和人员伤亡。在遇到洪水、滑坡、泥石流、雷暴雨等灾害时，实施应急救援需要对救援现场的安全风险进行等级评估。现场安全风险是指在现场作业过程中，由于受作业内容、作业对象、作业人员、作业工器具、作业环境、作业方法和现场管控等各方面因素影响可能产生人身伤害、死亡等风险；根据可预见风险的可能性、后果严重程度，现场安全风险分为一到五级，即稍有风险、一般风险、显著风险、高度风险、极高风险。

（1）五级风险（稍有风险）：指救援过程存在较低的安全风险，不加控制有可能发生人身安全事件。

（2）四级风险（一般风险）：指救援过程存在一定的安全风险，不加控制极有可能发生人身轻伤事件。

（3）三级风险（显著风险）：指救援过程存在较高的安全风险，不加控制可能发生人身重伤或死亡事故。

（4）二级风险（高度风险）：指救援过程存在很高的安全风险，不加控制容易发生人身死亡事故。

（5）一级风险（极高风险）：指救援过程存在极高的安全风险，即使加以控制仍可能发生人身重伤或死亡事故。

三、抢险工作注意事项

应急值班人员密切关注气象信息，随时掌握天气、洪涝、泥石流情况，及时向抗洪抢险现场负责人汇报安全预警信息。现场负责人应与地方政府相关部门保持密切沟通，准确掌控当地气象信息及道路情况。

抢险负责人统一指挥参加抗洪抢险的人员。抢险负责人在抢险活动开始前对所有人员装备进行清点，抢险人员应配发防水服装、水壶、防滑鞋（套）等用品。抢险现场要配备足够的常用药品和急救箱，并对所有人员进行工作交底，确保每一个人都清楚抢险任务、现场、程序、危险点及预控措施。临时用工必须在专人监护下开展辅助性工作。

抗洪抢险救援开始前需要对灾害现场进行查勘，查勘过程中不得单人行动，应提防突发洪水、山体滑坡、踩踏等危险伤人，在地形复杂、道路不明、人迹罕至的地区，应请当地人作向导，同时做好路标。禁止擅自野外露宿。查勘人员应携带对讲机（无手机信号情况下宜携带卫星电话）、照明器材、指南针、信号弹等装备。

查勘完成后，应充分评估当前区域洪水、泥石流是否有进一步发展的趋势，在不明洪水、泥石流发展趋势的情况下，严禁进入该区域救援。

四、营地搭设注意事项

抢险现场及驻地必须做好防火措施。驻地应选在开阔的高地，并且确保没有山体滑坡及洪水隐患。

在洪水、泥石流灾区救援的临时营区，要做好防疫防病的措施，确保食品及饮水安全。防止蛇类等动物因躲避洪水，与人类抢占避险处而袭击避难人员。

抢险现场、驻地及临时营区应设置照明设备，并配备必要的应急照明装置。

五、水陆交通注意事项

抢险车辆宜使用四轮驱动车，必须配备专职驾驶员，进入洪涝泥石流路段要提前做好防飞石、塌方准备，由熟悉道路的人员导航引路。

在洪水区域实施救援抢险过程中，应正确穿戴救生衣并随身携带救生设备；若不慎落水被洪水冲走，应保持冷静，尽力避开急流、漩涡；若被卷入漩涡，应尽力憋气，避免呛水，并设法摆脱；切忌长时间逆流，要节省体力，并设法向安全点靠近。

救援艇在水中行进时，应密切注意水面漂浮物及水流情况，提前采取措施防止螺旋桨被杂物缠绕，避免发动机停止后船只失去动力被洪水冲走。在处理缠绕在螺旋桨上的杂物时，一定要注意安全，必须固定好船只并停船后方能作业，防止打伤人员。

安全人员、救护人员在船只突然停止时，要保证救援船的平衡和稳定，防止发生事故。

救援艇在救人时，一定要掌握角度，防止撞伤或螺旋桨打伤等事故发生。操作船只人员要按照水位深浅及时调整桨的高度，防止因高速行驶发生搁浅事故。

六、地面及登高作业注意事项

抢险作业前，应仔细检查洪水、泥石流对救援建筑物或电力杆塔的破坏程度。当建筑物或杆塔倾斜严重或出现异常情况时，严禁在未采取措施的情况下进行救援作业。

登高救援作业前，应仔细对建筑物本体进行检查。作业中除使用安全带以外，还应采用二次保险绳、速差自控器（安全自锁器）等后备安全防护措施。若需要登杆塔，应穿软底鞋，且在专人监护下进行登塔作业。

如涉及登杆救援作业时，应设专人监视导线和地线的舞动、杆塔晃动变形及周边环境等异常情况。现场抢险负责人可以根据现场实际情况，决定是否紧急撤离现场。

在拆除因灾害导致受损、变形的杆塔时应尽量避免上杆作业，宜采用整体拆除的施工方法。

救援实施过程中，若需要设置临时锚桩时，应先清除地面积淤，将锚桩设置于牢固的地质层内。

在进行救援时，在未做好电力设施的安全措施前严禁擅自操作。

抢险队伍中若有不适人员要立即将其撤出，确保抢险人员的人身安全。

七、抢险防雷注意事项

抢险过程中，如遇雷雨天气，因险情确实需要室外作业的，尽量不要靠近铁塔、烟囱、电线杆等高大物体，更不要躲在大树下或者到孤立的棚子和小屋里避雨，避免受到接触电压、旁侧闪击和跨步电压的伤害。

在室外无处躲藏时，可以就近选择有避雷装置的建筑物或构筑物，并待在与避雷装置顶成45°夹角的圆锥范围内，这是一个避雷针安全保护的区域，但不要靠近这些建筑物或构筑物。

在郊外旷野里救援时，不要站在高处，更不要撑伞或拿着铁锹、锄头等金属杆物。应找到地势较低的干燥地带，蹲下后两脚并拢，使两腿之间不会产生电位差。

若有人员受到雷击，受伤者常常会发生心脏停搏、呼吸停止的"假死"现象，此时应立即组织现场抢救，对受伤者实施心肺复苏措施，并呼叫急救中心，由专业人员对受伤者进行有效的救治。

第二节　队伍及物资集结

一、应急队伍保障

按照"平战结合、反应快速"的原则，建立健全应急队伍体系，加强应急抢修队伍、应急专家队伍、应急救援志愿队伍的建设和管理，做到专业齐全、人员精干、装备精良、反应快速，并逐步建立社会应急抢修资源协作机制，持续提高突发事件应急处置能力。

省级电网公司的应急救援队伍一般由省级、地市（州）级和县级三级队伍组成。省级队伍实施公司范围内应急处置和支援，地市（州）级队伍实施本单位范围内的应

急处置和支援，县级队伍实施本单位的应急处置。

各级应急救援队伍每年均应进行培训和演练，其中省级队伍应指导和帮助地市（州）级队伍和县级队伍开展培训和演练，必要时组织三级队伍的联合演练。特别是在每年汛期来临之际，更是要有针对性地进行培训和演练，尽可能把洪涝灾害抢险救援所涉及的情况和困难都纳入培训和演练范畴，以最大限度降低或减少洪涝灾害带来的危害。

各级应急救援队伍应在每年抗洪保电期间安排人员备勤值班，个人装备准备到位。当启动应急响应时，按照应急预案迅速赶到集结地点待命，做好随时出发的准备。

二、应急物资与装备保障

建立健全洪涝灾害事件的电力设备设施应急物资装备储存、调拨和紧急配送机制，并投入必要的资金，遵循"规模适度、布局合理、功能齐全、交通便利"的原则，因地制宜设立储备仓库，形成应急物资储备网络，储备应急救援与处置所需的通用救灾装备和物资，确保满足应急处置需要。针对洪涝灾害应急救援，各单位应根据实际情况配备必要的救援船只，如冲锋舟、橡皮艇等，以及相应的救生衣、抽水泵等，具体要求见表2-1。

表2-1　洪涝灾害应急救援装备配置建议表

装备名称	省级公司	地市（州）公司	县级公司
大功率抽水车	1台	—	—
抽水泵	1~2台	2~4台	2~3台
冲锋舟（含船挂机）	>3艘	—	—
橡皮艇（含船挂机）	>3艘	2~3艘	1~2艘
摩托艇	1~2艘	—	—
气垫船	1艘	—	—
救生衣	>30件	>20件	>15件
救生圈	>20个	>10个	>5个
救生绳	>10根	>5根	>5根

第三节 洪涝环境车辆驾驶

暴雨天气，驾驶员需要了解自己车辆本身的涉水能力并掌握必要的驾驶技能，避免发生事故。

一、涉水的误区与正确操作方法

误区一：水没过排气管会被吸进发动机造成熄火甚至损坏。

有些观点认为水没过排气管时会因收油或外界水压把水吸进发动机造成熄火甚至损坏，这句话听上去很有道理，但实际上这是完全错误的。

发动机运转时排气管所产生的压力非常大，足以将倒灌入排气管的水喷出。曾经有人做过一项实验：将车辆排气管完全浸泡在水中并且熄火，等水灌满排气管再点火。实验的结果是：水非但没堵住排气管反而被强大的排气压力完全排出，发动机顺利启动。这项实验告诉我们，水没过排气管不会导致熄火，只会因为瞬间冷热对三元催化器产生影响。

误区二：涉水时要大脚轰油。

"为了依靠排气压力阻止水进入排气管，在车辆涉水时要大脚给油。"——这个做法完全没有必要，只需用怠速涉水就可以了。

误区三：涉水高度取决于电气设备高度。

驾驶员担心车辆电器、电控系统浸泡在水中会造成损坏甚至短路。实际上一般在市区遇到的涉水路段都比较短，耗时不长，由于车载电控部件按照ISO 9001国际质量管理体系规定，都要求有防水保护措施，因此在这种情况下车辆电器以及电控系统短时间与水接触并无大碍。

二、涉水驾驶技巧

雨天涉水行车，要正确操作车辆。不恰当的操作不仅让车辆无法安全通过积水地段，还会造成更加严重的机械故障。

涉水前切忌鲁莽，即便是对自己的车辆再有信心，做好一定的准备工作也是很有必要的。平静的水面下有太多的未知和危险，在车轮入水之前需要做好足够的准备和应急措施。

涉水行驶三原则："一看、二探、三通过"。

（一）看

当城市暴雨而遇到道路（低洼和下穿隧道）涉水路段时，道路上的积水都是很脏的，里面有污泥、粉尘、油污、杂物等乱七八糟的东西造成水质肮脏浑浊，驾驶员往往不知道积水的深浅，有必要先把车靠边停下来，观察其他车辆的通过情况。通过观察其他车辆通过时的情况，可以大致对水深有所了解；同时，参考同类型车辆通过情况，有助于判断自己的车辆能否涉水通过。

（二）探

如果没有其他车辆提供参照，可以采取自行去探积水深浅（下水时要避免掉入道路排水竖井，要穿上鞋避免水下物品刺伤脚）。探水时，可以借助雨伞、路边的树枝，或者参照路边树木绿化带来对比估算积水深浅。没有绝对把握切忌莽撞下水。

严格意义来说，只要看到水位达到轮胎三分之二的位置，或者达到保险杠的三分之二的位置，再开车涉水就可能会出现危险。涉水时要弄清楚驾驶车辆的进气口位置，避免因进水熄火。

（三）通过

涉水通过的技巧如下。

（1）选择安全路线（石基、斜坡）。

涉水行车时，应该选择石基、斜坡这些地势较高的可行路线通过，可以有效避免车辆进水。

（2）低挡位高转速，缓慢进水匀速通过。

开车第一要点是要慢，切忌大脚轰油门。车辆速度增加，汽车的实际过水深度增大（应避免与大车逆向迎浪行驶），要避免因水位抬高而导致水灌入进气口并流进发动机。

在涉水过程中，通过控制油门和刹车来保持车辆发动机的转速在2500～3000r/min之间，保障涉水行车不熄火。保持低挡位高转速，缓慢进水匀速通过，通过使用车辆的最低挡，得到最慢的车速和最大的扭力。慢速行驶是为了防止水进入进气管；如果遇到障碍，低挡输出的最大扭力能使车辆越过障碍。

（3）与前车保持距离，避免水浪倒灌。

在涉水的时候，还需要注意与前车保持距离，以免前车熄火将自己的车辆堵住。另外，避免并排行车以及注意避让对面来车，以免对方车辆产生的水浪倒灌入进气口。

（4）必要时可选择倒车通过。

车辆的进气口都设置在车头位置，所以采取倒车的方法，可以有效避免水灌入进气口导致发动机熄火。

三、车辆在水中熄火的处置方法

在大雨或涉水状态中，很难在车内判断导致熄火的原因，所以最可靠的办法就是依靠外力将车辆移动至安全的地方。

需要明确的是，一旦车辆进入水中后熄火，一定不能尝试再次点火。因为车辆入水后熄火有很多可能的原因：①车辆电器和电控系统及线路防水保护措施老化导致进水短路；②空滤被打湿，进气不足而熄火（水还没有进入歧管内）；③发动机少量/大量进水，发动机无法正常工作/受损熄火（因为水流到了缸体里，水没有润滑的作用，会携带砂石和空气滤芯上的粉尘进入发动机，重新发动车子有可能会造成发动机缸体受损）。驾驶配有自动启停功能的车辆冒险涉水行驶时，切记关闭自动启停功能，以防止车辆在水中行驶时发生熄火而自动启动的现象。

燃油动力汽车涉水驾驶会有损坏的可能性，因为内燃式发动机是不能进水的。其运行的原理是通过机体内部的活塞在气缸内往复运动，从下止点到上止点后只会在气缸内留有很小的空间，这一区域叫作燃烧室。如果汽车深度涉水驾驶，水从进气口流进燃烧室，且体积超过了燃烧室的容积，那么活塞就无法运行到上止点，但是活塞在曲轴的作用下又不得不往上止点极限运动，结果则成为水的不可压缩与发动机扭矩的对抗。

涉水驾驶车辆在第一次进水导致发动机熄火的瞬间，发动机输出的扭矩往往只会让连杆变形或没有任何影响，维修只需要更换或清理。但如果熄火后强行启动，启动电机带动飞轮曲轴强行运转等于不断为连杆活塞施加扭矩，结果可能是连杆"崩断"并击破缸体。所以在涉水熄火后车辆不应强行启动。

如果车辆发生了熄火，这个时候可以先把车子停在水中，自己先到安全的区域，等条件允许之后再把车拖到修理厂进行检查。所以当车子涉水之后，大家一定要保持冷静，根据具体的情况去做判断和决定。

四、汽车坠入河中的自救及逃生方法

保持镇定及保持防冲击姿势：当意识到车辆正进入水中时，必须保持镇定（因为恐惧会导致体能消耗和意识的麻木），这时对坐姿进行调整，将两只手都放到方向盘上，保持"9点和3点"位置；汽车坠水时，车头直接撞击水面会产生巨大的冲击力，甚至触发安全气囊，此时如果没有系安全带，人会直接冲向汽车后方甚至失去意识，也就谈不上自救了，因为必须系好安全带。此姿势会保护自己免受伤害，等冲击过去之后才可以解开安全带实施自救。

一般情况下，坠落水中的汽车并非立即沉入水底，而是慢慢下沉，仍有一至两分

钟浮在水面上。利用这段时间进行自救,要解开安全带,如果有孩子在车内,先解开大孩子的安全带,这样他有可能帮助别人。打开驾驶员侧面的车窗以及天窗。不要试着打破前面的相对坚固的挡风玻璃,因为其设计就是防止被打破的。水的密度大概是空气的772倍,汽车落入水中,外面水的压力要比汽车里空气的压力大得多。刚开始,不要试着打开车门,应打开车窗和天窗,水未漫上前车窗时,可尝试从这个位置逃生。水已漫到车窗则不要砸窗,否则水会在压强作用下直接冲进车内,加快汽车下沉速度。

如果无法打开侧面的窗户,那么用尖的东西使劲敲侧面窗户(因此平时要特别注意逃生锤或其他锐器的准备)或者拆下驾驶座头枕,利用头枕支架砸窗,敲击窗口四角。注意不要打击玻璃窗的中央。一般来讲车的后窗比较适合逃出。如果引擎在车头,车下沉时头先朝下,尾部还在水上面,若是后排座椅可放倒的两厢车,并且配备有紧急逃生装置,车内人员可以爬到车尾,放倒座椅,使用紧急逃生装置,打开后备箱逃出汽车。

在车辆继续下沉的过程中,脱掉鞋、外衣,以免妨碍游到水面。不会游泳的,离车前应在车内找一些有漂浮能力的物件抱在怀里供漂浮时使用。如果无法从车窗逃出,可将面部尽量贴近车顶上部,以尽量争取空气,等待水从车的缝隙中慢慢涌入,车内外的水压保持平衡后,车门即可打开。在水进入车的过程中,用手攥住车内门把手,这样水进入车后就不会漂离车门把手。当水到达下巴时,要深呼气,头进入水中,打开车门游出。在游的时候要注意周围的环境,也许会面对强大的水流或者岩石、混凝土桥支架,甚至经过的船只等障碍,要避免这些障碍的伤害。如果是冰层覆盖的水面,需要往汽车破冰而入的口那里游。如果受伤或耗尽力量了,尽量爬到可以支撑身体的漂浮物上。

五、涉水驾驶后车辆可能出现的状况及处置

(一)空气滤清器

空气滤清器所在的位置属于发动机的门户,从进气口进入的空气经过空气滤清器之后就会进入发动机内;当车辆涉水时,积水也有可能从进气口处进入发动机内。

(二)车辆底盘

下雨天时,道路上的积水都是很脏的,里面有污泥、油污、杂物等乱七八糟的东西。在车辆涉水的过程中,底盘会被肮脏的积水冲刷,脏东西就会附在底盘或车身下方的缝隙中。若不及时清理,这些脏东西可能会令底盘出现锈蚀情况。一些枯枝败叶和废弃塑料袋还会缠绕轴承和悬架,形成安全隐患。

（三）方向机万向节球笼

方向机万向节球笼有防尘套包裹，如果防尘套破损，车辆涉水时积水就会进入万向节球笼内，最直接的影响就是车辆失去方向助力，打方向时会感觉很沉重，情况严重时甚至会造成方向卡死。假如在行车过程中出现这种情况，后果不堪设想。

（四）车灯

车灯是在雨雾天气及夜间行车时的重要装备，其工作状态的好坏将对行车安全产生直接影响。假如车灯罩的密封程度不佳，积水很容易在车辆涉水时灌入车灯内，在车灯内形成水雾，影响灯光的透射效果。

（五）线束接口

打开发动机盖，能看到发动机舱内有不少用绝缘和耐热材料包裹的线束，这些线束是汽车电路中十分重要的部件。不同类型的线路在发动机舱内的位置有高有低。车辆涉水时，位置较低的线束接口很容易被积水浸泡，不及时处理的话，日后汽车电路可能会出现偶发性故障，影响车辆的正常使用。

（六）备胎位置的通气口

不少车辆的备胎位于车尾厢地板下方的凹陷处，这个位置并非完全密封，通常会设置有若干个与外部连通的通气口。如果积水深度达到了备胎位置的高度，积水便会从通气口处进入尾厢，然后流入后排座位，浸湿坐垫诱发霉变。车辆涉水后的检查不要只顾着车头部位，而忽略了车尾。

（七）刹车片

车辆涉水后应及时排除刹车片水分。具体操作是低速行驶，同时踩油门并轻踩刹车，不会一脚两用的人可以多次踩刹车，此时注意车速一定要慢。反复多次，使刹车鼓与刹车片通过摩擦产生热能蒸发排干水分。

第四节　个人避险、防护及救援

一、水中救援
（一）水中自救
水中自救是指突然遭遇洪水袭击，暂时无舟、艇等救生器材，或因流速较大，舟、艇无法进入等情况时，而被迫采用徒手水中自救的保护措施。

根据不同的具体情况，其方法也不尽相同。具体方法：及时穿上救生衣（救生背

心），或将救生圈系套在身上，并向就近的安全地点（高地、大树）靠拢；保持必要的队形。通常采用3人1组或5人成群的队形，非万不得已的情况下不得离开群体；在离决口不远处遭遇洪水时，由于洪水流速的冲力很大，不宜采用将数人用索具连成一体的自救方法。

当发生溺水时，不熟悉水性时可采取自救法：除呼救外，取仰卧位，头部向后，使鼻部可露出水面呼吸。呼气要浅，吸气要深。因为深吸气时，人体比重降到0.967，比水略轻，可浮出水面（呼气时人体比重为1.057，比水略重），此时千万不要慌张，不要将手臂上举乱扑动，否则会使身体下沉更快。会游泳者，如果发生小腿抽筋，要保持镇静，采取仰泳位，用手将抽筋的腿脚扯向背侧弯曲，可使痉挛松解，然后慢慢游向岸边。

（二）水中救人

水中救人就是将被救者从水中危险点或者被困点转移至安全地点。由于被救者所处危险点的情况各不相同，救人者也应因地、因人而异，采取不同的救人方法。下面分别介绍水中徒手救人、用冲锋舟救人和用索具救人三种方法。

1．水中徒手救人

在浅水区（1.5m以下），一般采用直接涉水的方法，将被救者背至就近的安全点。若流速较大而影响涉水时，其他人员可手挽手在上流一侧搭成人墙，以减缓流速，使救援者安全救人；若被救者是老人或小孩，且救援者人数较多时，可采用"接力"的形式将被救者送往安全地。这种方法必须有足够的人力作保障。

在深水区（1.5m以上），通常采用游泳的方式将被救者携带（推、拉）至安全地点。要求：一是要选好安全点和携带路线；二是所有救援者必须穿上救生衣；三是救援时，一般以一人一次救一人为宜。若被救者不识水性，应先向其投一救生圈，以稳定险情，然后再将其携带至安全点。

2．用冲锋舟救人

冲锋舟是一种高效实用的救人工具，被群众称为"生命之舟"。在1998年抗洪抢险中，湖北消防总队就是用冲锋舟在短短的时间里救出被困群众上千人。可见，冲锋舟这种高效实用的救人工具，只要运用得当，在水上救援行动中是大有可为的。

对落水人员进行救援。选好航线，准确靠拢落水者直接将落水者救起。如果舟与落水者相隔一定的距离，应先向其投救生圈，再将钩篙的一端送往落水者或将救生绳投向落水者，将其拉至舟边而后救起。

对被困人员进行救援。被困点是指被洪水围困的楼房、树木、电线杆、高地等。被困点一般水流较急，冲锋舟难以接近，救援行动的成功关键在于采取正确的操舟接近方法，及时靠上被困点。除了掌握正常的操舟方法外，还必须掌握以下三种特殊条件下操舟接近的方法。

一是横过激流时的操舟接近方法。操舟要领：准确把握航向（舟体纵向轴线与流向间的夹角保持15°左右，切忌大角度甚至顺波航行）；均匀布置载重（轻载航行时，两名打捞手应坐于舟首两侧座板上，以压低舟首，增大舟底与水的接触面，增强舟的横向抗倾能力；重载时，应将人员均匀分布，切忌偏向一侧或一端）；准确控制油门（油门的大小应控制在不致使舟向下游滑行为宜，切忌突然减速），沉着应对熄火（如果船外机突然熄火，救护手应持桨和钩篙控制舟，尽量使舟的纵轴线与流向保持一致，并使舟首朝向上游，同时，操作手快速排除故障）。

二是逆流定点操舟方法。用于救援被困于激流中房顶、树木上的人员。方法是：进入点选在流线下游数十米处，以便舟能骑浪逆行，增强舟的抗倾覆能力，切忌从偏向上游方向或顺波方向选定进入点；采取先大航速后小航速的方法，可停靠稳当后救人，也可边慢速航行边将被救者抓提至舟内。

三是顺流定点操舟。这种方法与逆流定点操舟相反，进入点选在预定点上游数十米处，将舟系留于固定点，然后放松系留绳，使舟顺水流漂至预定被困点，将被困人员救援上舟。

以上是几种特殊条件下的操舟接近方法。夜间用冲锋舟救人，除按上述要领实施外，还应特别注意以下几点：一是熟记白天标识的航行路线及障碍地点，尽量沿标定的路线行动，保持3舟1组的队形，沿灯光跟进；二是保持低速行驶，切忌盲目行驶。

3．用索具救人

在水流湍急、冲锋舟难以接近的被困点，可采用索具救人。下面介绍三种方法。

（1）利用索具制作保险扶手，用于流速大、水不太深的地段。设置方法：在安全地点与被困点之间将绳索张紧，高度不要离水面太高，两端必须固定牢固。供救人者和被救者沿绳索前进，防止人员被洪水冲走，起保险作用。

（2）利用钢索制作张纲进行摆渡，用于距离适当、水深且流速大的地段。设置方法：将绳索固定在安全点与被困点之间，把舟的一端固定在钢索的滑轮上，操纵钢索，即可使舟在两点之间来回运动，运载人员和物资。

（3）架设索道桥。将两根钢索水平、平行地固定于安全点与被困点之间，在其上铺设、固定木板、竹夹板等材料，构成索道桥，供被困人员从桥面通过。由于索道桥容易摇晃，为确保安全，应慢速通行，并派专人负责搀扶。

二、雷电避险

（一）室外防雷常识

夏天是雷电的多发季节，如果在野外活动时，或者在旅途中遇上雷雨天气，若及时采取一些措施，就可以降低被雷击中击伤的可能性。

雷电天气发生时，应迅速躲入有防雷装置保护的建筑物内，或者很深的山洞里。汽车内是躲避雷击的理想地方。如果在游泳或小艇上，应马上上岸，即便是在大的船上，也应躲到船舱里。

在旷野无法躲入有防雷装置的建筑物内时，应远离树木、电线杆、烟囱等高耸、孤立的物体。不宜在铁栅栏、金属晒衣绳、架空金属体以及铁路轨道附近停留。不宜进入无防雷装置的野外孤立的棚屋、岗亭等低矮建筑物。应远离输配电线、架空电话线缆等。尽量避开一些特别容易受到雷击的小块区域，比如岩石断层处、较大的岩体裂缝、埋藏的管道的地面出口处等。

头顶电闪雷鸣时（俗称"炸雷"），如果找不到合适的避雷场所，应找一块地势低的地方，尽量降低重心和减少人体与地面的接触面积，可蹲下、双脚并拢、手放膝上、身向前屈，临时躲避，千万不要躺在地上。如能披上雨衣，防雷效果就更好。注意大家不要集中在一起，不要牵着手靠在一起。

在空旷场地不要使用有金属尖端的雨伞，不要把铁锹等农具、高尔夫球棍等物品扛在肩上。在蹲下避雷时最好将身上金属物摘下，放在几米距离之外，尤其要将戴的金属框眼镜拿下来。

（二）室内防雷要领

雷电来临时，躲到室内是比较安全的，但这也只是相对室外而言。在室内如果不注意采取措施，除了会遭受球形雷直接袭击外，更可能遭受间接雷击的侵害。

（1）一定要关闭好门窗。尽量远离金属门窗、金属幕墙、有电源插座的地方，不要站在阳台上。

（2）在室内不要靠近更不要触摸任何金属管线，包括水管、暖气管、煤气管等。

（3）房屋如无防雷装置，在室内最好不要使用任何家用电器，包括电视机、收音机、计算机、有线电话、洗衣机、微波炉等，最好拔掉所有的电源插头。

（4）特别提醒：在雷雨天气不要使用太阳能热水器洗澡。

（三）误区

（1）一些人认为，如果附近有铁塔或高楼大厦，便不会遭到雷击，即使有雷也先击它们。

（2）在屋顶装避雷针就能避雷。

（3）楼层低的房子肯定比高楼安全。

三、滑坡避险

（一）滑坡体的识别

在野外，从宏观角度观察滑坡体，可以根据一些外表迹象和特征，粗略地判断它的稳定性。

已稳定的滑坡体有以下特征：

（1）后壁较高，长满了树木，找不到擦痕，且十分稳定；

（2）滑坡平台宽大且已夷平，土体密实，有沉陷现象；

（3）滑坡前缘的斜坡较陡，土体密实，长满树木，无松散崩塌现象。前缘迎河部分有被河水冲刷过的现象；

（4）河水远离滑坡的舌部，甚至在舌部外已有漫滩、阶地分布；

（5）滑坡体两侧的自然冲刷沟切割很深，甚至已达基岩；

（6）滑坡体舌部的坡脚有清晰的泉水流出。

不稳定的滑坡体常具有下列迹象：

（1）滑坡体表面总体坡度较陡，而且延伸很长，坡面高低不平；

（2）滑坡平台面积不大，且有向下缓倾和未夷平现象；

（3）滑坡表面有泉水、湿地，且有新生冲沟；

（4）滑坡表面有不均匀沉陷的局部平台，参差不齐；

（5）滑坡前缘土石松散，小型坍塌时有发生，并面临河水冲刷的危险；

（6）滑坡体上无巨大直立树木。

（二）滑坡体的避险

（1）当正处于滑坡体上，感到地面有滑动时，要立即离开，用最快的速度向两侧稳定地区逃离。向滑坡体上方或下方跑都是危险的。

（2）当处于滑坡体中部无法逃离时，找一块坡度较缓的开阔地停留，但一定不要和房屋、围墙、电线杆等靠得太近。

（3）当处于滑坡体前沿或崩塌体下方时，只能迅速向两边逃生，别无选择。

四、泥石流避险

（一）泥石流的成因

泥石流是指在降水、溃坝或冰雪融化形成的地面流水作用下，在沟谷或山坡上产生的一种挟带大量泥沙、石块等固体物质的特殊洪流，俗称"走蛟""出龙""蛟龙"等。

泥石流的形成条件：

（1）大量降雨；

（2）大量碎屑物质；

（3）山间或山前沟谷地形。

泥石流的发生具有时间规律，一般发生在多雨的夏秋季节（6—9月）。泥石流发生的周期与暴雨、洪水的活动周期大体相一致。泥石流可造成水灾、堰塞湖、山崩、地震、滑坡等次生灾害。

（二）泥石流的逃生避险

（1）在沟谷内逗留或活动时，一旦遭遇大雨、暴雨，要迅速转移到安全的高地，不要在低洼的谷底或陡峻的山坡下躲避、停留。

（2）留心周围环境，特别警惕远处传来的土石崩落、洪水咆哮等异常声响，这很可能是即将发生泥石流的征兆。

（3）发现泥石流袭来时，要马上向沟岸两侧高处跑，千万不要顺沟方向往上游或下游跑。

（4）暴雨停止后，不要急于返回沟内住地，应等待一段时间。

注意：野外扎营时，要选择平整的高地作为营址，尽量避开有滚石和大量堆积物的山坡下或山谷、沟底。

五、风灾避险

（一）室内防护

（1）普通住宅的地下室是相对安全的避灾场所。

（2）不要紧靠墙面（尤其是墙面中间），应躲藏于结实的桌子或者楼梯下，以免被重物砸伤，披上棉被或毯子等可以防止被风刮起的碎屑伤害。

（3）高层住户可尽量躲避至底楼；若在单位或学校等场所，不要停留在礼堂、体育馆等大跨度屋顶结构的建筑内，可选择在里屋躲避，远离带玻璃的门窗，蹲下低头，利用身边可使用的器具保护头部，若无适当器具，可用双手护头。

（4）避免使用电梯。

（5）收到撤离通知时，应立刻撤离。

（二）室外防护

（1）尽快撤回室内。

（2）应远离低洼地带，防备出现山洪、泥石流、滑坡等地质灾害。

（3）不要在广告板和老树、电线杆等易折断重物下长时间停留，远离玻璃幕墙建筑。

（4）不要接触掉落的电线，应与掉落的电线至少保持10米距离。

（5）若开车时遭遇突起的狂风，车辆应慢速行驶，或停靠路边。

（6）走路、骑车不要走高楼之间的狭长通道。

（7）停止一切高空及户外危险作业，停止各种露天集体活动和室内大型集会。

（8）关紧门窗，检查门窗是否坚固，取下悬挂的东西，检查电路、煤气等设施是否安全，电话线路是否正常。

（9）高层住宅居民应将置于阳台外墙上、房顶上的花盆、杂物等转移至安全地带，以免被大风吹落造成伤人事故。

（10）没有急事不要随意外出。有急事外出时，尽量乘坐出租车或公交车，千万不要在河边、海塘或小桥上行走。

（三）误区

（1）遇大风时紧靠墙，以求安稳。

（2）在大树下躲避。

（3）开车逃避龙卷风。

（4）高层住户使用电梯撤离。

六、山洪避险

（一）山洪的成因及特征

山洪，地貌学上称为洪流，是沟谷中流动的水位暴涨暴落的暂时性沟谷水流的统称。洪流作用发生在暴雨或者雨雪消融季节，历时短暂，流速大，紊动性强，流程短。与河流相比，按照艾里定律，洪流具有更大的推力，其搬运的颗粒大于河流，分选作用差，地貌塑造和堆积过程更具急进性，并常常伴随泥石流、滑坡、崩塌等灾难。

（1）山洪是暂时的流水形成的。

（2）形成条件：暴涨的水流、松软的泥土或山体土体间隙。

（3）山洪持续时间短、破坏大，容易产生泥石流、滑坡、崩塌等灾害。

（二）山洪的逃生避险

（1）洪水到来时，一定要保持冷静，来不及转移的人员要就近迅速向山坡、高地、楼房、避洪台等地转移，或者立即爬上屋顶、楼房高层、大树、高墙等高的地方暂避。

（2）如已被卷入洪水中，一定要尽可能抓住固定的或能漂浮的东西，寻找机会逃生。

（3）山洪暴发时，不要沿着行洪道方向跑，而要向两侧快速躲避。

（4）山洪暴发时，千万不要轻易涉水过河。

（5）不可攀爬带电的电线杆、铁塔，也不要爬到泥坯房的屋顶。

（6）发现高压线铁塔倾斜或者电线断头下垂时，一定要迅速远避，防止直接触电或因地面"跨步电压"触电。

七、城市内涝避险与逃生

城市内涝是指由于强降水或连续性降水超过城市排水能力致使城市内产生积水灾害的现象。造成内涝的客观原因是降雨强度大，范围集中。降雨特别急的地方可能形成积水，降雨强度比较大、时间比较长的地方也有可能形成积水。

（一）城市内涝的避险逃生

城市内涝时，一定要保持冷静，切勿慌张，要做到以下几点来正确避险自救。

（1）选择较近、地势较高、交通较为方便及卫生条件较好的地方来作为自己的避难场所，如高层建筑的平坦楼顶，地势较高或牢固楼房的学校、医院等。注意：当水漫进地下商场时，应迅速断电，打开应急灯，并从安全通道有序撤离。

（2）在预警平台接收到完整的预警信息后，这段时间尽量避免外出，保障人身安全。若必须外出时，建议乘坐公交车，并注意路况信息，避开积水和交通不畅地区。

（3）注意易涝点标识，如城市的立交桥桥洞、地铁、地下人行通道、地下商城、地下车库等都是容易发生内涝的区域。记住在有暴雨预警的时候，不要在易涝点停留。

（4）若自己开车通过有积水道路，如不熟悉路况，应密切关注防汛警示标志，观察水的深度，切勿盲目通行。

（5）若是开车经过的桥下涨水时，一定要弃车逃跑。若被困在车内，一定要用车内可利用的物品敲碎车窗，快速逃跑至安全地带。

（6）下暴雨时，注意街道的井盖是否被掀起，排水管可能从明流变成有压流，容易把井盖顶开，此时水面上会形成漩涡。行人应注意路面情况，避免不小心跌入井中，造成人身伤害。

（7）远离电源、电线杆、变压器等，避免漏电导致触电身亡。

（8）远离墙体，避免因墙体倒塌而被掩埋。若洪水进屋，首先应拉掉电闸，逃跑时不要沿着行洪道方向跑，要向两侧快速躲避。

（9）洪水过后，一定要避免饮用未煮沸的生水。食物要生熟分开。食用前要加热。尽量少食用易带致病菌的食物。

（二）城市内涝的交通注意事项

遭遇强降雨天气，城市的立交桥桥洞、地铁、地下人行通道、地下商场，以及其他低洼地带都容易发生内涝，这些地方一般设有相应的警示标志。

1. 步行时

下雨时，尽量减少外出，必须外出时建议乘坐公交车，并注意路况信息，避开积水和交通不畅地区，远离有漩涡的地方。

要尽量避开灯杆、电线杆、变压器、电力线、铁栏杆及附近的树木等有可能触电的物体，以防触电；发现有电线落入水中，必须绕行并及时拨打110，以便及时处理。

遇到大暴雨时，最好找遮蔽处避雨，且尽量往地势较高的地方避险，不要停留在涵洞、立交桥低洼区、地下通道等地势较低的地方。

2. 开车时

开车遇到有积水的道路，应密切关注警示标志，尽量绕行，切忌冒险涉水，如积水漫过车轴，万不可继续行驶。

涉水时要在绝对安全的前提下，打开大灯和双闪灯，在进入漫水区前，要注意与前面车辆保持较大车距，以防涌浪及带起的水花进入发动机，造成车辆熄火。车辆最好沿着前车走过的路线行驶，以免水中遇到障碍。深水行车要稳住油门，低挡低速匀速过水，一气通过，中途尽量不要停车、不要换挡，也不要急转弯。车辆受困时要及时熄火，并拨打救援电话主动逃生。

3. 经过桥洞下凹路段时

雨天要关注交通信息和其他提示如警示标志。立交桥下有积水时应及时绕行，切勿在大雨天盲目穿行下凹路段的立交桥。行人和骑自行车者，在立交桥处应远离深水，远离车辆，不要穿行于汽车之间，选择地势较高处安全慢行。

4. 低洼地区及危旧房

一旦室外积水漫入屋内，要及时切断屋内电源与气源，并赶紧逃生。危旧平房居民的房屋已坍塌的，不要在屋内停留，要迅速撤离，避免落入水中。在危旧房的居民平时要注意观察房屋的质量情况，出现漏雨、渗水情况要及时通知房管部门维修。

（三）地下通道雨水倒灌

一旦发现暴雨洪水倒灌到地下通道时，不要惊慌，按照标识转移至地势较高的地方。

第五节　后勤保障

后勤保障主要是救援行动启动后对救援装备、个人装备及必要的食品、药品等提供和发放；联系和调动运输工具等；到达救援现场清点检查救援装备，建立临时装备库；规划组织救援营地建设；为救援队提供现场指挥、救援装备、交通工具及生活保障。

一、资源调度

（一）现场资源调用

因运输条件或救援行动的特殊要求需在灾害发生地解决的救援装备、器材和运输车辆等行动称为现场资源调用。现场资源调用包括现场购买、有偿使用和无偿调用。

（二）计划调用物资

（1）赴救灾场地的交通（救援装备、人员运送）工具。

（2）动力设备的燃油，机械设备润滑油。

（3）24h救援行动后的生活物资补给。

（4）灾害现场城市交通或行政区划图。

（三）资源调用注意事项

（1）计划调用物资应在救援队离开驻地前经救援队长审核，由后勤保障部门直接与灾害地的应急指挥部门联系，通过网络或电信方式传递需要在当地解决的救援资源清单。

（2）临时调用资源需经救援队领导批准由后勤保障人员直接向地方应急指挥机构寻求支援，或与资源占有方协商。

（3）耐用设备调用后应保持完好归还，不能归还的消耗材料或易损器材应出具损耗清单，如必要需酌情赔偿。

（4）救援队条件保障应立足自给自足，尽量不要给当地政府带来负担。

二、救援营地搭建

基于灾后现场各种资源、设施等受到不同程度的破坏，难以保证救援行动的有关需求和救援人员的后勤保障，现代城市救援理念不仅要求救援队能独立开展搜救行动，而且还必须在一定的时间段内具有较高的自身保障能力。因此，在救援队抵达灾害现场后，一般都会根据救灾需求建立各自的救援营地，保障救援行动顺利实施。

（一）准备工作

营地建立的准备工作开始于救援队决定实施救援行动后。应根据灾害现场的环境、气候和可提供的后勤资源条件，以及救援队实施行动的预计时间、救援队员的数量等因素，进行营地后勤保障设备的配置、运输准备和营地保障人员的组织，确定并提出营地所需场地面积、进出路线与所需的当地资源等。此项工作内容，一般都应在救援队行动预案中有明确的计划，并且对有关人员已进行了培训和演练。

（二）营地场地选择

在救援队向灾区行进途中，如有可能，应派遣先遣队先期抵达灾区，与现场行动协调中心、当地紧急事件管理机构联络，协商救援队救援营地场地的选择工作。

1. 救援营地选址

一般应注意近水、背风、远崖、近村、背阴和防雷。

（1）近水。救援休息离不开水源，这是选址的第一要素。因此，应选择靠近溪流、湖潭、河边搭建帐篷，以便取水。但不能将帐篷搭建在河滩上。有些河流上游有发电厂，在蓄水期间河滩宽、水流小，一旦放水将涨满河滩；包括一些溪流，平时水量小，一旦暴雨，也有可能发大水或山洪，所以一定要注意防范，尤其在雨季及山洪多发区。

（2）背风。在野外露营必须考虑背风问题，尤其是在一些山谷、河滩上，应选择背风处，还应注意帐篷门的朝向不能迎风。背风同时也是出于用火的安全与方便考虑。

（3）远崖。不能将帐篷搭建在悬崖下面，因为一旦山上刮风有可能将石头等物刮下，造成伤亡事故。

（4）近村。靠近村庄，可便于向村民求救，尤其在没有柴火、蔬菜、粮食等情况时就尤为重要。近村的同时也是近路，即接近道路，方便救援人员的行动和转移。

（5）背阴。如果野外露营需要两天以上，在天气较好的情况下应选择背阴地，如在大树下及山的北面，保障帐篷里温度可控。

（6）防雷。在雨季或多雷电区进行露营时，帐篷不能建设在高地上、高树下或比较孤立的平地上，否则易遭雷击。

（7）尽量避免在凹状的地方扎营，不要在泥石流多发地建营。很多石块有被土壤包裹的痕迹，这是识别发生泥石流的主要标志。

2. 救援营地场地评估

（1）是否为现场行动协调中心和当地紧急事件管理机构提供的地点。

（2）区域大小是否满足需求。

（3）是否有安全保障。

（4）是否靠近救援现场。

（5）进出运输路线是否快捷、安全。

（6）周围环境情况，如高空有否高压电线、相邻建筑物的稳定性等。

（7）场地情况，如地形地貌，在此建立基地所花费的时间是否足够短，有无可能在降雨后被水淹没等。

（8）当地资源支持情况，如水源、设备燃料、车辆、人力等提供的可能性等。

（9）通信方面的问题，如地形对其有否不利影响等。

经评估并最终确定救援行动基地场地后，用图文方式记录评估结论。

3．救援营地规划

功能区布置根据救援队的人员、装备、后勤物资、车辆和行动实施的需要，计算各功能区的占地大小，并绘制营地功能区平面布置草图。

救援营地规划的一般原则如下。

（1）根据使用性质分为两大部分，一部分为工作的功能区，如指挥通信区、医疗救护区、装备存放区、车辆停放区、基地进出区，另一部分为后勤功能区，如后勤区、生活区以及集会区等。上述分区能良好地保证救援行动的效率和队员休息的效果。

（2）营地的进出口（大门）应面向道路一侧，根据需要可单独设置进口与出口。

（3）营地内如有道路，则应通往医疗救护区、装备存放区及车辆存放区。

（4）队员生活区尽量位于营地内噪声最小的地段，卫生场所位于生活区一角的外侧。

（5）装备存放区占地面积应足够大，以利于装备取用、维护和装卸。

（6）发电机和燃料桶的放置应充分考虑噪声影响、维护是否方便和安全性等。

（三）救援营地搭建

救援队抵达灾区后，除及时接收任务和实施搜救行动外，还应分派部分人员根据营地功能区布置草图进行救援营地的搭建工作。营地区的标记是指用警示带或绳等在营地边界处进行围护，以防止无关人员随意穿越营地；救援队的标记如旗帜可悬挂在旗杆或营地进出口一侧的帐篷外壁上。营地区域救援队的标记工作一般在营地建立开始时进行，如场地形状不规则，亦可在功能区搭建之后进行，但要注意保持搭建过程中的安全警戒。各功能区帐篷及其内置设备的搭建顺序可根据具体情况确定。当一个功能区搭建完成后，应在帐篷外面进行标记、编号，并注明责任人的姓名；对于队员生活区的帐篷，应标明在此住宿队员的姓名或编号。

在功能区设备架设安置中，通信系统除完成现场安装、调试外，还需进行其功能检验工作，如检验营地与远程指挥协调管理机构的通信联系情况和灾区救援现场通信的有效范围，并制定异常情况下的应急通信措施；对于搜救装备，除清点、检查和合理摆放外，还应重新组装因运输而拆分的设备，补充机动设备燃料，对压缩气瓶进行补充，并建立现场搜救设备的记录档案；营地保障人员应准确了解燃料、水等现场后勤资源的提供地点和时间等信息。

营地搭建中的另一项重要工作是建立供电系统，包括发电机、电缆、照明设备（场地和帐篷内）、电源插座的布设，估算营地照明、通信、生活供给电器及其他用电设备的功耗和使用规律，合理地选择发电机型号和数量；发电机安置后应检验其噪声对基地运转的影响程度，场地照明设备的安置应考虑其有效照明区域；同时，须采取必要的安全用电措施。

营地搭建完成后，应重新修改或绘制基地平面位置图并在图上标注编号和标记，并向所有队员说明营地布置、功能和有关责任人以及基地安全方面的管理要求、规定等。

（1）装备检查、管件分配。检查确认现场装备、工器具及材料是否满足作业需要。将组立帐篷顶部和底部的部件分类，并按组立时的位置在地面上摆放整齐。

（2）帐篷底部框架搭建。按顺序依次摆放帐底管材八根，四角立管插接组装好，如图2-1所示。正确选择帐底管材，按顺序依次摆成5m×8m矩形帐篷底座，一人进行。正确选择立杆管材，完成立杆就位。

图2-1 底部框架搭建

（3）帐篷顶部框架搭建。按顺序依次摆放帐顶主管十根、帐顶两侧套管十根、帐顶横梁四根、两侧支撑杆四根及挂钩、拉筋各八组。每两根弧形管插接组成一根横

梁，共五根，每两根横梁之间三根平行檩条，按从左往右顺序依次摆放整齐并插接组装。用挂钩及拉筋将帐顶紧固，调整松弛度使其与篷布面平行，如图2-2所示。

图2-2 顶部框架搭建

（4）顶部篷布铺装。顶部帐布平整铺装在帐顶架构上，边角、脊梁位置完全吻合，无偏差错位、无褶皱，如图2-3所示。

图2-3 顶部篷布铺装

（5）帐篷落顶。八人同时托举四角，高举过顶，保持帐顶水平平移，对准就位，四角立杆插接牢固，使帐篷自立，其他立杆插接组装好，如图2-4所示。

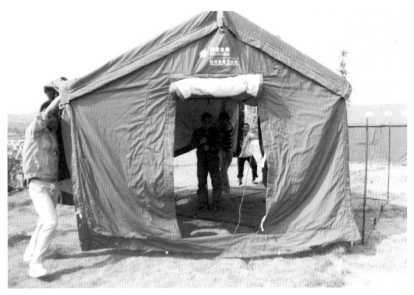

图2-4　帐篷落顶

（6）帐篷四周篷布安装。四人配合，围绕帐篷一周，胶条对齐后再黏好，系好绑扎带，如图2-5所示。

图2-5　帐篷四周篷布安装

（7）防风绳锚固。帐篷上锚点位置距地面的距离与立柱距地锚的位置相等，先量好下地锚的位置。四角地锚朝向帐篷对角，尖面冲外凹面冲内，两侧地锚与篷布平行。打地锚应徒手并均匀用力，用力方向尽量准确；地锚与地面夹角45°，地锚打入深度应在地锚长度的2/3以上。打好所有地锚后再拉防风绳，为避免拉坏帐篷上的拉环，应先打好帐篷上的绳结，再将防风绳穿过地锚的穿孔打绳结，防风绳与地锚应成90°夹角，如图2-6所示。

图2-6　防风绳锚固

（8）挖排水沟。在帐篷的四周挖排水沟，并向外挖一条引水沟，将帐篷周围的集水引向地势低洼处。排水沟的宽度和深度均为200mm，沟的截面形状为倒三角形、矩形、梯形均可。

（9）底部篷布培土。挖排水沟的泥土，应将帐篷四周的培土边压实，不得有露边。培土应留有45°斜边压实并保持一致，从帐篷侧向外倾斜，避免向帐篷内倒流水。

（10）开启门窗。将门帘和窗帘向内卷，不能露出保温层。

（四）新型营地装备

充气帐篷是属于帐篷的一种，采用结构力学的原理设计框架，利用气体压强特性将气囊膨胀形成具有一定刚性的柱体，经过有机组合撑起帐篷的骨架。充气帐篷也叫闭气帐篷，充气一次，可一直使用。根据采用的骨架材料的强力大小，可以设定帐篷的承重大小，采用高分子涂层的性能优劣决定着框架的使用寿命与框架刚性的维持，而气室设定的合理性则决定着这个框架的撑起极限。其主要用于防潮、防水、抗风、防尘、防晒、抢险救灾、野外短期训练、野外短期作战。

充气帐篷采用胶黏剂黏合与高频热合相结合的工艺生产，气柱采用PVC双面涂层布，篷布采用防水、抗紫外线材料，具有成型快、强度高、防燃、防霉、抗紫外线、防潮等优点。较之一般金属支架帐篷，充气帐篷具有重量轻、折叠后体积小、方便易携带等特点。

充气帐篷的架设非常方便，只需要将帐篷平铺在空地上，接上脚踏泵或者电动泵，只需二人，在几分钟内即可架设完毕。

在拆除时也是一样，金属支架的拆除与打包所需的人数比较多，耗时也都比较长，而充气帐篷在拆除时只需要让其自然放气，抑或电动吹吸风机抽气即可。

相较于普通金属支架帐篷来说，充气帐篷具有其无法比拟的优势，其重量轻、体积小，在运输中具有普通金属支架帐篷所没有的优势。并且其架设与拆除都非常简单，不会浪费更多的人力与时间，尤其适合在紧急事件的快速反应时使用。在环境恶劣无法运达的时候，充气帐篷还可以进行空投。

充气帐篷与普通金属支架帐篷的区别一般有以下两点。

（1）重量。金属支架帐篷由于使用铁管作为支架，所以其重量都比较重，这难免会给运输及移动带来困扰。尤其是面积越大的帐篷，使用的支架也就越多，并且随着帐篷面积增大，承重需求也就更大，这就造成了支架承重量的增加，相应地也会使用壁厚更大的铁管，帐篷的重量也就更重了。

而充气帐篷使用的是充气龙骨，可以折叠，比铁管支架结构的普通金属帐篷重量更轻，这样在运输上也相对容易。

（2）体积。在帐篷体积上，金属支架结构的帐篷由于铁管支架的存在，无法自由打包；而铁管支架一般长度也较长，导致稍小一些的车辆就会放不进去，这样在其运输上，就必须采用比较大型的车辆。而充气帐篷由于是软体，使用的是充气龙骨，并且气柱在放气后可随意折叠，只占用很小的体积，可以轻松地放入小型家用车辆及普通车辆内，方便运输。

（五）救援营地功能

救援营地是救援队在灾区的指挥和后勤保障中心，救援队员可能在此度过最多两周的时间。救援营地应成为救援行动指挥、通信联络、医疗急救、装备存放、队员生活等支持与保障场所，如图2-7所示。

图2-7　救援营地分区图

救援营地通常设置如下主要功能区。

（1）指挥通信区：救援队指挥部与通信中心所在地。

（2）医疗救护区：对幸存者、救援队员进行医疗处置的地方。

（3）装备存放区：救援队的全部搜索和营救装备的存放、维护场所。

（4）后勤供给区：食品、水等存放、供给及加工处理场所。

（5）队员集会区：救援队员集结开会场地，一般位于基地内空旷地段。

（6）队员生活区：队员休息、住宿地方。

（7）车辆停放区：车辆及运输设备停放和燃料供给地。

（8）营地进出区：人员、车辆进出口，一般与车辆停放区相邻。

上述功能区的大小与分布根据场地和需求情况进行调整或删减。

（六）救援营地设备

营地设备是后勤保障设备的一部分，是指用于营地建设、维持营地运转和保障救援队员生活供给等所需设备和器材。

救援营地设备主要包括以下器材和设备。

（1）标识器材：警示带、绳及其支杆、旗帜及旗杆等。

（2）营地帐篷：分为专用帐篷和后勤保障帐篷两种。专用帐篷如指挥部帐篷、通信帐篷、医疗急救帐篷等，后勤保障帐篷如食品加工/供给帐篷、库房帐篷、队员住宿/休息用帐篷等。各类帐篷除具有所需的功能外，还应能够适应灾区的气候变化。

（3）动力照明设备：包括发电机、场地照明设备、帐篷内照明设备等。

（4）办公设备：基地通信设备、计算机、打印复印设备和办公用品等。

（5）生活供给设备：饮食处理器具、洗漱用水袋、饮食物资（应考虑灾区的生活风俗）、供暖设备等。

（6）环境卫生设备：垃圾袋/箱、便携式厕所等。

（7）安全器材：灭火器材等。

三、救援营地应急供电

（一）低压配电回路安装作业

其包括应急架空线路搭建、帐篷入户低压配电箱安装、室内低压配线、照明回路安装（开关、灯具）、移动插排安装、送电运行等。指导书仅规定为一顶帐篷提供配电回路的作业要求，如为多顶帐篷提供配电回路，则每顶帐篷外均应埋设杉木杆并安装配电箱，电源侧还应安装一个总配电箱，即配电箱的数量为帐篷数量+1。

营地帐篷采用框架式帐篷，单相交流220V应急电源由移动泛光灯提供。发电机出线采用铜芯橡皮软绝缘导线经杉木杆架空接入配电箱，配电箱安装固定在入户杆上，箱内安装"一进三出"共4个剩余电流断路器，分别控制电源进线和三个出线回路（三路负荷分别为帐篷内照明和两个移动插排）。三路出线分别采用护套线接入帐篷，并沿帐篷钢管架构固定。其中一路是在帐篷中心顶管分别距两端1.5m处吊装2盏节能灯，节能灯采用RVS聚氯乙烯绝缘软线（花线）与护套线连接，每个节能灯用枕头开关分别控制；另外两路连接两个移动插排，插排连接线通过PVC管配线并经地面暗敷布线。要求两灯间隔5m，距离地面垂直高度2.3m；两灯枕头开关间隔4m，距离地面垂直高度1.8m，将插排放置在帐篷内预设的桌子上，配电箱箱体重复接地，配电箱下沿距离地面1.4m。

救援营地供电线路图如图2-8所示，救援营地现场电路安装示意图如图2-9所示。

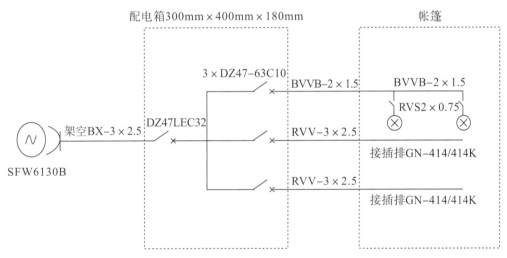

图2-8　救援营地供电线路图

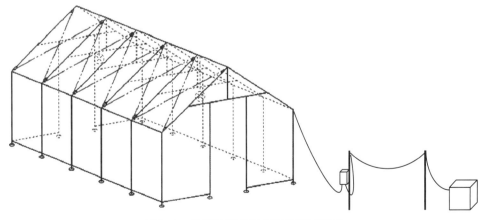

图2-9　救援营地现场电路安装示意图

（二）搭建基本方法

1．作业前的工作

（1）工作负责人（监护人）向作业成员明确交代作业内容、范围、要求及人员分工等。

（2）工作负责人（监护人）会同工作人员检查现场作业条件是否符合作业要求，安全防护措施是否正确完备。

（3）检查确认现场装备、工器具及材料是否满足作业需要。

（4）全体人员正确佩戴安全防护用品，着装符合要求。

2．应急架空线路搭建

（1）展放并截取适当长度的BX-3×2.5铜芯橡皮软绝缘线作为架空导线，两端用电工刀进行绝缘层剥削。

（2）在距离杉木杆顶端100mm处，以导线终端绑扎方法或采用猪蹄扣将导线固定，并用尼龙扎带扎牢。

（3）线路始端与发电机出口专用插头连接好。

3．杆上配电箱安装

（1）安装位置。箱体安装在靠近帐篷的入户杆上。

（2）安装固定。采用铁丝或护套线将箱体固定，四角穿线孔均穿入绑扎线，牢牢绑在杉木杆上，水平无偏差。

（3）接地。配电箱的箱体、箱门及箱底盘均应采用铜编织带或黄绿相间色铜芯软线可靠接于PE端子排，零线和PE线端子排应保证一针一线。在地面打入接地极，接地线与配电箱接地端子连接。

（4）开关电器安装。①检查确认剩余电流断路器外观良好无破损，进行接通、断开试验，测试正常；②在配电箱内安装4只剩余电流断路器（漏电保护断路器），安装前确保断路器在断开位置；③采用上下两层布置，上层为总断路器，下层从左至右分别为2个插排回路断路器和照明回路断路器；④将4个断路器卡槽完全对应卡在箱体滑轨上，吻合严密，排列整齐紧密，无歪斜。

（5）箱内配线。用2.5mm²的单芯铜线作为连接导线，按照电路图，将4只剩余电流断路器按照"一进三出"进行导线连接。①相线采用红色，中性线采用蓝色；②按照说明书进行剩余电流断路器接线，防止接错线或装错；③分清电源端和负载端，上端电源端由N、5端子引入，下端负载端由N、4、6端子引出，不可接错；④接零系统的零线，应在引入线处或线路末端的配电箱处做好重复接地。

（6）架空线路末端接入配电箱，与总断路器进线端子连接，地线接在接地端子上。

4．室内配线

（1）展放并截取适当长度的2根BVVB-3×2.5铜芯护套线作为插排回路导线。

（2）展放并截取适当长度的BVVB-2×1.5铜芯护套线作为插排回路导线。

（3）3根负荷导线集束固定在入户杆顶端，用尼龙扎带固定，始端预留足够长度，以备与配电箱内出线断路器连接。

（4）负荷线束经帐篷顶角进入帐篷内，并在架构处绑扎固定。

（5）2根插排导线沿帐篷屋檐横梁走线固定，至第2根立柱处拐直角弯向下沿立柱至地面，途中用绑扎带固定。

（6）制作PVC穿线管，将插排导线穿入，并在地面挖沟将穿线管暗敷于地下，至桌腿处拐直角弯垂直向上至桌面以上。

（7）照明回路导线进入帐篷后沿支撑梁斜上走线至顶棚中心梁，然后沿中心梁水平走线至第二只灯泡安装处，途中用绑扎带固定在钢梁上。

5．插排及照明安装

（1）插排导线末端进行绝缘层剥削，分别接入两个移动多功能插排，放置在桌子上。

（2）展放并截取适当长度的2根RVS-2×0.75铜芯双绞软花线作为灯泡连接导线。

（3）在第一只灯泡安装处将照明护套线剥开绝缘层，火线和零线分别与照明花线进行"T"形连接，并用绝缘胶带恢复绝缘层。在火线上安装控制灯泡的枕头开关，线路末端连接螺口灯座，并将灯座吊装固定在中心顶梁上。

（4）在第二只灯泡安装处将照明护套线剥开绝缘层，火线和零线分别与照明花线进行直线连接（①将软线的线芯在单股导线线头上缠绕7~8圈；②把单股导线线头翻折压实；③剪去余线，钳平线头及毛刺），并用绝缘胶带恢复绝缘层。在相线上安装控制灯泡的枕头开关，线路末端连接螺口灯座，并将灯座吊装固定在中心顶梁上。

（5）用尼龙扎带将花线理顺，平直绑扎在架构上固定好。

6．回路检查、绝缘测试

（1）从电源侧到负荷侧逐级、逐条回路进行检查。

（2）检查选用导线、开关电器规格型号是否正确。

（3）检查断路器、控制开关、灯具接线是否正确，是否安装牢固。

（4）检查导线与接线柱连接是否可靠牢固。

（5）检查安装任务是否全部完成，是否有遗漏，是否符合电路图要求。

（6）拉开所有回路、所有断路器、控制开关，并确认在断开位置。

（7）用500V兆欧表对低压配电回路逐回路、逐段进行绝缘电阻测量。

（8）测试合格后，拧上节能灯泡。

7．通电试验、投入运行

（1）回路检查及绝缘测试结束后，清理作业现场，回收全部工器具及作业材料，清理现场遗留杂物，保证现场无影响送电的因素。

（2）启动发电机，检查电压、频率是否正常，合上出口开关，确认验电正常。插上架空线路插头。

（3）在配电箱电源进线端子处验电正常。

（4）合上内配电箱新安装的总断路器，并对该剩余电流断路器进行安装后的首次测试方可投入使用。测试方法如下。①带负荷分、合三次，不得误动作；用试验按钮试跳三次，应正确动作；用1kΩ左右试验电阻或40～60W灯泡接地试跳三次，应正确动作。②剩余电流断路器因线路故障分闸后，需查明原因排除故障。③因剩余电流动作后，剩余电流断路器的剩余电流指示按钮凸起指示，需按下后方可合闸。

（5）按上述方法依次对照明回路和插排回路的剩余电流断路器进行带电测试，然后合闸，确认验电正常。

（6）合上新安装的枕头开关，并进行两次开合试验，确认电灯工作正常且开关位置与灯泡的状态切换相符，灯泡发光正常。

（7）用低压验电笔测试新安装的单相三孔插座带电是否正常。

四、营地运行保障

营地运行是指营地建立至撤离前各功能区有效开展工作，为救援行动提供优质服务和后勤保障。营地保障是指为保证营地正常运行所需要的支撑性工作，包括营地电力供应、生活补给、环境保护、营地安全等内容。营地内专用功能区需设值守人员，负责功能区设备正常运转和后勤保障，其岗位设置和人数根据营地规模及需要而定。

（一）营地保障设施

（1）动力照明系统应为通信、营地照明和生活等提供充足的电力。值勤人员应定时检查发电机的工作状况、燃料消耗和用电设备等情况。

（2）向救援人员提供优质饮食、舒适休息环境，保证队员以良好的心理和健康状态开展搜救行动。

（3）保持营地清洁和尽量减轻对环境的污染，保障救援人员身体健康同时也体现救援人员文明素质和良好形象。

（4）正确使用和安全巡检各功能区设备，做好救援物资防火防盗和高耸设备（如通信天线、旗杆、照明灯等）在雷雨季节防雷措施。

（二）营地保障人员

营地运转及保障人员包括基地内专用功能区的值守人员、负责维持营地正常运转和生活保障的人员。营地保障一般应设置营地保障负责人、营地设备管理员、安全值班员、生活供给员等岗位，其数量根据营地规模及保障工作的需要确定。

五、营地保障设施设备

（一）净水车

净水车具有运水量大、净化效果好、机动性高等特点，可在抢险救灾及野外作业情况下提供可靠的生活饮用水并具有淋浴功能。净水车前部制作储物柜，用于储放帐篷及淋浴用具。中前部安装有1个不锈钢储水箱，可储水约2000kg，满载水量一次可以供应50人淋浴的水。中部安装有燃油锅炉，可一次供10人淋浴。中后部安装有1套R/O技术反渗透直饮水处理机，可持续提供常温纯净水，同时自动为开水器补充纯净水。车尾部安装有水处理设备，可将污浊的水净化为生活用水。车上配备有警示、警报装置及通信设备。净水车由底盘、厢体、帐篷、锅炉、净水系统、电气系统及附件组成。

1．电气系统的使用

净水车既可由电源车或市电提供电力持续工作，也可单车出勤，自备的发电机可以保证净水器的正常工作。净水车可采用驻车自发电，驻车时通过携带的发电机提供单相4.5kW电能。也可采用外接电源二套供电系统对车内各用电设备供电，即通过车身前外接防水电源插座接入220V市电。

2．水路系统的使用

水路系统主要由水处理设备、直饮水设备、燃油锅炉系统组成。水处理设备可把符合地表Ⅰ～Ⅲ地表水净化成生活用水，然后装入储水箱，根据需要再处理成直饮水。

3．净水车的运输

车辆可自行运输，也可进行装载运输。运输前应参照行车注意事项做好设备固定。装载运输前，汽车油箱留有移动车辆用的少量柴油，装载后应拉紧手制动，四个车轮用楔形木块固定，并用细钢丝束将四角拉紧。

4．净水车的储存

（1）贮存前应对车辆设备进行彻底清洗，各种设备、工具、附件等应按要求设置固定。

（2）长期贮存应存放在通风条件好、具有防火功能的专用车库。

（3）车辆之间留有1米以上的通道。

（4）存放时应拉紧手制动。

（5）放下车底部支撑腿。

（6）放空所有设备及管路内的存水。

（7）每年潮湿季节，应利用晴天将车辆晾晒一次。

（二）野战餐车

自行式野战餐车装有专用车厢，内置主副食加工设备，配备驻车发电、外接电源两套动力装置以及通风、排油烟等设施。同时，自行式餐车所具备的机动性能好、加工能力强、自动化程度高等特点，适合在野战条件下的饮食保障。

1．装备的功能

（1）车厢由厢体、翼开门、尾门和下裙边组成。

（2）厢体翼开门分为上下两扇，上翼开门采用带自锁装置的液压撑杆升起，下墙板采用带自锁装置的液压撑杆向外放平，这样使整个厢体具有通风良好，工作环境宽敞，工作人员活动空间较大、便于作业的特点。当工作环境风较大时，可关闭厢体左侧（或右侧）板，以保证正常作业。

（3）在厢体内前部装有容积为500L的不锈钢保温水箱。

（4）在厢体后外部安装有不锈钢后爬梯，供工作人员上下车顶；在厢体后墙的右侧设计有一个尾门，供工作人员进出厢体内使用。在车体后墙外侧安装有倒车监控系统，其显示器安装在驾驶室的仪表板上，供驾驶员在倒车或驻车时观察车后情况。

（5）在厢体后墙右侧内端安装有两个灭火器。

（6）在厢体顶部有3台离心抽风机、2个安全天窗，便于操作中通风排气。

（7）在厢内顶部安装有4盏照明灯。

2．使用方法

（1）翼开门使用方法

以CD-SYK-ZDS-D027翼开式液压系统为例，整个系统主要由下列四部分构成：动力单元（包括电机、油泵、溢流阀、油箱等）、管路系统（包括液压阀、油管、接头等）、传动机构（包括举升油缸、锁紧机构）、电控系统。

整个系统由电控箱进行控制。打开电控箱门，里面有如图2-10所示控制面板。以电控箱操作为例。操作前请先打开断路开关和电源开关，操作完毕后请及时关闭断路开关和电源开关。

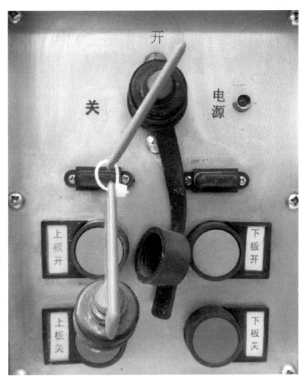

图2-10 控制面板

开门操作。打开左侧翼门：按住左侧电控箱"上板开"按钮，左侧上翼门即缓慢打开，到位后立即松开按钮；按住左侧电控箱"下板开"按钮，左侧下翼门即缓慢打开，到位后立即松开按钮。注意：上翼门未打开前下翼门不能打开。

关门操作。关闭左侧翼门：按住左侧电控箱"下板关"按钮，左侧下翼门即缓慢收起，到位后立即松开按钮；按住左侧电控箱"上板关"按钮，左侧上翼门即缓慢收起，到位后立即松开按钮。注意：下翼门未关闭前上翼门不能关闭。

（2）电气系统的使用

自助式餐车电气系统的使用与净水车基本相同，但在净水车电气系统的基础上增加了餐饮相关的电气系统。

副食灶：副食灶由两个炒灶组成，设置在车厢前部，副食灶右边的门内安装有灶具内油箱，其中一个炒锅可作为高压锅使用。副食灶燃烧器开关装于配电柜的控制面板上，炒菜时应打开配电柜控制面板上的"左、右副食灶"电源开关，以启动炒灶的燃烧器，炒菜间隔时应关闭燃烧器。"小火"表示小火力，"中火"表示中等火力，

"大火"表示大火力，"复位"表示关闭燃烧器，如图2-11所示。

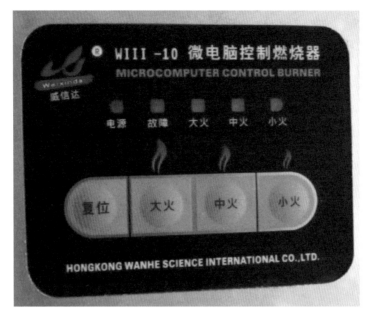

图2-11　燃烧器的控制面板

抽油烟机：抽油烟机设置于副食灶上部，装有2台风机与引风罩，风机功率2×200W，流量1480m³/h。

蒸箱：蒸箱设置于车厢右侧后部，主要由蒸箱门、门把手、蒸格、水胆和燃烧器组成。

使用方法：

● 蒸箱燃烧器的电源开关装在配电柜的控制盒面板上，点火时应按下配电柜控制盒面板上"蒸箱电源"开关，蒸箱燃烧器即可点火启动；

● 注水：按下配电柜控制盒面板上"水泵电源"开关，智能水泵在压力差的作用下即自动向蒸箱水胆内进水，水胆进水量由浮球阀控制（出厂时已调节好）；

● 装米：将大米均匀装至各层蒸盘，最上层与最下层适当少装；

● 装箱：将淘洗米的蒸盘依次放入蒸箱内，装箱时米要摊平、蒸盘放正；

● 使用后应将主蒸箱擦洗干净；

● 每次使用后应将水槽内的存水放干净。

（3）水路系统的使用

水路系统由水箱、水泵、阀门及管路等组成。上水使用随车外接水管接入上水口，通过上水管将自来水注入水箱。下水通过下水管汇入污水箱，将污水排放管接入污水箱的污水排放口，打开车外污水排放阀门将污水排放到指定的位置，管路存水通过水管排水口排空，水箱存水通过水箱排水口排空。

加水方法：

● 打开厢体外侧右前部的上水口，将随车加水管的快换接头与上水快换接头连接紧固，另一端接入自来水；

● 打开水箱上水阀、水箱出水阀，关闭水箱排水阀。注意：水箱液位计阀下为常开；

● 打开自来水阀门，当水箱加到约三分之一时，打开蒸箱上水阀，同时关闭蒸箱排水阀，然后按下配电柜控制面板上的水泵电源按钮，开始为蒸箱水胆加水，当水胆加满后，关闭蒸箱上水阀。继续给水箱加水，直到水箱溢流口溢水，此时即停止加水；

● 加水完毕，关闭水箱上水阀。

需要使用水箱中的水时，打开水箱出水阀、食灶上水阀、蒸箱上水阀，按下配电柜控制面板上的水泵电源即可为洗菜池水龙头、食灶水龙头、蒸箱水胆供水。

洗菜池、蒸箱、副食灶的污水通过下水管汇入污水箱，将污水排放管接入污水箱的车外排污口，打开车外排污阀将污水排放到指定的位置。

利用应急上水口供水时，需关闭水箱出水阀，打开应急上水阀，此时水可直接供给水龙头、蒸箱水胆。注意在寒冷的冬天，供水系统容易冰冻，易损坏管道和水泵及其他与水有关的电器，请经常查看配电面板上的水温显示。当水温低于6℃时，按下"水箱加热"按钮，为水箱内的水加热，在水温被加热到10℃左右时，关闭"水箱加热"。水箱加热消耗的电功率达到2000W，所以，在使用水箱加热时，请勿使用其他大功率电器，以免过载。

（三）自行式餐车的运输与贮存

1．运输

（1）自行运输：车辆可自行运输，运输前应参照行车注意事项做好设备固定。

（2）装载运输：装载运输前，车辆油箱、燃烧器外油箱、内油箱的柴油应放出，汽车油箱留有移动车辆用的少量柴油。

（3）装载后应拉紧手制动。

2．贮存

（1）贮存前应对车辆设备进行彻底清洗，各种设备、工具、附件等应按要求设置或固定。

（2）长期贮存应存放在通风条件好、具有防火功能的专用车库。

（3）车辆之间留有1m以上的通道。

（4）存放时应拉紧手制动。

（5）每年潮湿季节，应利用晴天将车辆晾晒一次。

第六节　应急通信

为提升洪涝抗灾救灾工作水平和应急反应能力，及时、妥善处置因暴雨、洪水等自然灾害造成的重大紧急情况，最大限度地减少人员伤亡和各类危害，当因洪水出现导致严重险情时，应急通信需在第一时间回传受灾现场情况，保证在任何时候、任何情况下通信的畅通无阻，提供及时、可靠、准确的水情、工情、灾情信息，实现"后方指挥中心—前线指挥部—第一受灾现场"三级通信保障，提供应急指挥手段和辅助决策支持，为夺取抗洪抢险胜利提供重要的通信保障支撑。

一、电力应急通信定义

电力应急通信，指在电力突发事件、应对重大灾害或重要活动的保电任务时，提供应急服务的通信手段和通信资源，满足电力指挥决策机构进行电力应急指挥，或基层一线任务人员的基本通信需要，确保突发事件、保电任务的通信顺畅。

二、电力应急通信的方式

国家电网有限公司现有的应急通信方式可分为电力固定通信网、机动应急通信和公共通信网络。

其中，电力固定通信网包括电力光纤通信网、调度通信网、行政数据网、综合数据网、视频会议网等，机动应急通信包括应急通信车、卫星便携站、卫星电话等，公共通信网包括三大运营商基础通信网。

电力应急通信方式的选择一般应根据应用场景、业务需求、通信规模以及对通道的具体指标来选择通信方式和业务传输类型。具体可参照应急通信典型业务传输性能指标，如表2-2所示。

表2-2　应急通信典型业务传输性能指标

业务类别	传输速率（kb/s）	传输时延（ms）	允许误差	主要应急通信方式
视频	768～2048	≤600	≤1%	电力固定通信网、机动应急通信、公网专线
语音	64～128	≤600	≤1%	电力固定通信网、机动应急通信、公网专线
数据	64～3072	≤600	≤1%	电力固定通信网、机动应急通信、公网专线
调度自动化	1～2048	≤30	≤1%	电力固定通信网、公网专线
保护控制	2048	≤30	≤1%	电力固定通信网、公网专线

三、应用场景

洪水可能造成大面积停电、移动基站和固网遭到严重破坏，通信线路出现大面积损坏，而公网通信模式往往较为脆弱，无法提供可靠、稳定的通信保障。通过建设以卫星通信技术为核心，超短波、短波通信技术为补充的应急通信系统，充分保证应急通信系统的灵活性、适应性和可靠性，如图2-12所示。

图2-12　"8·31"喜德县特大泥石流救援现场应急通信

当发生洪涝灾害时，首先考虑使用卫星电话第一时间将人员、灾情、险情、水情等信息回传至后方应急指挥中心。其次选取较高处、空旷位置搭设卫星通信设备（车载卫星站、便携卫星站等），并通过卫星链路建立音视频连接，使用单兵图传、手持

视频终端等采集设备，将全域的灾情、险情、水情等实时情况通过视频的方式传输至后方应急指挥中心，为后方指挥调度提供研判和决策。

当出现雷暴雨、大风恶劣天气导致卫星链路无法正常建立或无法找到合适的位置架设卫星设备时，可利用全网的超短波通信系统和短波通信系统在复杂的环境下建立语音通信；当超短波通信系统中继基站出现停电，或者周围环境遮挡较为严重时，可采用短波通信系统实现在极端恶劣条件下的语音通信。

第七节 现场勘察与搜救

一、水流辨识基础

（一）河流方位辨识

（1）河流以水流往下游流动的方向为基准。

（2）上游是水流过来的方向。

（3）下游是水流去的方向。

（4）往下游看左手边即为水流的左岸。

（5）往下游看右手边即为水流的右岸。

（二）流水基本力学

（1）水的流动换算是以每秒立方米计算。

（2）河道宽度×河道深度×每秒水流速度＝每秒立方米。

（3）流动的水具有不可思议的重量及力量，$0.028m^3$水重量28kg。

（4）每秒$0.28m^3$流速的水可移动总重量超过136kg的物体。

（5）每秒$0.56m^3$流速的水有两倍的自然力产生。

（6）如河道较浅或狭窄，但容量不变，则速度二倍数以上增加。

（7）平缓的水流冲击力较小，但当流速加倍时，其冲击力则变为四倍。

（三）水流速度

河川的流速比其深度和宽度难测，但有办法做适当估计。选个地点，往下游测量河川100英尺（30.48m）长后，我们可以观察漂浮物漂到那里的时间，流速可以采用水流速度表（如表2-3所示）进行计算。

表2-3　水流速度表

每100英尺（30.48m）所需秒数（s）	水流速度（m/s）
5	6.00
10	3.00
15	2.01
17	1.77
20	1.50
23	1.32
25	1.20
29	1.05
37	0.81
50	0.60
80	0.39
110	0.21

　　水流力量不是线性的计算，例如，0.9m/s的水流会在你腿上施加7.7kg的力量，你或许会以为1.8m/s的水流会在你腿上加上15.4kg的力量？但不是这样算的！因为水流力量是根据平方的法则，这意味着流速加倍，力量则增为4倍，如表2-4所示。

表2-4　水流力量表

水流速度（km/h）	平均水流力量（kg）		
	腿部	人体	船艇
4.8	7.56	15.12	75.6
9.6	30.24	60.3	302.4
14.4	67.95	135.9	680.4
19.2	121.05	242.1	1209.6

二、水流形态认识

（一）白水水域

在急流中和障碍物碰撞后，产生白水水域，如图2-13所示。

图2-13 白水水域

（1）很好辨识白色气泡在河道出现的区域。

（2）此水域多不规则浅滩，且充满了60%以上的空气。

（3）不适合于此处进行活动，遇到前应该想办法避开。

（二）微笑流

水流因撞击河道中障碍物，造成水流由中央流向河川底部与两侧而产生微笑流，如图2-14所示。

图2-14 微笑流

微笑流形成后：

● 碰到这种水流浮力不足时，很易被水流牵引卷入；

● 人员浮力足够，以急流确保漂游的姿势，并用双脚顶障碍物即会顺流离开；

● 水流会将物体冲吸贴住障碍物并往河床底部拉扯；

● 人员陷入障碍物想脱困时，面对障碍物以双手往顺流方向推出即可离开；

● 如果人员或船被水流牵引在障碍物时，用机械动力船艇驶往该水流上游约10m处，操控机械动力船艇以Z字形驾驶法，定位到障碍物前切挡水流，等待水面流速变缓，被困人员或船即顺水流往下游流出；

● 救援人员另可从障碍物上方制高点抛掷救生绳，往顺流方向牵引脱困。

不要以游泳的方式下水进行救援，非常危险！

（三）皱眉流

水流面对下游方向撞击平面障碍，因地形障碍的影响，造成由外侧汇集到中央而产生皱眉流，如图2-15所示。

图2-15 皱眉流

皱眉流脱困与救援：

● 此水流非常危险、很难脱困，遭遇前应该想办法避开；

● 无法闪避时，用双脚抵触障碍物破坏直线水流推力，再顺水流向流出脱困；

● 人员或船被水流冲吸到障碍物时，通过机械动力船艇驶往该水流上游约10m处，操控机械动力船艇，以Z字形驾驶方式到障碍物前切挡水流，等水面流速变缓，

人、船即可顺水流脱困流出；人员被困除了以上动作外，还可以抛掷抛绳包进行救援。

（四）翻滚流

上游顺流而下的强劲水流，遇到落差后与底部水流反弹上冲交会形成，或者急流盖过障碍物后，在瞬间落差（1m以上）的下游出现翻滚流，如图2-16所示。

图2-16　翻滚流

翻滚流脱困与救援：

● 河道水面会突然造成翻滚现象，比较容易辨识；

● 看到河道上出现翻滚现象时，迅速往旁边支流避开；

● 陷入翻滚流时想要脱困，须有浮力足够的全套急流救生装备，以确保漂游与急流攻击式泳姿交替使用，才可以顺利离开。

如人员陷入翻滚流时，通过机械动力船艇驶往该流下游约10m处，操控机械动力船艇定位，用抛绳救援的方式，顺水流用力拉出被困人员，如图2-17所示。

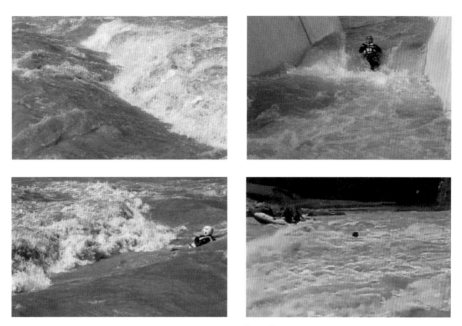

图2-17 翻滚流脱困

（五）V形流

V形流的形状尖端在上游处，由水流冲击多个水中障碍物形成，如图2-18所示。

图2-18 V形流

V形流脱困与救援：

● V形流从水面很难发现，但若是看见多个障碍物集于急流中，应立即避开此流域；

● 如人员或船被V形流冲吸到障碍物上，应该通过机械动力船艇驶往该水流上游约10～20m处，操控机械动力船艇，定位到障碍物前切挡水流，等水面流速变缓，被困人员或船即可顺水流脱困流出。

（六）倒V流

倒V流的形状尖端指向下游，倒V流是由于水流过两个障碍物之间而形成，如图2-19所示。

图2-19　倒V流

● 河道中间水流特别快也最深，障碍物最少，可快速通讨；

● 河道两旁遍布大小障碍物，应小心避开。

（七）漩涡流

当水流被迫绕着岸边转弯处、凹陷区域或障碍物时，即会形成漩涡流，如图2-20所示。

图2-20　漩涡流

● 该水流极易让人员或物体无法自然流出；

● 人员脱困方法：由岸边顺漩涡游往上游与主水流交汇处，再以（45°角）头部朝上游以攻击式游泳朝主流方向快速游离漩涡区域。

（八）回流区

水流经过障碍物（礁石、桥墩、倒树等）时，由障碍物两侧经过，此时障碍物两侧水流速度会加快，在障碍物正后方会形成回流区。回流区是急流救生人员运用的区域，是休息、观察、等待救援或延缓被冲往下游的区域，如图2-21所示。

图2-21 回流区

（九）沸腾线

产生于水工建筑物拦沙坝、拦水闸、低水坝等下方整面河域处，水流以快速上下卷绕方式困住人员与物体，属于极度危险的水流，如图2-22所示。

图2-22 沸腾线

沸腾线脱困与救援：

● 顺水流方向漂流，等水流再次往顺流推挤瞬间，朝下游以45°攻击式泳姿游出水流区域，如图2-23所示；

图2-23　沸腾线脱困

●河面宽阔时，以橡皮艇从上游顶流接近，目视离水流力道区约5～10m处定船，再以抛绳或救生圈扣加绳索的方式，对准被困人员抛掷，等被困人员接到后，缓缓带其出危险水流区，再由橡皮艇上救援人员拉回绳索抓带上艇；

●河道较窄时，以活饵救援方式进行救援，在岸上人员做好准备后，再通过安全模式下水救援。

第八节　水域救援

一、水域救援概述

水域救援的任务是在遇到水域危险时拯救人和动物的生命，抢救物资财产，此外与其他救援人员合作，共同为群众提供必需物资，并根据救援所需以及在进行疏散时运送各种类型的重物。

水域救援人员负责操作水上的多用途船只，为各种水边和水上作业行动搭建浮动工作平台、水道、码头、坑道和桥梁，此外还参与保堤护坝工作。

水域救援项目包括：

●将人和动物从水域危险中营救出来；

●从水域危险中抢救物资财产；

- 协助有关部门从水中打捞人和动物的尸体；

- 为被水所困的人和动物提供水和食物；

- 在开展逃生和疏散时，负责组织人员摆渡；

- 协助其他在水边和水上开展救援的人员；

- 参与保堤护坝；

- 在陆地上和水上运输重物；

- 为开展水边和水中的各种作业，搭建和运行浮动工作平台和码头；

- 为其他救援人员提供水上安全保障；

- 在可能的情况下，提供吊车作业；

- 执行摆渡任务（渡轮）。

水域救援具有以下特性。

- 如果能见度低于2m，救援人员就很难找到水中物体。

- 温度：自然水域的温度通常低于自来水，中高海拔山区的水温甚至可能比气温低4～8℃。低温容易使人疲劳，水的流动会迅速降低人的体温。静水中体温散失速度是空气中体温散失速度的25倍。但如果在2m/s的流水中，体温散失速度是空气中的250倍，因此抢险救援时必须特别注意保持体温。

- 流速及变化规律：河流内弯的水流较慢，水位较浅，且石头较多；河流外湾的水流较急，水流较深。

- 水流量：单位时间内通过河道过水断面的总水量。计算方法：河流平均深度（m）×河流平均宽度（m）×流水速度（m/s）=每秒钟有多少立方米水量。

二、水域救援装备

水域专业救援的器械装备包括相应的小艇等航行装备、安全和救生工具，以及一套扩充型无线通信装备。

救生衣：救生衣的选择，对于应急救援工作人员是至关重要的事情。救生衣又称救生背心，是一种救护生命的服装，设计类似背心，采用尼龙面料或氯丁橡胶、浮力材料或可充气的材料、反光材料等制作而成。救生衣鲜艳的颜色或者带有荧光成分的颜色，会刺激我们的视神经。穿着这种色彩的救生衣很容易被人发现，以便尽快得到救援。救生衣穿在身上具有足够浮力，使落水者头部能露出水面。

救生衣包括穿戴式救生衣、充气式救生衣、溺水自动救生器等类型。

穿戴式救生衣如图2-24所示。

图2-24　穿戴式救生衣

穿戴式救生衣像背心一样，穿戴方法简单，使用时像穿背心一样穿在身上然后扣上胸前的束缚带，再调节束缚带松紧。束缚带收太紧会影响呼吸，调节完能插入手掌即可。救生衣底部还有腿带（裆带）需要扣上，腿带（裆带）调节办法和胸前的束缚带一样，能有效地防止救生衣脱落。

充气式救生衣如图2-25所示。

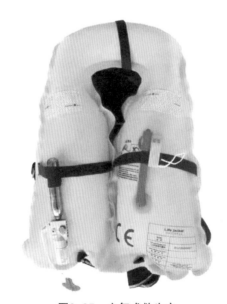

图2-25　充气式救生衣

充气式救生衣采用高强度防水材料制造而成，主要由密封充气式背心气囊、微型高压气瓶和快速充气阀等组成，在有掉入水中可能性的工作中经常使用。

正常情况下（未充气），整个充气式救生衣呈带状穿戴披挂在人的肩背上，由于体积小巧，并不妨碍人们的作业；一旦落入水中，在水中遇到危险需要浮力的紧急时刻，或根据水的作用自动膨胀充气（全自动充气救生衣），或由人拉充气阀上的拉索（手动充气救生衣），便可在5s时间内充气变成具有8～15kg浮力的救生衣；救生衣向上托起人体，使头、肩部露出水面，从而能够及时获得安全保护。

在浸入水中后，自动充气救生衣自动装置内水敏感元件会软化，撞针失去阻挡，弹簧伸张推动撞针刺破气瓶封口膜片，二氧化碳气体充入气囊而产生浮力。

充足气的救生衣将很难穿上，需通过口吹管排气直到排放到容易穿上为止。使用前，先练习闭合扣具，调节步骤如下：先伸进左臂，再伸进右臂，合上扣具，最后调紧织带。

充气式救生圈是水上救生设备的一种，通常由软木、泡沫塑料或其他比重较小的轻型材料制成，外面包上帆布、塑料等。外观呈橘红色，便于水上搜救，工作状态下最小浮力为8kg，使用时将其套在腰部。

溺水自动救生器：一种微型便携式水上救生设备，由气囊和气体发生器构成，使用时及时打开气体发生器充足气囊即可，如图2-26所示。

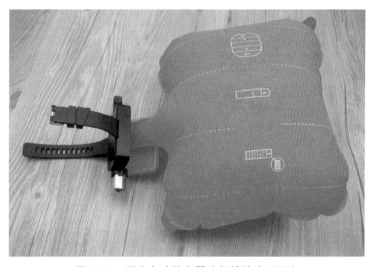

图2-26　溺水自动救生器（便携救生手环）

三、水上救援技术

（一）间接赴救

间接赴救也叫池岸赴救，是在岸边利用水域现有的救生器材（如救生圈、救生杆、绳子等），对较清醒的溺水者施救的一种救生技术。救生圈是常用的救生器材之一。为了救助距离池岸较远的溺水者，救生圈上可系一条绳子。事先应整理好绳子，

将救生圈扔向溺水者时，应用手握紧或用脚踩住绳子的另一端。待溺水者抓住救生圈后，将其拖至池边救起（如在自然水域，应注意观察风向和水流的流向，将救生圈抛到溺水者的上游）。

在情况紧急、没有上述救生物品的情况下，也可以根据情况利用其他物品，如长棍、球等，但应以不伤害溺水者为前提。

（二）直接赴救

直接赴救也叫水中赴救，是在没有或无法利用救生器具拯救溺水者，或溺水者已经处于昏迷状态无法使用救生器具时采用的赴救技术。水中赴救的技术比较复杂，对施救者也有一定的危险性。因此，在条件允许时，应尽可能利用救生器材实施间接施救，以保护施救者自身的安全。

直接赴救可分为入水前观察、入水、接近、解脱、拖带、上岸等过程。在入水前观察时，如果发现溺水者，应迅速扫视水域，判断溺水者与自己的距离。在自然水域还要注意水流方向、水面宽窄、水底性质等因素。本着尽快接近溺水者的原则，迅速选择好入水地点。

如果在自己熟悉的游泳池或水域，确定下水地点水较深时，可以采用头先入水的动作，这种入水动作速度比较快。如果在不熟悉的水域，为保证自身安全，应采用脚先入水的方式，如跨步式入水或蛙腿式入水。施救者入水后应尽快接近溺水者，并做好控制和拖带溺水者的准备。游近溺水者时一般采用抬头爬泳技术游离，并在接近后尽可能在溺水者的背后做动作，以确保自身安全。

1．抛绳/抛物救援

（1）选择足够长度的绳索（例如抛绳）或助浮物等。

（2）大声说话及发出信号，引起遇溺者注意。

（3）向遇溺者表示将会抛出绳索的一端或助浮物。

（4）站在安全位置。

（5）留意风向及水流情况。

（6）把绳/物抛至遇溺者伸展双手时可触及的范围。

（7）注视及安慰遇溺者，选择处于陆上的一个安全位置。

（8）若绳索一端未能成功抛至遇溺者，应立即整理，然后再次抛出（如图2-27所示）。

图2-27 救生圈抛投救援

（9）指示遇溺者以双手紧握绳索或助浮物（救援人员应在20s内抛绳两次）。

（10）指示或协助遇溺者登岸。

当遇溺者双手紧握绳索后，救援人员需根据现场环境，固定或移动自己的位置，以免遇溺者撞向大石等障碍物。之后，让遇溺者顺着水流以"钟摆式"漂向岸边，并及时将其救上岸，如图2-28所示。

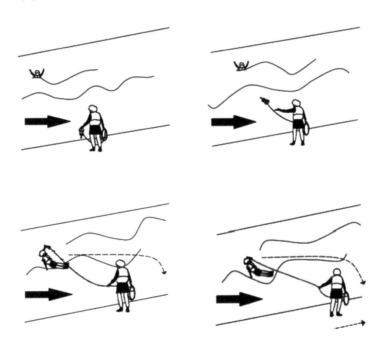

图2-28 水上救援注意事项

2．涉水救援

（1）安慰伤者，使其保持镇定。

（2）由浅水处安全下水。在条件允许的情况下，利用所携带的辅助物测试水深。

（3）试探清楚水底情况，确保没有障碍物或凹陷处后，才小心移步前进。

救援人员如使用担架搬运伤者，应保持平衡，使遇溺者到达安全地点。

3．橡皮艇救援

（1）船外机启动后应即刻检查引擎冷却水出水口水流量是否正常，若水流量过低，应立即停机（熄火）检查，以免引擎过热受损。其不正常的原因可能为冷却水管堵塞，或水泵叶片破损。

（2）启动后应将油门杆恢复到低速位置（SHIFT），方可拨动排挡杆前进或后退。冷车启动，应先暖机5分钟后再操作前行动作。

（3）前进中，非遇到紧急状况，不可突然减速，以免激流由艇艉横材灌入艇内；亦不可于行进中将前进挡直接切换到后退挡。

（4）使用后退挡时，应避免全速，否则将导致引擎激烈振动而损坏机器。倒退行驶，需用手顶住引擎盖，以免螺旋桨连着引擎震出水面而发生危险。

（5）运转中，不可打开引擎盖，以免发生危险。

（6）注意油箱盖上之通气活门是否保持旋松，注意不可造成油箱盖渗水，以免中途熄火或启动困难。

（7）不可以让引擎叶片（螺旋桨）打空转，也不能在岸上无水的地方启动机器。

（8）行进中若船速骤减，无法加速，应立即停机熄火，检查螺旋桨是否绞到漂流物（如渔网、绳索、塑料袋、垃圾等），若有应予以清除后再重新启动。

（9）熄火将油门旋至低速，排挡杆切换到正中央空挡位置，按下熄火钮即停止运转。若遇紧急状况一定要立即停船，只需按下熄火钮或拉出风门或直接拉开套在左手上的紧急熄火拉绳。

第九节　绳索救援

绳索救援分为定位、接近、稳固和输送四个步骤。全面地分析这些步骤，掌握其特性，有效地把各个环节连接起来，形成一个系统，建立一种体系，是完善和发展绳索救援技术的一种必要手段，也是实施绳索救援实战的前提，进而可以全面提高绳索救援能力。

大部分救援都能确定待救者遇险的具体位置，但也有一些特殊情况（如隧道、矿井、荒野、河流等）只是知道大致的位置。这就需要救援队伍根据搜集到的信息，确定具体的位置，为下一步救援做好充分的前期准备。

到达事故现场后，尽力掌握以下几方面信息。

（1）待救者方面：确定待救者的地点与数量，是否有遇难者，伤员的轻重程度，能否与待救者进行沟通。

（2）环境方面：地形的险峻程度，土壤的承载强度，支撑与固定点的选择要求，事故平面与救援平面的落差，需要绳索的长度，最佳的接近路线和撤离路线。

（3）客观方面：突发性的客观危险（如岩石坠落、塌方、河流旋涡等），是否有可燃、易爆、有毒物质释放，以及绳索和绳索系统的客观适用范围。

这些信息可以通过报警者、目击者、设计施工人员，也可以通过待救者本身获取，但更主要的是通过抢险人员实地观察。特别是在交通事故抢险救援中，司乘人员很容易被甩出车外，这就要在车辆内部、车辆下方、行车路线及路基等周围仔细搜寻。

直接接近待救者才能对实际的抢险救援问题作出充分的评估，有限的信息、长距离的观察，甚至待救者自己的陈述，这些都不能全面、正确地判断出什么救援方式更合适，接近才是解决问题的关键。

事故平面与救援平面位置不同，选择接近的方式也不同。事故平面在救援平面下方（如竖井、山涧、蓄水池、地铁、船舱等）就采取由上向下接近，事故平面在救援平面上方（如广告牌、天桥、脚手架等）就采取由下向上接近；在同一平面上（如横坑、河流、荒野、泥石流等）就采取水平接近，事故平面在救援平面斜面或对面（三维立体空间面）上，就采取横向摆动的接近方式。

接近时应保护好待救者和抢险人员的安全，特别要注意抢险人员的个人防护。抢险人员在接近待救者过程中，应避免给待救者带来外在压力和危险。抢险人员要随时与待救者保持联系，掌握待救者的身体情况和心理动态。任何绳索或绳索系统都要远离待救者，因为待救者不明确哪条绳索是救援绳，哪条绳索是辅助绳，如果误抓住抢险人员自身安全保护绳索，会严重影响抢险人员操作，给待救者和抢险人员同时带来非常大的危险。在没有安全保障的前提下，不要离待救者过近，因为在接近过程中恐惧的待救者会主动移向抢险人员，直接造成救援失败。

第十节　应急保供电

应急保供电，是在突发自然灾害时，为确保重要用电单位或个人快速恢复供电或保障用电质量，采用发电车、发电机、临时搭接电源等方式为用电单位和个人进行供电保障的措施。

在洪灾发生时，为避免造成人员触电和大范围电网故障，通常会采取"水涨到哪，电停到哪"的安全策略。针对停电区域内的重要用户如抗洪抢险指挥部、110指挥中心等点位需采取临时保电，以保障抗洪抢险指挥等工作正常开展。

一、保电原则

接受政府抗洪抢险指挥部统一领导，在保障安全的前提下，合理分配保电资源，按照"保重点、保民生"原则开展保电工作。

统一指挥。各抢险队伍在指挥部门的统一领导下，以最快速度协调作战，保障汛期抗灾抢险供电。

保证重点。按照优先保证重点区域、用户和居民生活用电的原则，保证供电辖区内各党政机关、部队、医院等重要单位及居民生活用电的可靠供电，避免因停电造成社会秩序混乱的情况发生。

安全第一。严格遵守安全作业规程，认真落实各项应急安全防护措施，杜绝溺水、触电、雷击等安全事件发生。

二、保电组织

在供电公司抗洪抢险指挥部内成立以营销分管领导负责，营销部部门负责人牵头，运检、产业、农电部门负责人参与的保电工作小组，负责指导重要客户和高危企业避灾救灾工作，及时将受灾重要客户保电需求向防汛领导小组汇报，协调公司应急发电机调配，为重要客户保电。

（1）成立防汛抢险保电领导小组，作为抗洪保供电的指挥机构，负责指挥、组织、协调各项应急工作。其中组长应是应急情况下的指挥长，主要职责为贯彻落实国家应急管理法律法规及相关政策，及时掌握应急处理和供电恢复情况，协调解决应急过程中的重大问题。

（2）成立防汛抢险办公室，负责重特大汛情发生后各类电网突发事件和救灾抢险信息的收集、汇总和报送工作，组织开展24h专业化值班，按照指挥长要求下达应急处置指令，联系协调各应急队伍工作和物资调配。

三、保电工器具

应按照要求和实际情况，提前配备必要的抢险抢修物资、备品备件、应急发电车等保供电物资，并确保数量充足满足保供电需求。

（1）应急发电设备：应根据实际保电负荷需求，配备相应容量的发电车或发电机，并做好日常检查、维护、记录工作，确保应急发电车、发电机状态正常，不会出现"掉链子"现象。同时，要配备足够的燃油，保证可持续供电。

（2）接入电缆：接入发电机和低压配电室的电缆应存放在标准环境中，并定期试验，确保能够与应急发电车及低压配电室内进线可靠连接并传输电能。

（3）防洪用品：对于低压配电室被淹的急需恢复供电的重要用户，应配备水泵和沙袋。用水泵迅速抽水保证供电要求，并使用沙袋保护低压配电室不被洪水二次淹没而损坏应急发电设备。

（4）应急抢修装备：应配备防汛抗洪专用抢修装备（如表2-5所示），确保各抢修队伍能够第一时间响应，并奔赴抢修现场恢复供电。

表2-5　典型洪涝灾害地下配电房抢修主要装备

序号	装备	配电方式
1	移动开障灯	自发电，连续照明时长大于12h
2	多功能箱式移动工作灯	自发电，连续照明时长大于12h
3	移动应急充电箱	充电式
4	轻便多功能工作棒	充电式，连续照明时长大于12h
5	强光手电	充电式，连续照明时长大于12h
6	防爆强光工作灯	充电式，连续照明时长大于12h
7	轴流风机	功率不小于0.75kW
8	气体检测仪	复合式
9	压缩空气呼吸机	自给开路式

四、方案制定

开展现场查勘，明确现场受灾情况、需要保电的负荷情况等，由运检部具体制定临时供电方案。方案需根据可利用资源合理制定，方案中应包括应急发电装置摆放位置、接入方案、电气接线图、施工组织方案、安全措施、物料清单、危险点分析及预控措施等。由属地营销部牵头与保电工作负责人共同查勘现场设备受灾情况，共同制定保供电方案。

（1）现场信息：现场当前气象情况，道路通行情况，地下配电站房受灾情况，地下站房布置图等信息收集；明确低压配电室设备是否被水淹过，若被水淹过需对低压配电室开关、线缆等设备进行试验；勘查有无反送电或电源分支回路，如有则需有效断开，防止误送、倒送。

（2）照明需求：所需照明原因、所需照明范围、当前现场照明情况等。

（3）通信情况：地下站房手机信号是否通畅。

（4）临时供电信息：了解现场临时供电情况、供电抢修信息、重要用户等信息。查看用户是否使用独立临时发电机，并在发电机接入前断开。明确所需保电的负荷容量，保电负荷应小于应急发电车额定容量，明确低压配电室有无备用开关接入应急发电车临时电缆，无备用开关应采用低压母排尖钳接入应急发电车临时电缆。明确应急保电接入负荷，原则上只接入保安负荷，不得用发电机带电梯等动力设备。明确应急发电车临时电缆释放路径，若路径跨越车道、人行道，应用地面电缆保护槽对临时电缆进行保护。

（5）救援类型：现场除了应急照明外，是否需要开展其他类型应急救援。如有，需携带现场可能出现的易发次生灾害应急救援装备，明确应急发电车停放位置，应尽量选择空旷、防雨、防滑位置，防止发电车在运行过程中发生震动、歪斜等情况，保证发电机尾气有效排放。

五、方案实施

应急供电保障基干队伍主要由队伍负责人、安全监护人、救援人员组成，预警状态下基干队伍进入值守状态，保持24h通信畅通。队伍负责人一要做好与可能受灾公司联系，了解可能涉及的作业场景，做好灾情预判，编制装备及人员清单，并做好国网新一代应急指挥系统（以下称ECS系统）信息报送；二要组织救援人员按照装备清单进行检查及试运行，确保应急状态下可正常使用，具备条件的进行预装车，做好随时出发准备；三要组织梳理应急保障物资，做好运输车辆保障和调度。队伍负责人接到响应指令后，马上与受援单位进行任务对接，明确任务信息及需求（受援地点及场景类型、受援单位联系人及联系方式等），并组织救援人员进行装备调整，以符合现场作业实际需求。

到达现场后，保电工作负责人组织抢修队伍召开班前会，交代危险点及预防措施。

（1）施放电缆时，应防止电缆绝缘材受损，应采用全人工施放。

（2）应急发电车临时电缆施放完毕后，立即对电缆进行试验。

（3）临时电缆或架空线路、发电车和低压配电室两端及其附件应可靠连接。

（4）应急发电车侧接地装置应可靠、牢固接地。

（5）应急发电车应采用硬质围栏打围，防止非工作人员进入。

若发生因故障导致停电，应安排专责人、安全员等，根据现场检查判断故障，并按照规程要求先组织抢修排除故障再送电。

队伍负责人组织做好环境勘察并做好信息上报。环境信息包括：现场气象信息和道路通行情况；作业场地是否满足照明装备安装；周边环境是否符合照明装备作业要求（照明高度内是否有妨碍照明装备使用的危险因素存在）；有限空间内气体含量是否满足要求，通风设施布置情况；是否存在易燃易爆物品等。队伍负责人做好现场工作信息上报ECS系统，与队内各组实现信息共享。

六、启用应急发电车

保电工作负责人核对临时电缆实验数据，检查各连接部位是否连接可靠，核对相序及零线接线是否正确后，启动应急发电车。

（1）断开低压配电室总路进线开关，确保有明显断开点。

（2）断开低压配电室各出线开关。

（3）启用应急发电车并将电送至低压配电室。

（4）用万用表测量电压合格后，逐一试送低压配电室各出线开关。

（5）应急发电车应安排专业人员值守，时刻关注负荷大小和应急发电车机内油料。

（6）端子排上金属裸露部分要有安全绝缘防护措施。

在使用发电车时，必须使用一些防浸型的应急发电车快速接线装置，而且在使用这些应急发电车快速接入装置的时候，也要注意在插和拔之后都需要将应急发电车快速接线装置的卡扣防水盖给盖紧。这样才能够确保应急发电车快速接入装置内部没有受到外界环境的干扰，保证整个应急发电车快速接入装置具备良好的防水性能，能够在一些容易被雨淋的户外环境下长期稳定地工作。

七、应急供电方案

（1）10kV无源快速组网：10kV发电车接入、退出用户供电网络。

适用场景：该方法适用于前端线路故障，造成放射性线路内重要用户停电，利用10kV发电车给用户临时供电的检修场景。

作业方法：该方法主要利用10kV发电车、柔性电缆组合装备，构建局部高压供电网络，实现给高压用户临时供电。

作业要求：作业现场应满足特种车辆停放及工作要求；架空线路排列方式宜选择水平、三角形排列，作业点附近应无影响作业的其他设备；作业环网柜宜具有备用间隔，接口宜为T型接口；电缆敷设通道应充分考虑运行维护便利性及安全性，尤其应避免过街敷设；负荷电流不应超过10kV发电车及旁路柔性电缆额定载流，并留有20%及以上安全裕度。

作业原理：如图2-29所示。

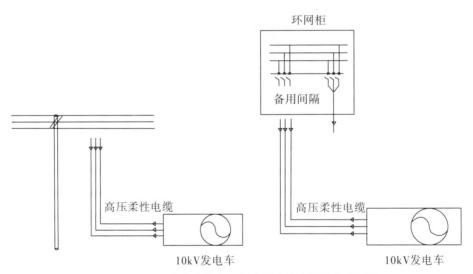

图2-29　10kV发电车接入、退出用户供电网络作业原理

（2）低压无源快速组网：低压发电车接入、退出用户供电网络。

适用场景：该方法适用于用户侧低压设备无故障，用户高压侧或外部故障造成用户停电，利用低压发电车给用户临时供电的检修场景。

作业方法：该方法主要利用低压发电车、UPS电源车，构建局域低压供电网络，实现给低压用户临时供电。

作业要求：作业现场应满足特种车辆停放及工作要求；电缆敷设通道应充分考虑运行维护便利性及安全性，尤其应避免过街敷设；负荷电流不应超过发电车旁路柔性电缆及其附件额定载流，并留有20%及以上安全裕度；柔性电缆长度过长时避免圆形盘放，可采用8字形盘放；负荷端如有三相动力负荷，接入时应做好对相工作。

作业原理：如图2-30所示。

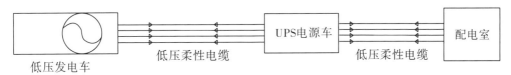

图2-30 低压发电车接入、退出用户供电网络作业原理

（3）低压无源快速组网：低压柔性电缆临时接入。

适用场景：该方法主要适用于站房至分接箱、分接箱至集装表箱之间电缆发生故障，利用低压柔性电缆进行临时供电的检修场景。

作业方法：当发生低压电缆整体故障后，使用适当规格的低压柔性电缆、临时低压分接箱接入进行临时供电，解决因故障点查找困难及土建破路带来的抢修时间长的问题。

作业要求：作业现场移动低压分接箱放置位置、柔性电缆敷设路径选择应满足便利性及安全性，尽量避免穿越人员密集区域和过街敷设；负荷电流不应超过分接箱旁路柔性电缆及其附件额定载流，并留有20%及以上安全裕度；柔性电缆长度过长时避免圆形盘放，可采用8字形盘放；柔性电缆采用快速连接关接续时，应做好防护、对相工作；负荷端如有三相动力负荷，接入时应做好对相工作。

作业原理：如图2-31所示。

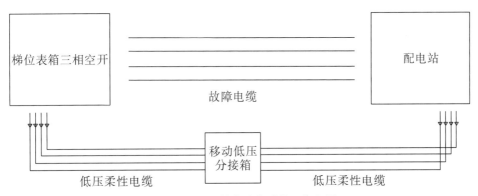

图2-31 低压柔性电缆临时接入作业原理

（4）低压无源快速组网：低压设备替代装置临时接入。

适用场景：该方法主要适用于集装表箱、抽屉式柜、三相空气开关故障时，利用替代装置进行快速复电的检修场景。

作业方法：采用提前预制好的移动式分散负荷快速接入装置、通用型抽屉式开关

替代装置、密集型母线槽快速修复装置等，在对应设备故障时直接替代使用。

作业要求：替代装置接入前应做好设备安全性检查，必要时需使用绝缘电阻表进行试验测试；接入时需做好相间、相对的绝缘隔离，必要时邻近电源应停电；负荷端有三相动力负荷，接入时应做好相对工作；负荷电流不应超过替代装置及其附件额定载流，并留有20%及以上安全裕度。

作业原理：如图2-32所示。

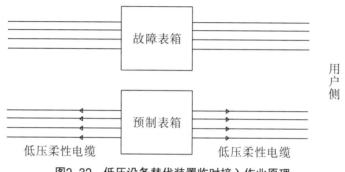

图2-32　低压设备替代装置临时接入作业原理

（5）10kV有源快速组网。

方案一：旁路系统接入、退出10kV架空线路。

适用场景：该方法适用于不停电检修线路杆段、不停电迁移杆线、不停电更换架空线路、不停电更换电杆、不停电更换防风铁塔等检修场景。

作业方法：该方法主要通过敷设柔性电缆，并接入10kV架空线路，从而在待检修区域的架空线路两侧快速搭建起一套临时供电系统，实现对架空线路不间断供电的同时开展计划检修工作。

技术要求：作业现场应满足特种车辆停放及工作要求；架空线路排列方式宜选择水平、三角形排列，旁路系统接入位置宜选择耐张杆塔附近（方便后期作业时开断），作业点附近应无影响工作的其他设备；电缆敷设通道应充分考虑运行维护便利性及安全性，尤其应避免过街敷设；负荷电流不应超过旁路设备额定载流（200A），并留有20%及以上安全裕度。

作业原理：如图2-33所示。

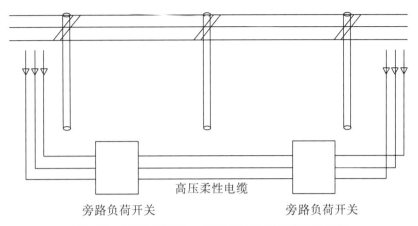

图2-33 旁路系统接入、退出10kV架空线路作业原理

方案二：带负荷更换架空线路配电设备。

适用场景：该方法适用于带负荷更换柱上开关、带负荷更换隔离开关、带负荷更换引流线、带负荷更换承力线夹、带电开断直线杆等检修场景。

作业方法：该方法主要通过在待更换设备两端安装绝缘引流线，实现负荷转供，从而在对用户不间断供电的条件下，更换架空线路配电设备。

技术要求：作业现场应满足特种车辆停放及工作要求；架空线路排列方式宜选择水平、三角形排列，旁路系统接入位置宜选择耐张杆塔附近（方便后期作业时开断），作业点附近应无影响工作的其他设备；电缆敷设通道应充分考虑运行维护便利性及安全性，尤其应避免过街敷设；负荷电流不应超过旁路设备额定载流（200A），并留有20%及以上安全裕度。

作业原理：如图2-34所示。

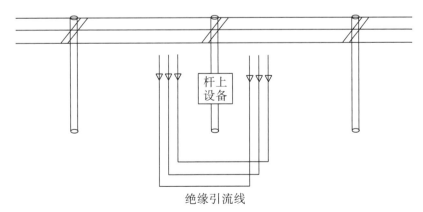

图2-34 带负荷更换架空线路配电设备作业原理

（6）电缆网快速组网：旁路系统接入、退出10kV环网柜。

适用场景：该方法适用于不停电检修故障电缆、短时停电检修故障电缆、从环网柜取电向单个环网柜供电等检修场景。

作业方法：该方法主要通过敷设柔性电缆，连接两环网柜，旁路故障电缆，实现对电缆网不间断供电的同时对故障电缆开展检修工作。同时，该方法也可实现从环网柜取电给环网柜供电。

技术要求：作业现场应满足特种车辆停放及工作要求；作业环网柜宜具有备用间隔，接口宜为T型接口；电缆敷设通道应充分考虑运行维护便利性及安全性，尤其应避免沿街敷设；负荷电流不应超过旁路设备额定载流（200A），并留有20%及以上安全裕度。

作业原理：图2-35适用于有备用间隔的两环网柜间电缆线路检修，图2-36适用于无备用间隔的两环网柜间电缆线路检修。

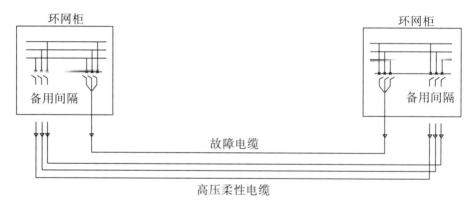

图2-35　旁路系统接入、退出10kV环网柜（有备用间隔）作业原理

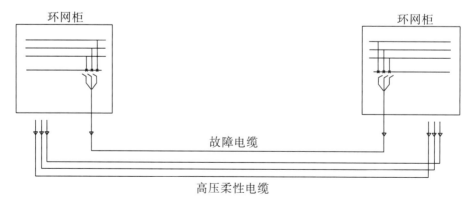

图2-36　旁路系统接入、退出10kV环网柜（无备用间隔）作业原理

（7）电缆网快速组网：移动环网柜车替代作业。

适用场景：该方法适用于短时停电检修环网柜及环网柜单元、短时停电更换环网柜断路器、短时停电更换环网柜隔离开关、从环网柜取电向多个环网柜供电、从环网柜取电向多个高压用户供电等检修场景。

作业方法：该方法主要通过将待检修环网柜电缆快速接入移动环网柜车，利用移动环网柜临时替代待检修环网柜单元进行供电，从而实现在不间断供电的情况下检修环网柜单元。

技术要求：作业现场应满足特种车辆停放及工作要求；作业环网柜宜具有备用间隔，接口宜为T型接口；电缆敷设通道应充分考虑运行维护便利性及安全性，尤其应避免过街敷设；负荷电流不应超过旁路设备额定载流，并留有20%及以上安全裕度。

作业原理：如图2-37所示。

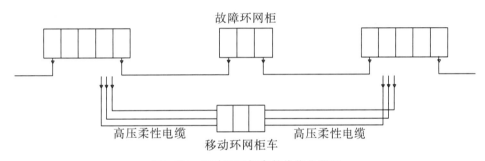

图2-37　移动环网柜车替代作业原理

（8）电缆网快速组网：移动箱变车取电作业。

适用场景：该方法适用于短时停电更换（检修）杆上变、短时停电更换（检修）站内变、更换高压开关柜、高压母线综合检修、更换低压开关柜等检修场景。

作业方法：该方法主要利用柔性电缆、移动箱变车组合装备，从就近的架空线路或环网柜取电，给低压用户供电，从而实现在不间断供电的情况下，对杆上变、站内变、高低压柜进行检修。

技术要求：作业现场应满足特种车辆停放及工作要求；架空线路排列方式宜选择水平、三角形排列，作业点附近应无影响作业的其他设备；作业环网柜宜具有备用间隔，接口宜为T型接口；电缆敷设通道应充分考虑运行维护便利性及安全性，尤其应避免过街敷设；负荷电流不应超过移动箱变车及高压柔性电缆额定载流，并留有20%及以上安全裕度。

作业原理：如图2-38所示。

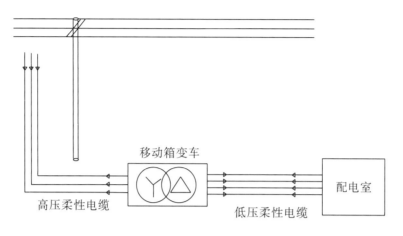

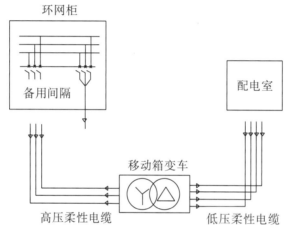

图2-38 移动箱变车取电作业原理

（9）混联线路快速组网：旁路系统从架空线路取电向环网柜供电。

适用场景：该方法适用于当计划检修或故障造成作业点或故障点外的环网柜停电时，通过搭建临时供电系统，实现对环网柜不间断供电。

作业方法：该方法主要通过敷设柔性电缆，一端接入10kV架空线路，另一端接入10kV环网柜，实现从架空线路取电向环网柜供电。

技术要求：作业现场应满足特种车辆停放及工作要求；架空线路排列方式宜选择水平、三角形排列，作业点附近应无影响作业的其他设备；作业环网柜宜具有备用间隔，接口宜为T型接口；电缆敷设通道应充分考虑运行维护便利性及安全性，尤其应避免过街敷设。负荷电流不应超过旁路设备额定载流，并留有20%及以上安全裕度。

作业原理：如图2-39所示。

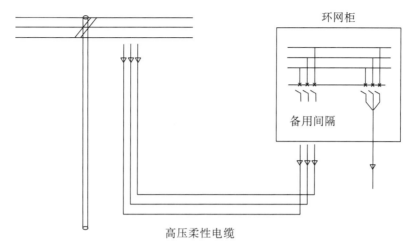

图2-39　旁路系统从架空线路取电向环网柜供电作业原理

（10）混联线路快速组网：旁路系统从环网柜取电向架空线路供电。

适用场景：该方法适用于当计划检修或故障造成作业点或故障点外的架空线路停电时，通过搭建临时供电系统，实现对架空线路不间断供电。

作业方法：该方法主要通过敷设柔性电缆，一端接入10kV环网柜，另一端接入10kV架空线路，实现从环网柜取电向架空线路供电。

技术要求：作业现场应满足特种车辆停放及工作要求；架空线路排列方式宜选择水平、三角形排列，作业点附近应无影响作业的其他设备；作业环网柜宜具有备用间隔，接口宜为T型接口；电缆敷设通道应充分考虑运行维护便利性及安全性，尤其应避免过街敷设；负荷电流不应超过旁路设备额定载流，并留有20%及以上安全裕度。

作业原理：如图2-40所示。

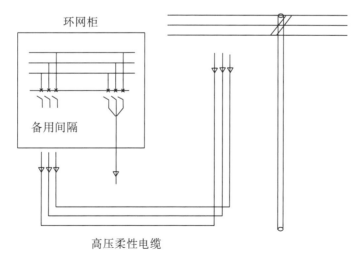

图2-40　旁路系统从环网柜取电向架空线路供电作业原理

八、设施维护

保电现场需安排抢修人员值守，工作内容包括临时设施的维护、安全措施的维护、油料补给等。发电设备应设置围栏、竖立警示标志并有专人值守，防止外界人员干扰、触碰甚至误操作造成人身设备安全事故。各个保电现场及设备责任落实到人，按照供电责任片区分级管理，要求对设备缺陷做好巡视、检查、记录、维护和检修工作。

（1）机组每次开机前，检查机油面是否在油标尺两刻度之间。

（2）防冻液的容量是否足够，必要时添加。

（3）每次使用时，电缆应由电缆绞盘全部拉出，防止电缆相互叠绕，导致通电时发热而损害电缆绝缘，发生危险。

（4）机组运行时要按照要求检查和记录机组运行情况。

（5）使用过程中注意总负载电流不能超过机组的额定输出电流。

（6）当电源车停放室外时，应检查排烟口罩是否复位，防止雨水流入排烟管内。

九、注意事项

抢修现场应急照明应充分考虑不同场景的抢修特性和夜间视线不足的因素，防范人身、设备、环境风险。

（一）人身安全方面

在队伍行进过程中，救援人员应根据受援地点的行程时间每相隔60min向队伍负责人汇报一次队伍行进情况，由队伍负责人向上一级领导汇报工作。

工作负责人应密切关注作业人员精神状态，应合理安排救援人员排班。在地下配电房照明时应使用气体检测报警仪对作业面进行检测，时刻注意救援人员精神状态，如出现身体不适，应立即撤离现场。

抢修现场应急照明一般为夜间连续性作业，应根据队员身体情况做好排班计划，作业过程中应密切关注救援人员身体状况。

（二）设备安全方面

照明时，选择安全可靠位置开展工作，上空不得有影响照明作业的障碍物，照明装备应可靠接地。照明装备操作过程应做好安全监护。在照明工作过程中，救援人员不要随意拆卸灯具，以免造成触电。当拆卸灯具时，应确保所有电源已经切断。

充电式照明装备使用前应检查提手、电池盒盖、电线接口、充电口盖等处结构件结合紧密，确保防水、抗冲击能力。

夜间抢修一般投入较多的人力、物力，要确保足够的备品备件以应对临时装备突发故障，必要时要做好备用照明装备替代方案，避免出现因照明中断耽误抢修进度的情况。

做好装备连续工作保障。动力装备应做好燃油供给准备，充电式装备做好电池储备，在工作结束后应及时充电，以备后续使用。

（三）环境安全方面

队伍负责人应通过ECS系统密切关注气象，照明过程中不准靠近易坍塌、摇摆物体及避雷针、避雷器。现场应划分作业区域，对照明现场做好围挡措施，同时应注意因现场环境变化导致的次生灾害，在掀开的电缆沟盖板、塌方沉陷等危险区域做好警示标识。

（四）其他

由于自发电式应急照明装备噪声较大，夜间打扰周边居民休息，应与属地公司联系，做好周边居民事先沟通工作，以免引发不必要的舆情。

第十一节　电力生产运行抢修及防洪

一、电网防洪

（一）输电线路防洪

1．受灾特点

洪灾作为自然环境中一种破坏力较强的灾害，对于架空输电线路杆塔也存在较大威胁。伴随强降雨的洪水灾害会严重地侵蚀输电线路，破坏电力系统，严重的会造成长时间的停电，从而影响当地的经济以及居民日常生活。

洪水对架空输电线路杆塔的破坏性主要体现在以下几点。

（1）杆塔的地基在经过长时间强有力的水流冲击下，容易出现松软或者不稳定，不足以支撑杆塔重量，从而出现倒塌。

（2）当水势过于强大的时候，洪水有可能完全地淹没杆塔，洪水本身的冲击力以及水中杂物的撞击都会对杆塔产生强大的破坏，使杆塔受到过大的冲击力而倒塌。

（3）位处山坡或者山顶的杆塔，当强降雨天气使得山体出现滑坡或者泥石流的时候，会直接跟随山体滑落，产生杆塔倒塌。

（4）有些杆塔处于河流两岸，经过长时间运行，电线往往会出现一定程度的下垂。当河水上涨，或者河水表面出现比较顽固的漂浮物的时候，就会挂在电线上，在

冲击力的带动下拉断杆塔。

杆塔倒塌对电网造成的影响巨大，并且杆塔的维修也比较复杂，容易受到周遭环境、气候的影响，维修所需的时间很长，会对人们的生活生产造成极大损失。因此杆塔防汛要以预防为主，再结合实际情况采取相应的防洪策略。

2．运维措施

（1）气象信息的收集。

为准确掌握线路所经地区气象条件，线路运维单位应与气象部门进一步合作，建立灾害预警与资料共享机制，完善信息沟通和协调配合流程，实现气象灾害预警和电网灾情的自动、快速、可靠传递。

（2）地质灾害信息收集。

线路运维单位向沿线地方国土资源管理部门收集年度地质灾害评估报告、定期观测报告，根据所辖线路运行状况，及时更新易冲刷区、滑坡沉陷区等特殊区段，重点监控，做好防范措施。与防汛特殊区段所经地区的村民建立联动长效机制，第一时间掌握线路附近存在的隐患点、暴雨天气的危害程度及对线路设备造成的影响等现场信息。

（3）运维工作重点。

输电线路要求做到拉线、接地线、避雷器完好可靠，导线对地、导线之间和交叉跨越安全距离满足规程要求，通道内无障碍，杆塔基础牢固并无洪水冲刷可能，对位于沟、坎、河边及有冲刷记录的杆塔要加强巡视及监视运行，凡有泥石流威胁地段的杆基要有防杆基位移措施。

（4）开展防汛特巡。

汛期应及时组织人员对设备进行防汛特巡，特别是台风、暴雨过后，要及时对防汛重点区段开展特巡，发现问题应及时处理。加大对防汛特殊区段特巡力度，特别是连续降雨后，需对一般水道、河涌、水塘边、山地的基础、护坡等进行特巡，评估护坡稳定程度和排水设施是否能有效排水，对护坡及排水沟缺陷及时汇报、及早处理。

3．抢修方案

在得到调度通知故障发生后，技术负责人须立即通知抢修负责人和线路运检班长，并向线路运检班长下达故障巡视的指令。同时向现场施工负责人下达准备抢修指令，现场施工负责人必须在30min内集合抢修人员并着手机具材料的准备工作。

线路运检班长在接到指令后应组织运行人员30min内集结完毕，并赶赴故障线路现场查找故障点。

查明故障点和故障情况后，运检班长应对故障情况和现场状况做初步的评估并向抢修负责人和技术负责人汇报。

抢修负责人、现场施工负责人、安全质量负责人和技术负责人应在40min内到达故障点，查勘现场并制定抢修方案，同时将现场情况和抢修方案向运维检修部汇报。

抢修负责人在得到公司设备管理部门许可抢修方案的通知后对施工负责人下达抢修指令，同时与调度联系线路停电。

技术负责人接到地调线路已停电转检修的指令后，向现场施工负责人下达开工许可。现场施工负责人接到开工许可后，向工作人员交代现场安全措施和技术措施，履行验电、挂设接地线措施后，方可开始工作。

在抢修的过程中，如攀登受损杆塔等现场施工必须加强监护，安全质量负责人必须到场监护，如发现在抢修过程中情况恶化，应立即停止工作，撤离施工人员，疏散周边群众，并向抢修负责人汇报。由抢修负责人向公司运维检修部汇报现场情况。

抢修工作结束后，现场施工负责人应检查施工现场有无遗留的工器具、材料等，在全体工作人员已经撤离现场、全部的安全措施已经拆除后，方可向抢修负责人和停送电联系人汇报工作结束。

抢修工作结束后，在得到现场施工负责人"工作结束，可以送电"的汇报后，停送电联系人方可通知调度恢复送电。

4．注意事项

（1）停送电和联系开工、工作结束均须做好记录。

（2）施工现场登高、验电、挂拆接地线须加强监护，防止误操作和感应电伤人。

（3）抢修措施和方案的更改必须通知到每一个施工人员。

（4）抢修期间应严格履行各项安全管理规定，切实做到抢险而不冒险。

（二）变电站防洪

1．受灾特点

变电站一、二次设备均对绝缘有较高要求，变电站渗漏雨，对二次设备的安全运行造成严重影响，变电站水淹将造成一次设备停电。因此，变电站应针对以下常见防洪问题做好应对措施。

（1）建筑屋面排水不畅、防水层损坏，造成漏水至设备上。

（2）端子箱、机构箱等漏水，引起二次设备故障。

（3）变电站排水不畅，电缆沟积水倒灌入高压室。

（4）部分高压室设置在负一楼，低于站外电缆沟，造成雨水倒灌。

（5）变电站地势低洼，或临近河道，站外涨水造成站内积水。

（6）变电站地处山区，山洪或山体塌方对变电站造成损坏。

（7）地下变电站水泵、排水系统问题造成站内积水。

针对以上常见问题，变电站应采取合理预防措施，减少漏水、淹水的可能性，同时应做好抢险准备。

2．运维措施

针对各个变电站的实际情况，分站制定相关预案及措施，并定期进行演练，提升预防及抢险能力。

指定专人负责防汛物资的保管，建立台账，确保配置齐全。每年汛前进行防汛物资、设施的全面检查、试验，确保其处于完好状态，并做好记录。

每年雨季来临前对防洪沟、地下室、电缆沟、电缆隧道、场区排水设施进行全面检查和疏通，检查防水墙完好。针对特殊变电站开展针对性检查。如站外有施工的变电站，重点检查站外排水是否畅通，市政排水管是否有损坏、堵塞情况；山区变电站检查挡土墙牢固无裂纹。应按照编制的检查清单，确保检查全面无遗漏，并记录检查及处理结果。

每月检查变电站建筑物屋面是否完好，清理屋面杂草、杂物、淤泥，疏通屋面排水孔，检查落水管是否畅通。

定期巡视变电站房屋，确保门窗完好，墙体、屋面无渗漏，围墙完好无异常情况。检查室外设备机构箱、端子箱、汇控柜等是否关闭严密，无漏水、积水情况。检查设备防雨罩是否完好、牢固。

下雨时对房屋渗漏、变电站排水情况进行检查，雨后检查地下室、电缆沟、电缆隧道等积水情况，并及时排水，做好设备室通风工作。

3．抢修方案

（1）组织措施及准备工作。

①成立防汛抢险队，变电运检班班长任队长，变电运检班所有班员为队员。

②重点防汛部位为各站主变、主控室、高压室及通信室。

③做好抢险物资、汽车等后勤保障。

④汛期保障抢险人员充足，接到险情通知立即集结出发。

⑤要求变电站值班人员及门卫熟悉重点防汛部位及排水系统，并在汛期加强巡查，特别是雷阵雨及天气突变时更要高度戒备，一遇险情立即进行控制并上报。

（2）抢险物资准备。

抢险物资清单及存放地点应明确。每月1日当值运行人员检查物资准备及保存情况，如有需要向管理人员及时汇报补充。存放抢险物资库房一套钥匙由当值值班人员保存并按值移交，管理组保存一套钥匙紧急使用。

（3）抢险区域及重点设施。

重点设施及防汛关注重点部位一般包括35kV、10kV高压室，10kV电容器室，主变，端子箱，站用变，电缆沟，220kV场地低洼处，排水沟内抽水泵以及地震后出现的房屋裂纹。抢险队在到达现场后应先保证上述地点安全，用沙袋围堵避免进水或者使用抽水泵及时将积水抽出、排干，使用抽水泵时注意临时电源搭接和与带电设备保持足够安全距离。

（4）通信保障。

常规情况下与防汛领导小组通信方式为手机或座机，防汛抢险队人员应有明确登记记录。特殊情况下采用对讲机或卫星通信。

4．处置措施

若变电站出现洪水倒灌，应及时用挡水板、沙袋等防洪设施堵住变电站大门、电缆沟等进水点，并开启水泵抽水外排。安排专人实时关注水位，确保洪水不淹没电缆头、端子箱等设备。站内排水能力不足时，应及时调配水泵、抽水车等设施，如有必要应及时联系消防队协助抽水外排，避免水位升高造成设备停电。

当水位确无法控制，则根据各变电站地理位置特点，结合洪水灾情蔓延部位，按照制定好的停电顺序，现场视情况处理。

若洪水进入电容器室，则拉开电容器开关。

若洪水进入高压室，立即拉开主变开关。

若洪水进入蓄电池室，则断开蓄电池电源开关。

若灾情威胁到主变、场地端子箱和机构箱，应立即汇报调度将全站设备停运。

退洪后，立即对受灾的设备进行现场查勘，整理缺陷，将受损情况及时向调度汇报。使用排水泵、烘干机对相关设备、部位进行烘干处理，准备柴油发电机确保烘干设备的电源供应。根据调度命令及时对未受损的设备进行送电。及时整理未受损资料，清理卫生，对围墙裂纹、倾斜等一般缺陷自行采取有效措施进行处理。

5．注意事项

接到险情报告时，当班人员要立即汇报所在单位防汛办公室，并及时赶往事发地点，检查并了解灾情，进行初步控制，防止灾情蔓延。

抢修人员到达现场后，应判断清楚灾情危害程度，有无造成停电事故的危险；及时疏通排水管道，使排水通畅，避免阻塞；若水势过大则马上在变电站主控室、高压室、通信室等门口设置沙袋，防止洪水蔓延进入室内，造成事故；同时向防汛值班室要求调拨抽水机，加大泄洪力度，防止站区大面积积水、任意蔓延，危及设备安全运行。

当险情较大，抢险人员不能有效控制时，应向区防汛办公室和上级单位申请支援，并积极配合处理。

紧急情况时，如遇通信不畅，可按通信中断事故处理原则立即将相关设备停电，但事后必须尽快上报。

变电站全停后的恢复送电，应在上级调度指挥下进行，本着先恢复主网、主设备及站用电，再恢复重要用户供电，最后逐步恢复其余线路供电的原则，具体参照全站失压事故预案进行。

洪灾事故处理告一段落后，应及时统计上报损失情况。

（三）配电设施防洪

1．受灾特点

配网电力设施直接关乎广大人民的切身利益，主要呈现出以下特点。一是配电设施停电客户多。例如，2018年金堂遭受"7·11"特大洪灾，金堂新、老县城几乎全城停电，三星大学城、淮口、杨柳、三溪等乡镇用电受到严重影响，停电区域约占全县三分之二，停电用户占比高达66%，是金堂电网有史以来受灾导致停电区域最广、停电户数最多的一次；县委县政府、人大、政协、110指挥中心、妇幼保健院、移动、电信、自来水公司等重要客户也发生供电中断情况。二是设备受损严重。在金堂"7·11"洪灾中因洪涝灾害导致故障停运的配电设施占比高达58.6%，需要修复、更换的配电变压器730台、各类高低压电缆43km、电杆162根；居民户表更是遭受"毁灭性"打击，不可修复的受损户表近13 000只。三是抢修难度大。由于客户地下配电室受洪水浸泡和淤泥覆盖严重（最深处淤泥覆盖超过2m），排抽水、清淤等必要工作所需时间长，对供电恢复进度造成影响；需抢修设备数量庞大、点位分散且情况复杂，对抢修作业的科学有序组织和抢修现场的安全风险防控带来巨大挑战。

2．运维措施

（1）清理物资，全员备战。

动态跟踪汛情的通知，立即清查本公司各类抢险物资，同时向上级单位报备抢修物资清单。提前对公司各部门、班组进行情况预警，确保全员备战，无特殊原因不得离开供区，电话保持畅通，保持身心状态良好，不得有饮酒、熬夜等行为。

（2）提前巡查，快速动作。

在接到汛情通知后，立即安排配电专业班组对所辖的设备进行巡视，重点检查沿河两岸和低洼地带的设备情况，固定间隔向负责人报告情况。同时安排营销专员提前对重要客户发送预警告知。以国网四川省电力公司金堂公司"7·11"洪灾为例。2018年7月11日上午9时，金堂经历第一次洪峰（洪峰流量5600m³/s），金堂公司成立防汛应急小组，立即启动防汛Ⅳ级响应。11日下午3点，金堂经历第二次洪峰（洪峰流量7520m³/s）。洪水导致金堂老城区积水，最深积水处达到3米，金堂公司防汛响应提升至Ⅰ级。

（3）果断停电保平安，安全抢修不冒险。

在洪水肆虐期间，金堂公司应急领导小组审时度势，跟踪洪水过境情况，果断拉停多条线路，保证"水涨到哪里，电就停到哪里"，防止社会触电的发生。洪水退去后，立即安排各专业班组人员，两人一组，在安全的情况下巡视电网受灾情况，严格做到抢险不冒险。

（4）科学制定抢修策略，全力保障居民用电。

根据受损设备实际情况，金堂公司采取线路—配变—客户"片区责任制"的组织管理模式，紧张有序地开展抢险救灾工作。针对不同灾情的居民小区，因地制宜实施"一区一策"灵活抢修方案。对配电室受淹情况严重、无法在短时间内修复的小区，采取新建箱式变压器、改接线路的临时方案确保居民基本生活用电；对具备尽快修复条件的小区，加快配电设施的烘干、修复和电气试验等工作进度，确保最快速度恢复供电。

（5）持续后勤供给，保障抢修顺畅。

一是持续保障后勤人员、车辆、物资（食物、药品等）充足，减少抢修人员路程耗费时间，确保后勤物资送达现场精准快速，便于抢险救灾工作的顺利开展。二是提供充足照明灯具，确保夜间抢修的可视条件，缩短居民恢复供电时间和保障抢修人员人身安全。

3．抢修方案

（1）优化供电恢复顺序，保障社会稳定和谐。

一是优先保障政府部门的正常用电，便于属地政府指挥工作，合理安排各级抢修任务的有序开展。二是及时恢复医院等特殊场所的可靠供电，确保特殊人群安全。三是开展移动、电信、自来水厂等单位的供电抢修任务，保障居民的正常生活，有助于社会稳定。四是搭建临时充电点位，为居民的手机、充电台灯等提供充电区域，保证居民的正常通信等。在此基础上，根据轻重缓急、受灾严重程度逐步恢复电网的正常运行。

（2）多方通力合作，营造稳定局面。

积极加强与地方政府、社区和客户的沟通配合，安排抢修队伍现场驻点，主动参与排水清淤工作，确保"清淤一处、抢修一处、恢复一处"。注重信息共享，加强与政府、媒体等的多方联动，共同做好对广大用电客户的宣传解释，最大限度争取其对

供电抢修工作的理解和支持，为抢险救灾工作顺利推进创造良好局面。

（3）科学分配资源，快速开展抢修。

一是建立"树"状信息报送网络，各级指定专人联络，定时收集各专业受灾情况，按时向上级单位或部门报送信息，便于统一指挥。二是可视化灾情发展情况，以线路为基础通过表格逐项罗列受灾设备、用户、恢复情况及抢修负责人信息等，便于协同合作。三是建立"一带一线"抢修模式，由熟悉情况的本地人员带领援建抢修队伍开展抢修任务，节省寻路、协调用户等杂项工作的时间。

4．注意事项

（1）及时完善资料，动态修编预案。

一是完善洪灾损失和抗灾物资统计工作，归还各单位的援建物资，补齐新购物资设备流程，补全过程资料。二是组织各专业认真总结抗洪经验，找问题、写亮点，形成专题总结报告。三是组织各专业修编防汛应急预案和应急响应流程，提高方案的可行性和合理性。

（2）政企联动，推进临时供电小区恢复供电。

一是安排专人定期收集临时供电小区原设备的修复更换进度数据，及时掌握设备恢复情况，临时供电小区原设备验收合格后立即安排后续拆除工作，各部门之间信息共享、高效联动，对临时供电小区恢复工作进行闭环控制。二是定期向房管局、经信局等政府部门汇报小区恢复工作，提出当前问题和困难，共同商讨下一步工作方案。

二、水电厂防洪

（一）受灾特点

洪涝灾害对水电站影响主要分为以下几种情形。

情形一：电站所处流域上游连续发生大规模降雨、洪水自然灾害或上游水电企业泄洪。

一方面电站入库流量大增；另一方面水中泥沙含量重，推移质的量大，漂浮物多，可能引起电站引水系统或拦污栅堵塞，制约电站出力水平。若大体积推移质、漂浮物冲击，还有可能造成水工设施损坏。来水携带的大量泥沙和推移质在库区、闸后淤积，抬升河道，将导致枢纽行洪能力的降低。大洪水时，泄洪设施全部开启泄洪后，若库区水位持续上涨超过设计水平，可能引起坝工、坝区重要设备受损或人员伤亡，甚至可能出现漫坝、垮坝现象。来水携带的大量泥沙和推移质在厂区河道淤积，降低厂区河道的行洪能力，抬高电站尾水水位。当电站尾水水位超设计水平时将会持续影响电站出力水平，与此同时厂区河道过流能力受限，在大流量作用下，厂区河道水位将持续抬升，有可能导致尾水倒灌（水淹厂房），造成厂房内重要设备受损或人员伤亡。

情形二：水电厂辖区内及周边连续不间断的强降雨。

水电厂辖区内及周边连续不间断的强降雨达到一定时间和强度时，山体内地下水可能通过各种裂缝通道进入厂房，使得厂房渗漏点增多，渗漏量增大。当厂房渗漏排水能力低于渗漏水量时，集水井水位上涨；集水井水位持续上涨得不到控制时，将导致水淹厂房，可能淹没并损坏重要的电气设备或者威胁到厂区内工作人员的安全。当厂房的渗漏水淹没厂房内变电设备造成损坏的时候，会造成厂房内电源中断，并导致生产活动无法正常进行。

当电站辖区或周边连续强降雨达到一定时间和强度，还极易发生山体坠石、滑坡及泥石流。当此类自然灾害发生在厂区地面建筑上方时，会直接损毁厂区地面建筑和设施，并可能造成人员伤亡。当此类自然灾害发生在电站引水区域时，有可能造成引水区域水质变差或者设施受损，导致正常的生产引水控制无法有效进行，使得生产中断或者设备受损。当此类自然灾害发生在闸坝下游地区时，有可能使闸坝下游河床被下坠物或滑坡体填充并抬升，严重者形成堰塞湖，导致闸坝下游水位超过能够承受的最大水位，降低枢纽行洪能力，可能引发坝工、坝区重要设备受损或人员伤亡。当此类自然灾害发生在厂区发电尾水排水口下游地区时，有可能使下游河床被下坠物或滑坡体填充并抬升，或者形成堰塞湖，抬高电站尾水水位。当电站尾水水位达设计水平时将会持续影响电站出力，厂区河道水位将持续抬升。若厂房内各防洪门不能正常关闭或密闭性不好，不能有效截断水流进入厂房的通道，导致尾水先从尾水排水口，严重者从厂房大门向厂房倒灌导致水淹厂房，损坏厂房中的重要生产设备、生产中断，并可能造成人员伤亡。

情形三：厂（闸）用电中断、闸坝泄洪设施或厂房渗漏排水系统设备故障。

厂用电中断或厂房渗漏排水系统设备故障都将严重影响厂房的排水能力，厂房的渗漏水排不出可能引起水淹厂房，导致生产中断或设备损坏。闸坝电源中断、泄洪设施故障导致汛情时闸坝泄洪不及时，当库水位超设计承载时，可能导致坝工、坝区重要设备受损或生产中断。

情形四：洪涝灾害导致电站所在区域通信故障。

通信故障，信息传递不及时，将影响正常生产信息传递，若此类情况伴随险情发生时将贻误应急处置，可能导致设备损坏、生产中断。

情形五：洪涝灾害导致电站所在区域交通中断。

电站所在区域交通中断，将影响正常生产，若此类情况伴随险情发生时将影响应急处置的时效性。应急处置失误可能导致设备损坏、生产中断、人员伤亡。

（二）运维措施

（1）气象信息的收集。

电站与地方水文气象部门签订水文气象服务合同，汛期由专人向地方水文气象部门获取电站流域水文气象信息，利用水文气象资料指导电站防汛工作和洪水调度。遇气象突变时，第一时间获得最新气象信息。

（2）地质灾害信息的收集。

电站加强政企联动。电站积极响应地方防汛办统一指挥，主动加入政府防汛及地质灾害预警工作平台，及时了解上游边坡、泥石流沟等处的地质灾害发生发展情况，增强预警预判的科学性、精准性，及时启动相应级别预警，做好应急处置准备，科学避灾减灾抢险。

（3）运维工作重点。

电站应急指挥中心负责流域内水情、雨情的收集，做好洪水预报工作，若遇汛情，增加报送的频次和内容。

电站专业人员加强对电站大坝的监测，现场运维人员定期巡视检查大坝，及时掌握大坝运行动态，定期巡查厂区、坝区两岸边坡是否稳定，有无崩塌、滑移现象。针对可能发生的险情进行监测和预警。

电站应急指挥中心值班人员每天利用工业电视摄像头对厂房、闸首水工建筑物和边坡进行完整巡视一次。发现边坡在线监测设备报警时，查找原因并汇报应急指挥中心值班领导。应急响应启动后，利用工业电视摄像头对出险点进行在线监视。

对电站厂房集水井及排水系统进行检查，消除缺陷。全停水期间完成集水井淤积物清理，确保集水井容积，排水泵采取自动运行方式，校对水位信号器，确保水泵能正常运行。全停水期间完成对泄洪闸门、启闭机的检查、维护。设备运行管理单位加强对厂房（闸首）与防汛有关的设备设施、危险点的排查，做到雨前巡查、雨中观察、雨后排查，及时发现、消除影响防汛的缺陷和隐患。

电站加强厂（坝区）用电系统运行检查，各站（闸）柴油发电机做好定期运行维护。汛前专业维保单位对各站（闸）柴油发电机进行专业检查维护，汛前各站（闸）完成柴油机带负荷试验。

电站专业部门维护好全厂通信设施、设备。使用部门发现异常时，及时通知专业人员处理、消除。

电站加强运行监视。集控中心、现场运维值守人员及时掌握水库运行情况、入库流量、各部栅差、水质情况，主动与上游电站联系了解上游电站的运行情况，了解发电设备、排水系统等情况。在水质变差、栅差增大时减负荷运行。流量、水质、栅差情况达到全停机避峰条件时停机避峰。

（4）开展特巡。

汛期应及时组织人员对设备进行防汛特巡，特别是暴雨过后，要及时对防汛重点区段开展特巡，发现问题应及时处理。加大对防汛特殊区段特巡力度，特别是连续降雨后，需对大坝坝体、坝基和坝肩、引水和泄水建筑物、闸门及金属结构、渗流及环境量等进行特巡。

（三）抢修方案

（1）闸首流量突增应对标准化处置流程。

接到汛情后立即由闸首运维值班负责人安排做如下工作。

①密切关注运行情况，加强与上游电站、厂房的联系。观察河水流量、水质变化，通知集控中心调整闸门、负荷，集控中心控制好负荷、水位、栅差运行。

②检查水工建筑物、坝区机电设备。启闭机做开启、关闭试验，检查闸坝动力电源，将柴油发电机启动备用。

③检查安全工器具，特别检查手电、对讲机电能，不足时进行充电。准备好雨具、电工工具。

④检查通信情况，通信中断改用其他联系方式（手机、卫星电话），并立即通知通信班处理。

⑤将情况汇报厂房值长（由厂房值长向站点工程师、防汛值班负责人汇报，防汛值班负责人根据情况通知组织人员开展防汛抢险工作）。

⑥闸首运维值班负责人通知现场保安做好安全保卫及支援的准备。

⑦闸首运维值班负责人根据负荷、栅差、河中流量、水质及上游电站的停机避峰情况及时作出停机避峰的判断，并向集控中心/厂房值守长汇报，由集控值长汇报生技部运维专责后申请停机避峰。

⑧集控中心值长/闸首运维值班人员按要求通知下游相关单位，告知电站即将停机避峰，请注意防范，并做好记录。

⑨向调度申请停机避峰获得同意后集控将闸首控制权交给闸首。

⑩集控中心值班负责人向闸首、厂房值长下令全站停机避峰。

⑪闸首运维值班人员拉响泄洪报警器预警。

⑫集控中心/厂房人员执行减负荷并停机，闸首运维人员在保证安全的前提下逐步开启闸门泄流，等待中控已全停机的通知后将泄洪闸全开，泄洪闸全开后向集控中

心、厂房值长汇报。

⑬对首部枢纽的水工建筑物、机电设备、金属结构、动力电源（含柴油发电机）进行检查，查看大坝有无开裂、管涌等情况，闸门有无挡水等情况，进行全停机避洪峰后的安全检查工作。

⑭值班人员应加强与上游电站的联系，密切监视各处水位的上涨情况。发现问题及时向发电部、生技部、总厂防汛值班室和防汛办汇报。

（2）泄洪闸启闭机故障标准化处置流程。

①接到三站闸首启闭机故障预警或发生故障后，水工部机电检修保障人员、专用车辆司机应尽快抵达单位。

②专用车辆司机应对专用车辆进行基本检查，重点检查油料情况、应急工具、消防器材、车辆轮胎等，并将车辆停放在应急指挥中心附近，等待命令。

③机电检修保障人员应对工具、材料进行基本检查，并等待命令。

④接到命令后，携带作业工具、材料，按照部署抵达作业现场，开始执行任务。

⑤检查并处理遇到的应急故障。

（3）闸首柴油发电机作主供电源模块标准化处置流程。

①闸首运维值班负责人将闸首电源中断情况汇报集控中心、厂房值长、应急值班室。

②闸首运维值班人员立即启动柴油发电机。

③检查柴油发电机运行参数是否正常，电压、频率是否合格。

④将闸首电源倒为柴油发电机作主供电。

⑤将400V备自投切换到手动状态。

⑥拉开400VⅠ段母线进线开关，检查400VⅠ段母线，确认无电压。

⑦拉开400VⅡ段母线进线开关，检查400VⅡ段母线，确认无电压。

⑧合上柴油发电机本体出口空气开关。

⑨合上柴油发电机至母线屏进线开关。

⑩合上母线屏至400VⅠ段母线开关，检查400VⅠ段母线电压是否正常。

⑪合上母线屏至400VⅡ段母线开关，检查400VⅡ段母线电压是否正常。

⑫严格控制柴油发电机负荷，优先保证泄洪闸门启闭机、监控、通信等Ⅰ类负荷供电。

（4）集水井水位升高标准化处置流程。

①接到上级启动应急指令后立即通知所有应急抢修人员。

②所有人员集结，清理物资，准备出发。

③抢修小组到达厂房集水井廊道集水井处。

④收紧应急潜水泵手动葫芦，使葫芦链条受力。

⑤一人扶住潜水泵出水管，使水管不影响泵体下落；一人扶住潜水泵泵体，将泵体导向集水井开口。

⑥一人操作起重葫芦，慢慢将潜水泵放入集水井。

⑦潜水泵整体放入井中约1m时，将操作链条固定，并绑好吊物绳。

⑧处置完毕后，将潜水泵吊至原高度（整体高于集水井），避免潜水泵锈蚀和电机受潮。

（5）安装间扎挡水围堰标准化处置流程。

①接到上级启动应急指令后立即通知所有应急抢修人员。

②所有人员集结，清理物资，准备出发。

③抢修小组到达厂房安装间。

④按照应急抢修预案进行工作。

⑤将要扎围堰的点段进行清理。

⑥在扎设围堰点铺上彩条布。

⑦将防洪沙袋搬运到扎设点，并进行有序垒放。

⑧用黄土填充缝隙。

（6）应急通信搭建标准化处置流程。

①接到灾害预警或发生灾害后，相关单位通信保障人员、专用车辆司机应尽快抵达单位。

②专用车辆司机应对专用车辆进行基本检查，重点检查油料情况、应急工具、消防器材、车辆轮胎等，并将车辆停放在应急指挥中心附近，等待命令。

③卫星便携站通信保障人员应对便携通信设备和携带的应急通信物资进行检查，重点检查应急发电机情况、油料情况，并等待命令。

④接到命令后，携带卫星便携站、卫星电话，按照部署抵达作业现场，开始执行任务。

⑤卫星便携站完成架设后，应立即联系中心站（可采用卫星电话、车载站和便携站的内线电话、手机等），拨打应急电话，以便中心站合理分配卫星带宽。

⑥卫星便携站寻星正常后联系中心站上线，将视频会议终端呼入上级单位应急指挥中心MCU。

⑦站闸配备有卫星电话座机，可根据情况使用。

⑧站闸应急中心及通信班配备有卫星电话，也可根据情况使用。

⑨检查并处理遇到的应急通信问题和故障。

（7）无人机信息收集与灾情侦察标准化处置流程。

①接到上级启动应急指令后立即通知所有应急抢修人员。

②所有人员集结，清理物资，收集技术资料，准备出发。

③抢修小组到达线路故障现场，收集现场天气状况及申请空域。

④寻找并划定起降场地，制定航线，天气状况允许下开展小型无人机紧急飞巡。

⑤应急中心对飞巡图片、影像资料进行分析及故障判定，制定抢修方案。

（8）人员应急疏散标准化处置流程。

①当值班长接到上级启动应急疏散指令后，立即通知应急值班负责人和班组成员。

②值长安排值班人员分头通知在厂房工作的人员到中控室集合。

③值长组织所有人员携带照明工具和对讲机等通信设备从厂房顶拱逃生通道迅速有序撤离。

④值长清点从逃生通道撤离的人员，人员到齐后迅速到生活区空地集合。

⑤值长安排每两人一个小组对周边情况进行巡视和检查。

⑥值长通知集控值班人员利用工业电视等监视厂房设备情况和生活区周边情况。

⑦当厂房发生灾害时（水淹厂房、泥石流、地震等），由集控中心值班人员负责停止机组和相关设备运行。

⑧及时向应急中心汇报人员疏散信息。

（四）注意事项

强化会商，力争防汛抢险最优解。值班期间，应急值班长遇到认为需要进行会商的情况，或无法直接判断的汛情灾情，应及时请示防汛办，由防汛办组织会商。会商旨在集中各专业技术力量，收集站点汛情、灾情和设备状态等数据情况，研判分析，群策群力，提出合理避险、发电操作意见，为总防汛办公室决策提供科学指导，助力电厂防洪度汛、提质增效工作。

畅通信息，强化应急信息报送。突发事件涉及单位应在突发事件发生后立即将相关信息报送至应急指挥中心，应急值班人员负责信息收集，呈送带班厂领导审核，对外报送。报送要求：10min内电话报送，20min内书面报送初稿，速报要快，强调时效性，续报再对速报内容慢慢进行修正。

及时完善资料，动态修编预案。完善洪灾损失和抗灾物资统计工作，归还各单位的援建物资，补齐新购物资设备流程，补全过程资料。组织各专业认真总结抗洪经验，找问题、写亮点，形成专题总结报告。组织各专业修编防汛应急预案和应急响应流程，提高方案的可行性和合理性。

第十二节 医疗救护与防疫

当洪涝灾害出现时，会出现大面积积水，洪水会冲倒建筑物、树木、电杆，这时可能会被积水中的杂物（如锋利刀片等）刺破手脚，被建筑物、树木砸伤，甚至发生触电、溺水等危险。本节主要讲解如何针对洪涝灾害中出现的各种急症、创伤等施行现场救护。

现场救护的首要任务是抢救生命、减少伤员痛苦、减少伤情和预防伤情加重及并发症，正确而迅速地把伤病员转送到医院。

现场救护的主要原则如下。①先抢后救：使处于危险境地的伤病员尽快脱离险地，移至安全地带后再救治。②先重后轻：对大出血、呼吸异常、脉搏细弱或心跳停止、神志不清的伤病员，应立即采取急救措施，挽救生命；昏迷伤病员应注意维护呼吸道通畅；伤口处理一般先止血、后包扎、再固定，并尽快妥善送到医院。③先救后送：现场所有的伤病员需经过急救处理后，方可转送至医院。

一、溺水急救

溺水是人淹没于水中，水充满呼吸道和肺泡引起窒息。溺水是常见的意外，溺水后引起窒息缺氧，如合并心跳停止的称为溺死，如心跳未停止的则称近乎溺死，这一分类对病情和预后估计有重要意义，但救治原则基本相同，因此统称为溺水。症状有面部青紫、肿胀、双眼充血，口腔、鼻孔和气管充满血性泡沫，肢体冰冷，脉细弱，甚至抽搐或呼吸心跳停止。溺水引起全身性缺氧可导致脑水肿。肺部进入污水可发生肺部感染、肺水肿。在病程演变过程中可发生成人呼吸窘迫症、弥散性血管内凝血、急性肾功能衰竭等并发症。此外还有水中化学物引起的中毒反应。

（一）急救原则

尽快将溺水者救出水面，立即清除其口、鼻内的淤泥和杂物，使其迅速进行吐水，对其开展心肺复苏等急救措施。

（二）急救方法

第一目击者发现溺水者时应立即拨打求救电话然后开始施救。救护者应镇静，尽可能脱去衣裤，尤其要脱去鞋靴，迅速游到溺水者附近。对筋疲力尽的溺水者，救护者可从头部或背后接近，用一只手从背后抱住溺水者的头颈，让其口、鼻尽量露出水面；另一只手采取仰泳姿态游向岸边。如救护者游泳技术不熟练，则最好携带救生

圈、木板或用小船进行救护，或投下绳索、竹竿等，使溺水者握住再拖带其上岸。救援时要注意防止被溺水者紧抱缠身而双双发生危险。如被抱住，不要相互拖拉，应放手自沉，使溺水者手松开，再进行救护。

（三）现场急救

（1）立即清除溺水者口鼻内的淤泥、杂草、呕吐物等，以保持其呼吸道通畅。迅速将患者放在救护者屈膝的大腿上，头部向下，随即按压背部，迫使吸入呼吸道和胃内的水流出，时间不宜过长（1min即可）。

（2）现场心肺复苏。如果溺水者呼吸停止，迅速疏通呼吸道后使其仰卧，一手按住其前额，一手抬其下颌使头部充分后仰，立即进行口对口人工呼吸和胸外按压。

（3）溺水者经现场急救心跳呼吸恢复后，可脱去湿冷的衣物，以干爽的毛毯包裹全身保暖。如果天气寒冷或经长时间的水中浸泡，在保暖的同时还应给予加温处理，将热水袋放入毛毯中，但应注意防止烫伤发生。

二、触电急救

（一）电气安全基础知识

1. 人体触电时，电流对人体造成的危害

一种是电流通过人体，引起内部器官的创伤，叫作"电击伤"。"电击伤"是电流对人体内部组织造成的伤害，是最危险的触电伤害，绝大多数触电死亡事故都是由电击伤造成的。

电击伤的主要特点：在人体外表没有显著的伤害，电流较大，电流流经人体时间较长。

另一种是引起外部器官的创伤，叫作"电灼伤"。"电灼伤"是指触电后人体表面的局部创伤，有灼伤、电烙印、皮肤金属化等现象。

电流热效应造成的灼伤分电弧灼伤和非电弧灼伤。电弧灼伤有两种：一种是电流不经过人体的（如带载拉高压隔离开关）电弧灼伤叫间接电弧灼伤，另一种有较大电流经过人体（如人体与带电设备触电）的电弧灼伤称为直接电弧灼伤（致命的）。非电弧灼伤是由电流熔化电路局部产生的金属飞溅引起的灼伤。

2. 影响电流对人体伤害程度的因素

电流大小、触电时间、电压、电源频率、人体电阻的影响以及触电方式等因素都能影响人体的伤害程度。其中电流大小是影响触电伤害的直接因素，电流越大，伤害越严重。

（二）现场触电急救技术

1. 触电急救的处理原则

（1）迅速——争分夺秒使触电者脱离电源。

（2）就地——必须在现场附近就地抢救，不要长途送往供电部门、医院抢救，以免耽误抢救时间。从触电时算起，5min以内及时抢救，救生率约90%；10min以内抢救，救生率约60%；超过15min，希望甚微。

（3）准确——心肺复苏的动作必须准确。

（4）坚持——只要有1%希望就要尽100%努力去抢救。

人的大脑仅占人体重量的2%左右，但所需的血液却占心脏血流量的20%，耗氧量是全身耗氧量的30%左右。

一般而论，在心跳停止4min内能实施心肺复苏并在8min内获得进一步医治者，救愈率可达45%或更高；超过6min者，大脑多已发生不可逆转的损害，复苏存活的可能性微小。各组织对无氧缺血的耐受能力如表2-6所示。

表2-6 各组织对无氧缺血的耐受能力

组织	耐受时间
大脑	4~6min
小脑	10~15min
延髓	20~25min
交感神经节	45~60min
心肌和肾小管细胞	30min
肝细胞	1~2h
肺组织	大于2h

2. 脱离电源的方法

触电急救首先要使触电者迅速脱离电源，越快越好，因为电流作用时间越长，对人体伤害就越重。

脱离电源就是要把触电者接触的那一部分带电设备的开关或其他断电设备断开，或设法将触电者与带电设备脱离。在脱离电源前，救护人员不得直接用手触及伤员，以免救护者同时触电。在脱离电源过程中，救护人员要注意保护自身安全。如触电者处于高处，应采取相应措施，防止该伤员脱离电源后自高处坠落形成复合伤。

低压触电可采用下列方法使触电者脱离电源。

（1）如果触电地点附近有电源开关或电源插座，可立即拉开开关或拔出插头，断开电源。但应注意，只控制一根线的开关可能因安装问题只能切断中性线而没有断开电源的相线。

（2）可使用绝缘工具、干燥木棒、木板、绳索等不导电的东西解脱触电者，或抓住触电者干燥而不贴身的衣服，将其拖开（切记要避免碰到金属物体和触电者的裸露身躯），还可戴绝缘手套将手用干燥衣物等包起，绝缘后解脱触电者。另外，救护人员可站在绝缘垫上或干木板上，使触电者与导电体解脱，在操作时最好用一只手进行操作。

（3）如果电流通过触电者入地，并且触电者紧握电线，可设法用干木板塞到其身下，与地隔离，也可用干燥的木柄斧子或有绝缘柄的钳子等将电线弄断。用钳子剪断电线时，最好一根一根地剪断，并尽可能站在干木板等绝缘物体上操作。

（4）如果触电发生在低压带电架空线配电台架、户线上，若能立即切断线路电源，应迅速切断电源，或者由救护人员迅速登杆至可靠的地方，束好自己的安全皮带后，用带绝缘胶柄的钢丝钳、干燥的绝缘物体将触电者拉离电源。

高压触电可采用下列方法使触电者脱离电源。

（1）立即通知有关供电单位或用户停电。

（2）戴上绝缘手套，穿上绝缘靴，用适合该电压等级的绝缘工具按顺序拉开电源开关或熔断器。

（3）抛掷裸金属线使线路短路接地，迫使保护装置动作，断开电源。注意：抛掷金属线之前，应先将金属线的一端固定可靠接地，另一端系重物抛掷，抛掷的一端不可触及触电者和其他人。另外，抛掷者抛出线后，要迅速离开接地的金属线8m以外或双腿并拢站立，防止跨步电压伤人。在抛掷短路线时，应注意防止电弧伤人或断线危及人员安全。

（4）如果触电者触及断落在地上的带电高压导线，要先确认线路是否无电。确认线路已经无电时，才可在触电者离开触电导线后立即就地进行急救。如发现有电时，救护人员应做好安全措施（如穿绝缘靴或临时双脚并紧跳跃以接近触电者），才可以接近以断线点为中心的8m的范围内（以防止跨步电压伤人）。救护人员将触电者脱离带电导线后，应迅速将其带至8m以外，再开始心肺复苏急救。

（5）救护人员在抢救过程中应注意保持自身与周围带电部分必要的安全距离。不论是在何级电压线路上触电，救护人员在使触电者脱离电源时要注意防止从高处坠落的可能和再次触及其他输电线路的可能。

救护触电伤员切除电源时，有时会同时使照明失电，因此应考虑事故照明、应急灯等临时照明。新的照明要符合使用场所的防火、防爆要求，但不能因此延误切除电源和急救。

三、创伤急救

当洪涝灾害出现时，洪水会冲倒建筑物、树木，可能会砸伤头部、颈部、胸部等，引起出血、骨折，此时，可采用下列方法进行初步急救。

（一）急救原则

创伤急救原则是先抢救，后固定，再搬运，并注意采取保护措施，后再送医院救治。

抢救前先使伤员安静躺平，判断全身情况和受伤程度，如是否有出血、骨折和休克等。

体表出血时应立即采取止血措施，防止失血过多而休克。外观无伤，但呈休克状态、神志不清或昏迷者，要考虑胸腹部内脏或脑部受伤的可能性。

为防止伤口感染，应用清洁布片覆盖，救护人员不得用手直接接触伤口，更不得在伤口内堵塞任何东西或随便用药。

搬运时应使伤员平躺在担架上，并做好固定。平地搬运伤员时头部在后，上楼、下楼、上坡、下坡时头部在上。搬运中应严密观察伤员，防止伤情突变。

（二）外伤出血急救

按出血的部位，可分为内出血、外出血。内出血情况较严重，现场无法处理，需立即送到医院处理。下面介绍几种外出血的简单止血法。

1．直接压迫止血

适用于较小伤口的出血。用无菌纱布直接压迫伤口处，压迫约10min。

2．加压包扎止血

一般限于小创口出血。先用干净毛巾或其他软质布料覆盖伤口，随后用绷带或三角巾包扎。包扎压力应适度，既能止血而又不影响肢体远端血运，包扎后远端肢体可触及动脉搏动为宜。

3．指压法止血

用于急救处理较急剧的动脉出血。根据动脉沿肢体的体表投影，以手指、手掌或拳头用力压迫伤口的血管近心端，以达到临时止血的目的。

（1）压迫颞动脉——手指压在耳前下颌关节处，可止住同侧上额、颞部及前头部出血。

（2）压迫颌外动脉——一手固定头部，另一手拇指压在下颌角前下方2~3cm处，可止同侧脸下部出血。

（3）压迫颈动脉——将同侧胸锁乳突肌中段前缘的颈动脉压至颈椎横突上，可止同侧头颈部、咽部等较广泛出血。注意非紧急情况勿用此方法，因为压迫时间太长，或者同时压迫两侧颈动脉，可引起严重脑缺血。

（4）压迫锁骨下动脉——在锁骨上窝内触及动脉搏动后，将其向下压在第一肋骨上，可止肩部、腋部及上肢出血。

（5）压迫肱动脉——在肱二头肌内侧沟触到搏动后，将其压在肱骨上，可止上肢下端包括前臂、手部的出血。

（6）手部出血：急救时两手拇指分别压迫手腕横纹稍上处，内外侧（尺、桡动脉）各有一搏动点。

（7）压迫股动脉——在腹股沟韧带中点处，将其用力压在股骨上，可止下肢出血。

（8）足部出血：用两手指分别压迫足背中部近踝关节处的足背动脉和足跟内侧与内踝之间的胫后动脉。

4．止血带法止血

适用于较大的肢体动脉出血，用橡皮带、宽布条、三角巾、毛巾等均可。用止血带或弹性较好的布带等止血时，应先用柔软布片、毛巾或伤员的衣袖等垫在止血带下面，以左手的拇指、食指、中指持止血带的头端，将长的尾端绕肢体一圈后压住头端，再绕肢体一圈，然后用左手食指、中指夹住尾端后，将尾端从止血带下拉过，由另一端牵出，使之成为一个活结。如需放松止血带，只需将尾部拉出即可。上止血带前，先要将伤肢抬高，尽量使静脉血回流。

止血带止血法只适用于四肢大血管出血，能用其他方法临时止血的，不轻易使用止血带法。止血带应绑在上臂的上1/3和大腿中部，松紧以刚能使肢端动脉搏动消失为宜。如扎得太紧、时间过长，可引起肢体远端血运障碍、肌肉萎缩，甚至产生挤压综合征；如果扎得不紧，动脉远端仍有血流，而静脉的回流完全受阻，反而会造成伤口出血更多。扎好止血带后，一定要做好标记，写明上止血带的部位和时间，每60min放松止血带一次，每次放松时间宜为1~2min，止血带止血时间总共不宜超过4h。严禁使用电线、铁丝、细绳等做止血带。

5．内脏出血

高处坠落、撞击、挤压可能使胸腹内脏破裂出血，此时伤员虽然外观无出血，但常表现面色苍白、脉搏细弱、气促、冷汗淋漓、四肢厥冷、烦躁不安，甚至出现神志不清等休克状态。此时应迅速让伤员躺平，抬高下肢，保持温暖，速送医院救治。若送医途中时间较长，可给伤员饮用少量糖盐水。

（三）骨折急救

骨折的急救原则：检查、包扎、固定。

检查——对伤员的伤情进行初步检查。

包扎——包扎伤员的伤口。

固定——对骨折部位妥善固定。

1. 骨折判断

伤肢出现反常的活动，肿痛明显，则骨折的可能性很大。如骨折端已外露，肯定已有骨折。在判断不清是否有骨折的情况下，应按骨折来处理。

2. 包扎伤口

对骨折伴有伤口的伤员，应立即包扎伤口。最好用清洁的布片、衣物覆盖伤口，再用布带包扎。包扎时，不宜过紧，也不宜过松。过紧时会导致伤肢的缺血性坏死；过松时起不到包扎作用，同时也起不到压迫止血的作用。如有骨折端外露，注意不要将骨折端放回原处，应继续保持外露，以免引起深部感染。

3. 止血

如有出血者可按外伤止血方法进行止血。

4. 临时固定

肢体骨折可用夹板或木棍或手指固定。开放性骨折且伴有大出血者，先止血，再固定，然后速送医院救治。

常见不同部位骨折的临时固定方法如下。

（1）手指骨折：利用冰棒棍或短筷子做小夹板，另用两片胶布做黏合固定。若无固定棒棍，可以把伤肢黏合，固定在健肢上。

（2）上臂骨折：上臂骨折可用前后夹板固定，屈肘悬吊前臂于胸前。如无夹板，也可屈肘将上臂固定于胸部。

（3）前臂及腕部骨折：前臂及腕部背侧放一夹板，用绷带或布带缠绕固定，并屈肘、悬吊前臂于胸前。

（4）髋部及大腿骨折：夹板放在上肢外侧，上至腋下，下至踝上，用绷带缠绕固定，也可将两腿并拢，中间放衬垫，用布带捆扎固定。

（5）小腿骨折：内外侧放夹板，上端超过膝关节，下端到足跟，再缠绕固定。如现场无夹板也可将伤肢同健侧绑扎在一起。

（6）肋骨骨折：简单骨折时局部用多层干净布、毛毯或无菌纱布盖住，并加压包

扎。多发性骨折用纱布或宽胶布围绕胸腔半径固定住即可。

（7）颈椎骨折：若怀疑伤员有颈椎损伤，在使伤员平卧后，可用沙土袋（或其他代替物）放置头部两侧使颈部固定不动。不能将头部后仰或转动头部，以免引起截瘫或死亡。

（8）腰椎骨折：应使伤员平卧在平硬木板上，并将腰椎躯干及两侧下肢一同进行固定，预防瘫痪。搬运时应数人合作，保持平稳，不能扭曲腰部。

5．开放性骨折处理

开放性骨折且伴有大出血者，先止血，再固定，并用干净布片覆盖伤口，然后速送医院救治，切勿将外露的断骨推回伤口内。

6．离断肢（指）体的处理

在发生肢（指）体离断时，应进行止血并妥善包扎伤口，同时将断肢（指）用干净布料包裹随送，最好低温（4℃）干燥保存，切忌用任何液体浸泡。

（四）软组织损伤急救

软组织损伤为外力伤害所致，可由暴力直接作用于人体而引起该部位的软组织损伤，如撞击、碾压所致的软组织损伤等。或远离暴力作用部位因暴力传导而引起的软组织挫伤，如腰部的肌肉扭伤、膝关节韧带的撕裂伤等。

现场急救原则是维持伤员的生命，迅速解除危及伤员生命的危险，如窒息、心跳呼吸骤停、大出血、休克等情况。

闭合性软组织损伤部位急性期用冷水或冰块冷敷，适当加压包扎，抬高患肢。

开放性软组织损伤用消毒纱布或干净敷料加压包扎后迅速转送医院，四肢血管损伤用止血带止血，并记录开始时间，每隔1h放松1~2min。

（五）挤压伤急救

挤压伤是指因暴力挤压或土块、石头等的压埋，引起身体一系列的病理性变，直至引起肾脏功能衰竭的严重情况，也称为"挤压综合征"。

1．挤压伤的常见原因

（1）手、足被砖石、门窗、机器或车辆等暴力挤压受伤。

（2）爆炸冲击对身体的伤害。

（3）各种原因的塌方压埋身体造成受伤。

（4）人体自身拥挤、踩踏造成伤害。

2．急救处理

尽快解除挤压的因素，力争及时解除挤压伤员身体的重物。对这类伤员应遵照"六不"原则：不移动肢体、不按摩肢体、不抬高肢体、不加压包扎、不上止血带、不热敷。

手和足趾的挤伤，指（趾）甲下血肿呈黑色，可立即用冷水冷敷，减少出血、减轻疼痛、降低伤肢组织内的代谢和减少毒性物质的吸收。

对伴有开放性出血者，应及时止血，但不上止血带。骨折部位应临时用夹板，一时找不到夹板，则可用树枝、木条或厚质书本托住后固定。也可将患肢与健肢一起固定。

在转运过程中，应减少肢体活动，不管有无骨折都要用夹板固定，并让肢体暴露在流通的空气中。

挤压综合征是肢体埋压后逐渐形成的，因此要密切观察，及时送医院，不要因为受伤当时无伤口就忽视其严重性。

经以上现场急救处理后，立即组织送医院急救。

（六）颅脑外伤急救

颅脑损伤多由暴力直接作用于头部或通过躯体传递间接作用于头部引起，往往需要紧急处理。

1．颅脑损伤的类型

头皮损伤包括头皮搓裂伤、头皮撕脱伤、头皮血肿等。颅骨骨折按发生部位可分为颅盖骨折和颅底骨折，颅盖骨折比较常见。

脑震荡是脑损伤中最轻的损伤，为受伤后出现的一过性意识障碍，持续时间一般不超过半小时。伤者清醒后多有头痛、头昏、恶心、呕吐等症状，通常在短期内自行好转。

脑挫裂伤是脑组织受到暴力打击时所发生的器质性损伤，伤者意识障碍明显，持续时间长，有明显的神经损伤定位体征。

其他颅脑损伤有颅内血肿、脑干损伤、开放性颅脑损伤等。

2．急救处理

发生颅脑外伤后，应使伤员采取平卧位，维持伤员的生命体征平稳，发现头部受伤者，即使无昏迷也应禁食限水，静卧放松，避免情绪激动，不要随便搬动。颅脑外伤时，病情可能复杂多变，注意瞳孔、意识和生命体征的变化，速送医院诊治。

（1）保持气道通畅。

脑外伤伤员，常因昏迷而导致舌根后坠或因呕吐物及口鼻出血等阻塞咽喉部，使呼吸道梗阻。呼吸道完全梗阻，可使伤员因窒息而迅速死亡，即使是不完全性梗阻，亦可因缺氧而加重脑组织的出血和水肿，使颅内压增高而加重病情。因此，解除呼吸道梗阻应放在急救的首位。急救人员应立即用抬颌法通畅气道，并将伤员口鼻及咽喉

部的分泌物、血块及食物吸出，必要时进行口对口人工呼吸。若有呕吐，应扶好头部和身体，使头部和身体同时侧转，防止呕吐物造成窒息。在运送伤员时可将舌头牵出并加以固定，以保证呼吸道通畅。

（2）制止活动性头部出血。

应立即就地取材，利用衣服或其他布料进行加压包扎止血，切忌在现场拔出致伤物，以免引起大出血。若有脑组织脱出，可用碗作为支持物再加敷料包扎，以确保脱出的脑组织不受压迫。在现场看到有较粗的动脉搏动性喷血时，可用止血钳将血管夹闭。对于颅内静脉窦（上矢状窦或横窦）出血，现场处理较困难，在情况许可时最好使伤员保持头高位甚至坐位转送到医院。

（3）耳鼻液体流出处理。

耳鼻有液体流出时，不要用棉花堵塞，只可轻轻拭去，以利降低颅内压力。也不可用力擤鼻，以防止液体再吸入颅内，导致隐性感染。

（4）碎骨片处理。

有碎骨片时，切勿移动嵌压的碎骨片，可用无菌纱布覆盖，并进行相应包扎。

（5）转运。

昏迷者应用昏迷体位、侧卧位或仰卧头侧位转运，以防途中呕吐而导致误吸。对烦躁不安的伤员，可因地制宜地将手部予以约束，防止抓到有开放伤口的部位。陪送人员应守护在伤员身旁，随时观察呼吸、脉搏情况。到达目的地后应向接收伤员的医疗单位详细说明受伤时间、原因、伤员意识及瞳孔变化情况，有无合并损伤，现场及途中做过何种处理等。

（七）胸部创伤急救

胸部创伤包括胸壁、胸腔内脏器和膈肌的直接性损伤，以及由此产生的继发性疾病，如血气胸、心脏压塞等。

1．胸部创伤的类型

肋骨骨折：受伤部位疼痛、肿胀、压痛明显，胸痛随呼吸、咳嗽加剧，挤压时疼痛加重。

创伤性气胸：因外伤导致肺、支气管破裂或胸壁穿透伤，空气进入胸腔统称为气胸。又分为闭合性气胸、开放性气胸、张力性气胸。

其他：创伤性血胸、肺挫伤、心脏损伤等。

2．急救处理

（1）保持伤员呼吸道通畅，及时清除口咽异物，防止窒息。对呼吸心跳骤停者立即行心肺复苏术。

（2）对于开放性气胸，先将伤口闭合，变开放性为闭合性，再按闭合性气胸处理。张力性气胸为危及生命的急症，急救时先用粗针头穿刺胸腔减压，再做闭式引流。

（3）纠正反常呼吸。现场急救时可用敷料加压包扎，可纠正多根多处肋骨骨折引起的反常呼吸。

（4）转送医院。大部分胸部创伤的病人经现场处理后都必须送医院做进一步治疗。转运时采用半卧位或仰卧位，保持呼吸道通畅。

（八）腹部创伤急救

绝大多数腹部创伤由钝性暴力引起，常见的有坠落、碰撞、冲击、挤压等损伤。腹部外伤的危险性主要是腹腔实质性脏器或大血管破裂引起的大出血或空腔脏器破损造成的腹腔感染。早期正确及时地处理是降低此类损伤伤亡率的关键。

1．腹部创伤的类型

腹壁损伤：局部挫伤、瘀斑、血肿、压痛，局限于受伤部位。

实质性脏器损伤：如肝脏、脾脏、胰腺、肾脏挫伤或破裂。

空腔脏器破裂：如胃肠道、胆道、膀胱等破裂。

2．急救处理

（1）加强创伤生命维护。包括清除口鼻异物，保持呼吸道通畅，有呼吸心搏骤停者给予心肺复苏。

（2）开放性损伤腹部创口必须及时予以干净敷料包扎。当肠管从腹壁伤口脱出时，一般不应将脱出的肠管送回腹腔，以免加重腹腔感染。脱出的肠管可以用大块无菌敷料覆盖后进行保护性包扎。

（3）不能给予口服药，不能使用止痛剂、兴奋剂等药物。

（4）及时转送病人到附近医院。

第十三节 抢险现场疫情防控

地震和洪水等自然灾害，往往给人们的生命财产造成十分严重的损失，除了直接造成的巨大人员伤亡和财产损失以外，还往往发生传染病大流行以及饥饿等次生灾害。为杜绝灾后传染病的发生，要着重做好灾害抢险现场的疫情防控工作，坚持预防为主原则，大力加强卫生防疫，有效预防和控制灾后传染性疾病、食源性疾病、人

畜共患病及中毒等次生事件。医疗救治到位，实现大灾之后无大疫的疾病防控工作目标。

一、积极开展环境卫生清理与消毒

洪水退到哪里，环境清理和消毒工作就应该做到哪里，对受淹的房屋、公共场所要分类做好卫生消毒工作，彻底清理垃圾及粪便，并加强无害化处理，科学实施消毒、杀虫、灭鼠，消除疫情发生与流行的条件。

在开展卫生运动全面清理环境的过程中，要以生活环境及公共场所为主，坚持"先进行清淤，后实施消杀灭"的原则，对水淹地区和居民住宅、厕所、垃圾点、临时住所等地要全面实施药物喷洒消毒杀虫处理，特别是要做好学校、医院、安置点等人员密集区域的消毒、杀虫、灭鼠，消除传染病发生与流行的条件。要坚持科学消杀，可在重灾区设置消杀药水发放处，指导群众科学使用。

（1）清理室内外环境。要组织人员认真做好清除淤泥、排除积水、填平坑洼、铲除杂草、疏通沟渠等工作，迅速修复厕所和其他卫生基础设施。垃圾必须集中收集、定点处理，适时用漂白粉、敌敌畏等药物消毒杀虫，控制蚊蝇滋生。

（2）集中处理动物尸体。对环境清理中清出的家畜家禽和其他动物尸体，在掩埋时，选择掩埋的地点要远离居民区，挖土坑深2m以上，在坑底撒漂白粉或生石灰，把动物尸体先用10%漂白粉上清液喷雾（200ml/m²），作用2h后，装入塑料袋，投入坑内，再用漂白粉按20～40g/m²的量撒盖在尸体上，然后覆土掩埋压实。参加环境清理的作业人员要做好个人卫生防护。

（3）环境消毒。在彻底清理环境后，以84消毒液按1∶50的比例配制或其他含氯消毒剂进行环境消毒，使灾区的环境卫生面貌在短期内恢复到灾前水平。环境消毒应采取科学的方法，避免滥用、使用不当污染环境。可在受灾点集中设置消毒药水发放处，统一配制消毒溶液，提供给家庭和场所消毒。凡是水淹和受灾地区的住户，水退后首先组织专人对房屋质量进行安全性检查，确认其牢固性，然后打开门窗，通风换气，清洗家具，清理室内物品，整修厕所，全面清扫室内和院落，修缮禽畜棚圈，清除垃圾杂物。必要时对墙壁、地面及日常生活用品进行消毒处理，待室内通风干燥、空气清新后方可搬入居住。

（4）群众临时集中安置点的卫生要求。要组织力量做好对群众集中安置点的消杀工作。做好水源保护和饮水消毒工作，供给安全卫生的饮用水。新搭建的帐篷和棚屋等临时住所要能遮风挡雨，同时应满足通风换气和夜间照明的要求。要设法降低室温，防止中暑。注意居住环境卫生，不随地大小便和乱倒垃圾污水，不要在棚子内饲养畜禽。设置临时厕所、垃圾收集站点，做好粪便、垃圾的卫生管理。

二、饮用水卫生处理

洪涝灾害期间饮用水源一般含有大量泥沙，浑浊度高；受人畜粪便污染，细菌滋生；垃圾、粪便、动物尸体、各种杂物进入水体，有机污染严重；农药、化肥、工业废物等化学品冲入水中，并可能有剧毒物质存在。要把饮用水源的保护和清洁放在首位。

（一）保护水源，防止饮用水源受污染

在洪水期间，应在上游水域选择饮用水水源取水点，并划出一定范围，严禁在此区域内排放粪便、污水与垃圾。对非水厂供水地区进行拉网式排查，做好水源清洁消毒，不留死角。经水淹的井或水池，必须进行清掏、冲洗与消毒。先将水井掏干，清除淤泥，用清水冲洗井壁、井底，再淘尽污水。群众集中安置点增设的临时厕所和垃圾堆放点应远离水源，防止污染水源。

（二）饮用水处理

在洪涝灾害期间，严禁饮用水淹区水源。生活饮用水须在应急检测合格后方可使用。退水后的用水供应分类消毒。

（1）集中式供水消毒。经水淹过的供水设施和管网，必须清理消毒，现场水质检测合格后方能启用，退水后一个月内每三天进行一次督导。

（2）缸水或桶水消毒。根据待消毒的水量，利用漂白粉澄清液或漂白粉精，根据有效氯含量计算取出定量药剂，加少量水，搅拌均匀，倒入待消毒水中，搅匀，放置30min。

（3）水井消毒。水井或水池清洗后，待自然渗水到正常水位，进行加氯消毒。漂白粉投加量按井水量以25～50mg/L有效氯计算。浸泡12～24h后，排空井（池）水，再待自然渗水到正常水位后，按正常消毒方法消毒，即可正常使用。

三、厕所卫生和粪便的处理

厕所是人们生活不可缺少的卫生设施。灾害时用的厕所应达到应急性、便利性和实用性的要求，同时加强厕所粪便管理。

（1）临时用的厕所应达到应急、便利、实用和合理的要求。搭建的临时厕所一定要做到：选择地势较高的地方，距离水源至少30m。有条件的地方可选择塑料缸、桶、陶瓷缸来代替粪池；在无条件的情况下，可挖坑，坑的周围或底部要用塑料膜衬里或水泥和砖砌成。厕所应做到不渗不漏，粪坑满时应及时清除。

（2）禽畜应建临时栏饲养，栏里的禽畜粪要及时清理，减少蚊蝇滋生。可采用粪便与漂白粉5∶1的比例，充分搅和，消毒处理。

四、病媒生物防治

（一）杀虫

（1）防蚊蝇。首先要采取环境治理，将居住处附近杂草清除掉，杂物整理齐整。有条件的灾区，在住处装上纱门、纱窗，睡觉前点燃蚊香，用市售驱蚊剂涂在身体暴露部位。

（2）杀灭蚊蝇。①将1%敌敌畏乳剂用压缩喷雾器喷洒室外，注意不要污染水源和食品，同时做好个人防护。②室内（帐篷内）壁周围喷奋斗呐（10～20mg/m²）、凯素灵（10～20mg/m²）、三氯杀虫酯（2.0g/m²）或喷洒市售喷射剂和气雾剂。

（3）杀灭幼虫措施。清除居住区内外环境积水，填平水坑，清理环境，减少滋生场所。加强防护，减少蚊蝇与人畜接触。科学、规范使用杀虫剂，注意不要污染水源和食品。

（二）灭鼠

（1）根据各地条件不同，受灾过程有异，只有针对具体情况提出对策，才能奏效。采取综合治理，防、灭结合，注意治本，要充分发挥各种方法的长处，互相补充。灭鼠的方法多用器械灭鼠，如鼠笼、鼠夹和黏鼠板等，但不能使用电子猫，严禁自拉电网捕鼠，可用水或泥浆灌洞。

（2）慎用毒饵。当鼠密度很高，或人群受到鼠源疾病严重威胁时，则应在严密组织、充分宣传的基础上，开展毒饵灭鼠。

（3）确保人畜安全。不能用熟食配制毒饵，更不能用饼干或方便面等。毒饵必须有警告色。投饵点应有醒目标记。投饵工作由受过培训的灭鼠员承担。投毒后及时搜寻死鼠，管好禽畜，保藏好食品，照看好小孩。投饵结束后应收集剩饵，焚烧或在适当地点深埋。同时做好中毒急救的准备。

五、食品安全管理

加强受灾区域食品安全知识宣传和食品安全监管，重点加强对群众集中安置点的食品安全监管。

（1）注意饮食卫生和食品安全，防止病从口入。不要购买和食用被洪水浸泡过的食品和被洪水淹死、病死的家畜家禽，以及霉变的蔬菜、水果等食品。不吃腐败变质和过期的食品；不吃来源不明、不经过专用食品容器包装的食品，包括无生产日期、无保质期、无品名的"三无"食品。食物要生熟分开保存、煮熟煮透，尽量不吃生冷食品。饭前便后要洗手，不用脏水漱口和洗瓜果、碗、筷等。

（2）对于轻度霉变的粮食，可采用风扇吹、清水或泥浆水漂浮等方法去除霉粒，然后反复用水搓洗。或用5%石灰水浸泡霉变粮食24h捞出，洗净晒干。霉变重的粮食毒素含量高，难以去除，因此不能吃。

六、宣传教育

充分利用新闻媒体和群众喜闻乐见的宣传形式，通过电视、广播、宣传车、宣传单等多种方式，积极向群众宣传灾害期间的卫生防疫知识。重点宣传传染病防治、灾后食品安全、饮水卫生知识，使广大群众真正了解和掌握传染病防治的基本知识，增强广大群众灾后自我防病意识和能力，防止传染病疫情发生。

第十四节　洪涝灾害后传染病防控

洪涝灾害发生后，人们的生活环境受到破坏，生活饮用水源受到污染，病媒生物（蚊、蝇、鼠）密度发生变化，加之移民安置点人群密度过大，人们过于紧张劳累，身体免疫力下降等诸多因素，灾区的人群中极易发生肠道病媒生物传染病。为预防灾后传染病的发生，我们积极采取健康教育宣传、污水消毒、环境治理、病媒生物消杀等综合措施，确保大灾之后无大疫。

一、主要危险因素

（1）饮用水源严重污染有利于经水传播的肠道传染病的流行。洪涝灾害使供水设施、灾民安置点居住板房、厕所、污水排放设施等遭到不同程度的破坏，如自来水厂、饮用水井被淹，井水和自来水水源污染严重。一般情况下以生物性污染为主，反映为微生物指标的数量增加，感染性腹泻病就诊人数增加。

（2）人口密集增加了肠道传染病传播的风险。洪涝灾害使大批房屋因水淹而倒塌，受灾群众转移到地势较高的地点，人口密集、受灾群众间接触频繁，传播的机会和途径增多，极易引起肠道传染病的暴发或流行。

（3）食物污染增加了肠道传染病感染机会。洪涝灾害使很多食品仓库、居民贮存的食物被淹。已加工生产的成品、半成品及食品原料受到洪水浸泡，且洪涝灾害往

往发生在夏季，气温高、湿度大，容易导致食品霉烂变质，为细菌繁殖提供了有利条件，是导致食物传播肠道传染病发生与流行的主要环节。特别是熟食被污染、用被污染的水洗涤生食瓜果或制作凉拌菜，极易引起流行肠道传染病的暴发与流行。

（4）灾区环境污染、苍蝇滋生，容易导致肠道传染病流行。由于洪涝灾害使居民住地普遍受到粪便、垃圾、动物尸体、腐烂植物的污染，且气温高，有利于苍蝇滋生繁殖，增加了肠道传染病传播机会，极易造成肠道传染病发生或流行。

（5）受灾人群机体抵抗力下降，抗病能力减弱。灾区食物供应短缺易导致短期的营养不良；同时抗洪抢险造成疲劳、睡眠不足等因素使机体对疾病的抵抗力下降，尤其是灾区的年老体弱者和婴幼儿等特殊人群，在感染病原菌后极易患上肠道传染病。

二、主要预防措施

（1）加强水源保护，改善供水条件及水质卫生，进行饮用水消毒。

（2）加强疫情监测，做好灾区的疫情预测预报，做到"早发现、早报告、早诊断、早隔离、早治疗"。

（3）做好食品企业、饮食行业、群体聚餐和集体食堂的卫生管理，把好"病从口入"关。

（4）发动群众，全面清理环境并消毒，消灭苍蝇等蝇类滋生场所。垃圾、粪便进行无害化处理。

（5）开展健康教育，全方位、广覆盖地向受灾群众进行肠道传染病防治知识宣传。

第十五节　灾后心理干预

一、洪涝灾害后心理应激及影响因素

洪涝灾害发生后，受灾人群往往会产生一系列身心反应。我们把个体针对意识到的重大变化或威胁而产生的身心整体性调适反应叫作应激反应。

（一）洪涝灾害后心理应激

1．洪涝灾害后心理应激的主要表现

最常见的洪涝灾害后心理应激反应可以分为四类：躯体、情绪、认知、行为。

躯体反应是最容易被观察到的反应，可以再把它细化分为身体感觉和生理反应两种。身体最先出现的往往是呼吸加快、心跳加速、血压增高、胸闷、心堵等；接着很多人会反映头痛以及恶心、肠胃不适等，甚至是肌肉紧张、全身发凉、手脚发麻等；同时生理上开始出现大脑无法放松、反复出现在意的情景；另外就是让人比较痛苦的睡眠障碍，有人开始出现入睡困难、早醒、睡眠质量差、多梦等。需要注意的是，还有一些人在这个时候会睡得过多，这也是应激反应的表现。

第二类比较明显的应激反应是强烈的负面情绪，比如亢奋、恐惧、悲伤、焦虑、烦躁、愤怒、内疚等。

第三类是认知类应激反应，比如感到困惑、难以清晰思考、难以做决定和解决问题、不知所措、陷入茫然等。

第四类是行为类，应激导致行为发生改变或出现异常。比如行为重复、反复检查、来回走动；不想与人说话、屏蔽相关信息等回避行为；拒绝沟通和命令、不配合等抗拒行为；过量饮酒、吸烟、刷屏等沉浸行为甚至成瘾行为；容易与人发生冲突、易激惹等退行行为。

2. 对洪涝灾害后应激反应的认识

应激是一种调适反应，是人类大脑和神经系统长期进化的结果。当个体遭遇重大问题或变故，无法运用自己已有资源和惯常应对方式加以处理时，我们本能地就会进入身体、情绪、认知、行为的失衡状态，以确保我们的安全和生存。应激是一种正常的反应，而且可以提高人的警觉性、增强身体的抵抗和适应能力，也可以增进工作和学习的效果。所以从某种意义上说，应激反应是我们的"保护伞"。但如果应激反应过于强烈、过于持久，那么不管这些反应是生理性还是心理性的，都将是有害的。长期的应激反应会给身心健康带来风险。

3. 洪涝灾害后心理反应的分级

一般来说，按照灾难影响的程度高低，会将洪涝灾害后有心理反应的人群分为四个等级。要求心理干预的重点从第一级人群开始，逐步扩展，一般心理宣传教育要覆盖到四级人群。

第一级人群：直接亲历灾难、受灾程度严重的幸存者。

第二级人群：灾难现场的目击者（包括救援者），如目击灾难发生的灾民、现场指挥、救护人员（消防、武警官兵、医疗救护人员、其他救护人员）。

第三级人群：与第一级、第二级人群有关的人，如幸存者和目击者的亲人等。

第四级人群：参加灾情应对的后方救援者，受灾情影响的相关人群、易感人群、普通公众等。

4．洪涝灾害后心理反应的过程

心理应激和反应的时间长短个体之间存在差异。一般人的洪涝灾害后心理反应大致可以分为三个阶段，每个阶段呈现不同的症状。

第一阶段，出现在突发事件当时和之后很短的时间内。大多数人在此时主要呈现本能反应，如避险、紧急应对等；有一些人会出现明显的利他行为，如自救或救援他人；也有一部分人可能会不知所措、呆若木鸡；还有一部分可能出现恐惧、兴奋、喊叫、冲动行为等。

第二阶段，出现在洪涝灾害后一周到数月。此阶段的人群已逐渐从茫然中恢复，开始进入焦虑、紧张、不安等状态。在这一时期，人群会呈现不同的应激反应，有的可能出现"幸存者效应"，不断爆发负面情绪，强烈需要与他人分享经历的危险。

第三阶段，出现在洪涝灾害后半年至一年。大多数人经历了前两个阶段后，随着时间的推移，心理状态会逐步好转。但有部分人群，所受创伤过于严重，又没有得到心理干预的话，就会进入慢性反应期，主要表现为创伤性事件持续性地再体验闯入性记忆，与创伤有关的持续躲避，持续性的警觉性增高。这些表现严重时将使当事人无比悲痛，如果长期处于创伤后应激障碍中，会给身心带来很大的负面影响。

（二）洪涝灾害后心理反应的影响因素

在灾难的冲击下，一般受灾人群都会受到心理上的影响。但每个人的内心受影响的程度却不尽相同，表现出来的应激反应程度也不同。一般来说，影响因素包括以下五个方面。

1．先前心理健康水平

个体先前的心理健康水平是洪涝灾害后心理反应的重要影响因素。如果个人幼年成长经验中安全感建立较好、创伤经历处理得当、适应性良好，则在面对突发事件冲击时能恰当应对，较好地复原。

2．灾难意识

灾难意识是指灾难这个客观事实在人们心理上的反映。一般来说，具有科学的灾难意识，就能采取防患于未然的实际行动，如平时是否准备应急物品，知晓应急躲避场所，有意识地观察灾害征兆，是否学习防灾减灾的基本知识等。有灾难意识的人群其心理反应相对会弱些，恢复起来也更快一些。

3．受灾情况

灾难本身的强度，个体自身的受灾影响，洪涝灾害后个体的生活状况和后续生活压力，会对受灾人群造成明显不同的心理影响。

4．灾难认知

对灾难的认知包括对灾难本身的认识，比如是否具备科学的灾难知识，能否客观地看待灾难的发生；对应激反应的认知，如是否有一些心理学常识，能否感知和把控自己的状态；对生命的认知，如何看待生死，是否能尊重生命、理解生命的意义等。

5．社会支持

社会支持指一个人通过社会联系所能获得的他人在精神和物质上的支持。社会支持在创伤事件中起重要的调节作用。社会支持较低的个体患创伤后应激障碍的可能性明显更高。社会支持较高的个体心理应对能力明显更强。

二、救援人员的压力反应

（一）救援人员常见的压力反应

救援人员在工作责任、要求和压力下通常表现良好。但是有时候，当救援人员在灾难或创伤性情境中，遇到严重或长时间的压力时，他们可能会呈现情绪或心理方面的紧张反应。其主要体现在生理、认知、情绪以及行为四个层面。

1．生理层面

常见的生理层面压力反应包括：心跳、呼吸加快；血压上升；胃不舒服、恶心、腹泻；头痛、眩晕感；肌肉酸痛；背部疼痛；胸腔疼痛；喉咙有肿块的感觉；盗汗或发冷；肌肉抽动、手和嘴唇发抖；虚弱感、麻木感、手脚感到刺痛或沉重；身体不协调感明显；食欲改变、体重下降或上升；月经周期改变；性欲改变；听力减弱；视力变差；过度的惊吓反应、疲惫感；对感染的抵抗力降低；过敏和关节炎突然发作等。

2．认知层面

常见的认知层面压力反应包括：记忆出现问题，叫物体名字困难；失去方向感，理解力出现困难；心智混淆，对简单算术感到困难，逻辑运用或判断决策与问题解决的能力出现较大幅度的下滑，丧失寻求替代方案或其他方法的能力，注意力无法集中，注意广度受到限制；对状况和问题判断的客观性明显减弱或丧失；无法停止去想与灾难有关的事或情境；怀疑自己的职业选择；感到软弱、内疚和羞耻，感到自己的问题与受灾者相比微不足道等。

3．情绪层面

常见的情绪层面压力反应包括：感到自己像英雄般，不会受伤，无懈可击；过度的狂喜；焦虑与恐惧；对受害者的过度认同；过分地为受害者哀伤、忧郁；对于自己也需要接受帮助，觉得尴尬、难堪；对同伴、政府官员或媒体感到愤怒或责备；易怒，过度亢奋，不愿意休息；对自己做得不够好感到有罪恶感，怀疑自己是否已经尽

力；哀伤、忧郁、心情低落，感到孤立、冷漠或疏远；梦魇连连或睡眠困难；冷淡、兴趣减低；自我否认、麻木感等。

4．行为层面

常见的行为层面压力反应包括：沟通困难，不管是口头上还是书写上；活动量过大；工作效率降低；阵发的愤怒，争吵的频率很高；无法休息或放松；不时地哭泣；饮食习惯改变；睡眠模式改变；亲密关系和性欲模式改变；工作表现改变；幽默的使用增加；酒精、烟、药物的摄入增大；对环境安全十分警觉；易触发伤害性记忆；易发生意外；工作暂停期间人际疏离感强。

在急性压力反应中，身体症状经常会第一个出现。当出现胸痛、心跳不规律、呼吸困难、昏厥或眩晕、体力不支倒下、血压持续偏高、身体部分麻木或瘫痪、过度脱水、血便时，就需要立即进行医疗评估。要注意的是，由于救援人员把更多的精力投入救灾工作，他们通常都不是自身压力最好的判断者，所以建议救援人员多留意自己的身心状况，适时让自己休息，接受自己的感觉，并将这些感觉和经验说给他人听。同时，给予自己及周围亲友鼓励，相互打气、加油，尽量避免批评自己或其他救援人员的救援行动，接受他人诚心提供的帮助与支持，以减轻自己的心理负担与痛苦。

（二）异常压力反应的识别

一般来说，救援人员的压力反应会随着自我调适以及家人、朋友和工作单位的支持而递减。但是，灾难和救灾工作对救援人员而言压力太大，他们常常无法正确地区别正常压力与异常压力状况。下面是区别正常与异常压力反应的一些指标。

1．持续时间

压力反应的时间长短与事件的严重度、事件对救援人员的影响、个人的适应调节能力及辅助支持系统有关。与实际灾难有关的压力症状，通常大约一个半月到三个月就会消失。若严重的症状持续得更久，便需要专业的协助。压力反应如果和救灾任务的压力有关，救援人员只要还在他的救灾角色中，压力反应就会持续下去。密切注意排除工作上的压力源，为救援人员提供必要的支持。同时，在工作场合中培训压力处理的策略也可以减轻压力。另外，提供给救援人员可预期地回到正常工作和生活的时间安排，也是很重要的。

2．反应强度

这是高度主观的判断标准。对救援人员来说，任何症状只要突然变得强烈、干扰性增强或失去控制，就需要专业的协助。特别是视觉或听力的幻觉、极端不恰当的情绪、畏惧或恐慌的反应、反社会的举动、严重的失去方向感、自杀或杀人的想法，都应该接受精神科医师或者心理治疗师的专业协助。

3．影响社会功能的程度

任何症状只要干扰个人在工作、家庭或社会关系中的正常功能的行使，都应该考虑接受精神科医师或者心理工作者的协助。如果救援人员感到自己的症状明显，表示个人的身心状态已经处在一种能量过度耗损的状态。若症状持续发生且已经严重影响到个人的人际关系与社会功能，就要到精神科或者心理咨询机构寻求专业的帮助。

（三）救援人员的压力应对

救援人员的工作性质决定了他们会最大限度地耳闻目睹各种最悲惨的场面。因此即使他们做好了充分的思想准备，如此性质的工作也很容易使他们感受各种痛苦体验。当这种痛苦的体验在救助成千上万的灾民中重复出现后，对救援人员的身心打击将是巨大的。没有人能对这种巨大的灾难体验所带来的心理上的破坏性影响有充分的准备，或对这种冲击有天然的免疫力。为把救援人员的心理压力降到最低，提高救援的效率，有必要对他们进行干预。通常压力应对集中于两个层面：个人层面和组织层面。下面就从这两个层面来详细论述如何进行压力应对。

1．救灾之前

对救援人员而言，最重要的压力管理介入时机是救灾尚未发生之前。此时救援人员可以对他们即将在救灾场景中所可能遇到的情景，先做心理上的准备。事先的预防准备，可以将压力造成的伤害减到最低，并且可以协助个体以比较有效的方式来应对压力。针对救灾之前如何缓解个人压力，我们提出如下建议和策略。

（1）参与相应的教育和训练。

要确保救援适当、有效，不论是在平时还是在灾难发生期间，救援人员都应该接受心理卫生层面的教育和训练。而且，这种训练应该涵盖在工作人员的职前介入，并且成为后续在职训练课程中的一部分。因为这些教育训练能使救援人员对于他们在工作中可能遇到的压力情况预先做好准备，并能在压力发生时减少他们受伤害的程度，增加他们有效应对和处理灾难的能力。与训练相关的基本项目应包含在灾难心理卫生应对计划中，包括灾难应对小组的行动方案，何时及在哪里报到，服务的提供方式、地点、职责，责任归属，指挥流程等。除了训练外，实际的应对行动及技术的定期演习也是相当重要的。

（2）准备个人及家庭应急计划。

救援人员预先为自己和家人准备好应急计划，将有助于个体去应对在家中所可能发生的任何紧急意外事故。它的重要性并不只是为了家人的安全，同时也是为了让救援人员可以尽快地接受救灾任务，并投入救援工作。当救援人员能越快地照顾好家里面的事情时，他们就能越快地放下对家里的牵挂，尽快向工作单位报到。同样，如果

灾难发生时，救援人员对灾难有所准备，并有应对预案时，将可大大地稳定情绪，能提升其对工作的专心度。

（3）建立邻里守望互助系统。

建立邻里之间的守望互助系统，可以提升家庭和个人在灾难发生时的自救互救能力。邻里守望互助系统的建立，只需要邻里之间事先做一些规划，就可以在紧急事件发生时互相关照或是提供援助。同时，邻里之间的守望互助系统可以将所有的补给品有技巧地集结起来，这种守望相助的准备方案可以使救援人员对家人的安全更为放心。

（4）准备紧急任务背包。

对于有可能会被临时通知、加入紧急任务的所有救援人员而言，还应该事先准备好紧急任务背包。背包的装备应该按照工作者平常的任务要求来准备。

2．救灾期间

对于救援人员如何在救灾期间管理自身的压力，我们提供如下建议。

（1）以积极的态度对待工作。

对工作持一种积极乐观的态度，在一定程度上可以阻抗压力和倦怠。当救援人员来到受灾地区时，可能会觉得当地的民众对他们是困惑、混合着感激与愤怒的。他们会经历一段被监督、矛盾等双重信息困扰的时期，同时感受到推力与阻力的存在。如果以积极的心态对待，不仅可以增强自身的心理控制能力，改变自身的感受性、解释系统和认知评估，而且能灵活应变、有效地解决问题。

（2）调整自己的工作期望。

客观评价自己，正确定位，为自己设定的目标与个人的能力和精力相吻合。我们要认识到自己的局限，对工作固然要热情，要奉献，但也要接受客观的限制，安排合适的工作量，不要期望能够帮助到每一个人。不要过于追求完美，对自己的要求过高，这样只能徒增压力感和挫败感。应明白自己是凡人，犯错误或不能很好地帮助人是正常现象。只要善于从中吸取教训，失利就会变成一次很好的学习机会。

（3）努力提高专业能力。

这是战胜压力的根本。救灾期间，救援人员要面临一系列的要求和挑战，即便是准备再充分，也总会遇到突发事件或难以处理的情况。因此，需要及时主动地学习应对策略，和同事交流，向督导请教。只有不断学习，不断提高自身素养，才能不断适应新情况。成长＝经验＋反思。作为救援人员，如果想提高自己的工作能力，还需要对经验进行深入的反思。

（4）提高时间管理能力。

制订合理的工作计划，忙而不乱，紧张而有条理地完成工作安排，是对付压力的关键。每一天救援人员都有许多工作要做，因此，根据工作的性质如轻、重、缓、急等来安排工作是十分必要的。如果工作目标太大，可以把它分成几个阶段性目标，就易于产生成就感。科学的时间管理能保证按时完成工作，避免过分的压力感。

（5）建设支持性的人际网络，主动寻求支持。

健康和谐的人际关系是个人抗御负性体验如压力、倦怠的有效保障。在救援工作中出现情绪的波动是很正常的，如果能与同事建立密切的伙伴关系，相互帮助、支持，倾听彼此的感觉，会让我们觉得自己被接纳了，被理解了，还可以增强我们的自我效能感。当出现压力症状的时候，如果当时情况及指挥部允许的话，还可以适时休息一下。

（6）平衡生活方式。

一天中，无论多么繁忙，都要尽可能挤出半个小时休息时间，放松一下，做自己喜欢做的事情。这样才不至于把生活搞得过于紧张。在可能的情况下注意锻炼身体；保证膳食营养，避免食用过多的垃圾食品、咖啡、酒精或吸烟；保证充足的睡眠和休息，尤其是在长时间的工作岗位上。这样有利于紧张和压力的缓解与消除。

（7）采用减少应激的技术。

采用深呼吸、冥想静心及慢走等方式减轻身体的紧张；利用非工作时间进行体育锻炼、阅读、听音乐、洗澡、与家人通话，或者享用特别的食品为自己增加能量；在适当的时候与同事谈论情绪和反应。

（8）自我觉察。

辨认并留意应激反应的早期预警症状；认识到一个人有可能不能自我发现有些问题的应激反应；避免过度挖掘幸存者和牺牲者的痛苦、创伤，这会对之后的工作造成干扰；理解专业帮助关系和朋友关系的区别；检讨个人的偏见和文化带来的思维定式；当心可能出现的替代性创伤或者疲劳；有效识别个人的灾难体验以及工作效率的降低。如果发现自己的工作效能已经降低，或指挥官督促休息时，就应该好好地休息一下。

3. 救灾结束

当救灾行动结束后，救援人员会经历由救援到正常生活、工作的恢复过程。这时，他们的情绪表现通常才被慢慢地注意到。尤其是返家的情景，经常都不像救援人员原先所希望和预期的那样令人愉悦。下面提供一些建议，希望能帮助救援人员度过灾难之后的数个小时、数天和数星期。

（1）保证充足的休息。

很少有救援人员可以在从事救援工作时获得充足的休息。因此当救灾行动结束时，他们通常都精疲力竭，而这可能会延续好几天。因此，能够把握时间休息是很重要的。个人的休息需求，也可能会引发一些家庭问题。因为家人们可能会失望，并且也需要救援人员能拨出一些时间和精力来关心、注意他们。因此，这些需求也必须考虑到。试着去预想这些问题，并且审慎地在家人需求与救援人员个人的需求之间做些平衡。

（2）调整生活节奏。

救灾工作的步调通常都是非常快速的。救援人员可能会发现，难以将自己的生活步调调整到正常的节奏；也可能会发现，自己匆忙胡乱地把一些业务完成之后，又迅速地将焦点转移到额外的业务上；或是在觉得没有积极去参与一些活动的时候，而出现了罪恶感。试着去接受并认同其他人缓慢的生活步调，要避免认为其他人很懒惰、没有约束，或是很迟缓。在救援人员回家之前，试着去预想在哪一些范围内（不论是在家里或是在工作当中），有可能会因步调的不同而出现问题。审慎地考虑所有可能会出现的问题情境，将有助于救援人员应对和处理问题。

（3）尊重自己的感觉，讨论灾难。

救援工作结束后，救援人员可能有较多的兴趣谈论有关灾难的事情，但还是要注意以下情况也是会时常发生的：其他的人可能并不感兴趣。虽然其他人可能会感兴趣，但是他们并没有经历过那些事。因此他们对那些经验的感受，可能并不像救援人员本身所体验到的那么强烈。其他的人也可能想要告诉救援人员，当他们不在的这段时间，他们发生了一些什么事情。因此，救援人员要能容忍与体谅。

救援人员不要因为其他人对灾难的话题不感兴趣，就认为他们对自己个人也没有兴趣。由于在之前的一段时间里，灾难已经占据了救援人员的生活，因此，当救援人员返家之后，关于灾难的事情可能还会盘踞在心头。在不少情况下，其他人关注较多的则是救援人员个人的健康状况，他们对于救援人员的灾难经验谈论，可能会不感兴趣。

救援人员也有可能不想过多地谈论有关灾难经历的事情，尤其是那些严重冲击心理的经历。因此，救援人员要让其周围的人知道，你并不想过多地讨论有关灾难的事情，或者你需要更多的休息。这对于救援人员来说，也是一种休息和调整。

救援人员有时候想谈论有关灾难的经历，而有时候又不想谈论。这是可以理解的。这在别人看来，似乎会感到有些困惑不安。事实上，对于救援人员来说，他们也没有办法去预测或控制这些变化。随着时间的流逝，这种交替变换的现象会渐渐地减轻。试着去理解，并让你周围的人知道，这是一种正常且自然的反应。

（4）了解并接纳自己的情绪反应。

大部分的救援人员，在回家之后都会出现一些令自己诧异的情绪反应。而这些反应有时候还会吓到他们自己。如果能事先预想一下这些情绪变化的话，救援人员届时可能将它们处理得更好。以下列出一些可能的情况。

失望经常是由于实际的欢迎场面与所预期的返家景象并不相符。救援人员所期望的可能是自己和家人及同事们快乐重逢的大团圆场面。然而，实际有可能出现的是家人因为救援人员的不在家而出现的怨气。

当救援人员本身的需求与家人、同事的需求不一致时，常会导致其感受到严重的挫折与冲突。例如，当救援人员在结束救援工作回家后，常常因为吃了一段时间的快餐而迫切渴望吃些家常小菜，却发现家人已经等不及要外出大吃一顿了。

当听到人们的讨论与救援人员在救灾工作场合中所见到的情景不一致，甚至他们的语气显得较为漫不经心或是轻描淡写时，救援人员可能会因此而感到生气。而这种情况很有可能会在救援人员阅报、看电视或是与家人、朋友聊天的时候发生。不过要记住，救援人员很可能会因为低估或轻忽了其他人所担忧的问题，而使他们受到伤害。

救援人员都具有识别受灾者的能力，但在某些时候救援人员会对某些受灾者产生强烈的情绪反应，因为他们在某些方面会令救援人员想到自己，或是对救援人员很重要的某个人。同样，相似的情形也会出现在救援人员回家之后。也就是说，救援人员的朋友及家人们（例如孩子、配偶、父母等）可能会让救援人员想到他们曾经见过的受灾者，这都可能会引起强烈的情绪反应。而且这些情绪反应不只是会让救援人员自己感到诧异，同时也会让那些不知情的朋友和家人深感惊讶与困惑。在这种情况下，救援人员就要让其他人了解自己的经历，知道自己的情绪起因。

心情摇摆不定，也是结束救灾时常会出现的一种现象。救援人员可能会动不动就从高兴的情绪状态中一下子转变为悲伤的心情；一下子又从紧张不安的状态变得放松而自在；或是原本打算外出活动，却一下子改变了计划，想要安静下来等。这种心情的摇摆不定是很正常、自然的现象。它们是救援人员在解决冲突、矛盾情感过程中的一种表现。当时间久了之后，这种情绪的变换将不会再那么地随意化了，也不会太频繁了，并且令人诧异的反应也会减少。

（5）加强与亲朋的沟通与交流。

在回家之后，救援人员与亲人朋友之间的讨论是一个值得特别关注的话题。重要的是，要能提供亲朋有助于增加了解的信息，而不要使他们感到困惑，或是受到惊

吓。救援人员要协助亲朋了解为什么这段时间你不在家，并且让他们知道你都在做些什么事情。

事先考虑到他们可能想要知道什么样的信息内容，以及你所能提供的详细程度。通常并不建议提供有关创伤的情节和情境，因为这有可能会吓到亲朋。每个人在一定程度上都有脆弱的一面，多与亲朋分享一些快乐的事情。同时，鼓励他们谈论在你离家的这段时间里，他们的生活中发生了什么事情。他们将会因为你的关心而觉得很欣慰。

（6）盘点成长和收获。

卷入一场灾难会在许多方面改变一个人。在洪涝灾害后的重建工作中，救援人员会参与很多活动，这些活动意义深远但同样也是充满压力的。在结束救灾任务时，应对者会感觉有些矛盾。他们的生命已经因为他们的经验而有所改变，但是还没有时间去反省他们是如何被改变的。由救灾现场的工作返家之后，是救援人员自我反省的大好时机，不妨试着问自己以下这些问题：我是否学到任何可以让自己成长的东西？这次经验中的什么部分让我觉得获益颇多？我学到了什么能力？我从其他人那里学到了什么？在未来，我是否会做些什么不一样的事情？

如果救灾工作的时间很短，这些问题可以作为团体讨论的一部分。如果团队人员参与长期的洪涝灾害后重建工作，在计划结束前的数周，利用团体聚会讨论这些问题，有助于团队成员顺利度过恢复期。

（四）救灾团队的压力应对

1．进入灾区前

（1）提供有效的应对组织结构和领导。

对救援人员而言，必须建立清晰、明了的指挥系统。他们必须知道谁是他们的组织和领导，若领导不在现场，通过什么方式可以联系上领导等。

（2）确定明晰的任务和目标。

先确定救援人员需要做哪些工作（包含与灾难相关的及每天例行性的工作），以及工作的目标。

（3）确定明确的适合特定岗位的应对策略。

救灾机构不仅需要使救灾人员了解其工作的内容和目标，还需要使他们进一步明确如何完成工作任务，以及实现目标的策略和方法。

（4）针对每个特定岗位的要求培训工作人员。

选择从事灾难应对的人员，理想上要有过救灾或大规模的危机介入的经验及训练，但有时候，可能只有没有经验的人员可用。这种情况下，针对特定岗位的简短训练就很重要。即便是有危机介入经验的人员，如能在进入灾区工作前给予简短的培训，事先告知他们将会看到的景象以及他们会产生的情绪反应，教授相关工作内容及实施方法等，让组员做好准备，效果也会更好。

（5）营造良好的组织氛围。

良好的组织氛围对个体行为有助长作用。组织氛围好，成员集体意识强，上下级关系融洽，意见容易得到沟通。成员处于这样的组织中，具有很大的安全感，并充满自信和自尊；他们能相互信任、支持、尊重与协作；他们会积极地去解决某些困难，工作士气较高，这些都有助于缓冲工作中所遇到的压力，而不易出现倦怠。组织内可采用常规的表扬和鼓励来保持向上的积极氛围。

（6）确立应对应激的计划。

如定期评估工作人员的工作表现；使工作人员在低、中、高等不同应激水平的工作岗位上轮换；鼓励休息，有可以离开工作环境的时间安排；观察工作人员的应激症状体征并制订应对措施；提供救援工作开展的最新情况通报；制订工作人员离开工作环境的退出计划，包括汇报工作、重新接收信息、有机会提出意见和建议及要获得的服务等。

（7）救灾机构与心理卫生机构的合作。

救灾机构与心理卫生机构的合作可以使救灾人员获得心理卫生层面的训练，以便他们能预测到自己和受灾者的心理卫生需求，再有效地去处理。这种救灾机构及心理卫生机构的训练计划，可为灾难发生时及发生后的合作做准备。

（8）筛查救灾人员。

并不是每个人都适合参与救灾。如果条件允许，开展救援工作的第一步是对希望参与救灾的人员进行筛查，以期发现那些无法承担救灾任务或心理可能容易受到创伤的人，并合理地为他们分派任务。有条件的情况下，还可以为救灾人员建立心理档案，将他们的筛查结果以及后续的监测、跟踪以及实施心理援助的情况记入档案。这可以为对他们进行后续干预提供相关信息。如果他们同意，这些档案还可作为后续研究的重要资料来源。

2. 进入灾区后

在灾难发生后，提供某些支持给救灾人员，可以帮助减轻压力，协助工作者在他们的岗位上保持有效率的状态。协助的方式相当多，包括通信、食物、庇护场所和维持机构运作所必需的物资。在大规模的灾难救援行动中，机构必须考虑安排一位后勤的协调者来执行这样的任务。

（1）介绍工作环境。

在安排工作日程时，我们强烈地建议在救灾人员到达灾区后，首先要向他们介绍工作的环境，内容包括住宿、就餐、工作地及周边环境等。条件允许的话，尽可能改善救灾人员的工作条件，如提供舒适安静的工作环境、合理的待遇和福利、适量的工作时间等。介绍的方式可以大团体的方式进行。有时候，改善工作环境，能够迅速地缓解压力水平，减轻压力带来的心理上和生理上的压抑。介绍工作环境，通常意味着对救灾人员的尊重和接纳，本身也是软性工作环境的一部分。

（2）协助确认和找出亲人的下落。

当灾难发生在工作时间内时，救灾人员首先关心的是自己的家人是否平安。他们的焦虑会提高，效率会明显降低，直到获得其家人的确切消息为止。如果救灾人员在家里有防灾的计划，而且知道他们的家人有能力和资源可以照顾他们自己，有些焦虑就可以降低。无论如何，救灾人员需要有关他们家人状况的消息。如果救灾人员没有他们家人一切平安的消息，机构应该尽一切努力帮他们得到消息。所有负有救灾责任的单位应该有一个事先订好的计划，即如果灾难发生在他们的工作时间内，成员如何查找并获得家人的消息。

（3）提供执行任务前的简报。

尽可能向救灾人员提供与灾难有关的客观信息，愈多愈好。告知救灾人员确切的讯息，他将会在现场看到些什么，通过广播或者简报提供给随后新来到现场的救灾人员。这种预警可以帮助救灾人员在情绪上先调整自己。

（4）强调团队合作。

在可能的条件下，救援人员应该以团队的方式开展工作，这可以帮助减轻单独工作时的压力。团队合作包括正式和非正式的。团队合作有助于他们真正地了解工作的性质和目标，提高工作效率。救援人员若不是以团队的组织形式开展工作，他们就常常会觉得孤单和不被重视。如果没有足够的工作者，可以这样安排：在同一团队中，指派工作人员和医生护士、红十字会人员或其他服务人员的救灾单位一起合作。借此可以确立一个系统，在混乱的灾难环境中，在评估需要、决定优先级别时，成员之间可以互相提供帮助和支持。也可以试着安排没经验的人员与有经验的在同一团队，这样便可以当场"边做边学"。此外，有经验的工作人员可以示范实例、讨论，以及传授有效的技巧等给新人。团队合作也可以提供给成员一种"伙伴制度"，观测彼此的压力程度，提供支持和鼓励。团队合作良好，救援人员易于表达救援工作对他们所造成的情绪和心理上的冲击，也能从中获得更多的认同感和来自同类工作者的支持，可大大缓解他们的心理压力。

（5）在职训练和咨询。

除了岗前的教育和训练外，救灾人员进入灾区后，救灾组织还应该尽可能快地提供更深入的训练课程，有条件的话可聘请有经验的顾问或训练师。定期提供在职训练可以让救援人员，特别是在长期复原的工作上，拥有更专业的知识和技术。救援人员已经掌握的计划、服务项目、资源及方式，必须对灾难幸存者有所帮助。因此，在职训练必须具有一定的针对性。在救灾期间，咨询有关专家，可以帮助团队确认和克服救援时遇到的困难或障碍。除此之外，在职训练和咨询能有效地鼓励团队人员，明显地提高士气。

（6）及时进行分享和总结。

分享与总结是针对创伤或关键事件后的压力处理的一种有系统的方法。这是一种有特定主题及焦点的处理，帮助工作人员处理此时最常出现的强烈情绪。这种活动也通过教育他们何谓正常的压力反应、处理压力的技巧及如何互相支持，来帮助工作人员。它可以是一对一，也可以是一个团体，但最好都有一名团体催化者。通常我们推荐以团体的方式进行，因为这样可额外提供同伴间的互相支持。

其实，救援人员在试图帮助幸存者之前，早已开始进入对灾难的情绪应对过程，这个认知是很重要的。在展开部署之前，建议让团队成员进行一场关于灾难或针对工作者自身反应的团体讨论，和其他组员互相分担工作量和倾诉心理压力，有助于缓解压抑情绪。在每天的救援工作结束后，管理者应该组织任务报告会议，鼓励救援人员描述他们所见到的景象、遭遇的困难以及心理感受。富有经验的营救人员发现这些措施都很有助于缓解压力。

（7）关注情绪的及时干预。

及早辨识出救援人员的压力反应并采取措施是防止他们陷入心力交瘁的关键。一旦救援人员的情绪波动比较明显，救援团队应及时进行干预。鼓励工作者将自己的感受向身边的同事诉说，这对他们的心理健康非常重要。心理学家鼓励开诚布公地表达自己的感受，这是一种自我保护机制。旁人需要做的只是倾听，而不要试图干涉他们的感受。如果计划中有安排，可以让核心工作者提供协助。心理卫生专业人员可以观察工作人员的表现、支持工作人员和向负责人提供信息，让他知道目前工作人员的疲惫程度、压力反应和对休息的需要程度。

值得注意的是，长期救灾工作的压力，比起强烈、明显而立即在灾难冲击之后呈现出的压力，常常不易辨认。所以，要为工作人员提供关于长期救灾工作的压力反应和压力处理策略的训练。如就近为团队安排固定的时间段讨论工作中心理和情绪上受到的冲击，可以帮忙和减轻有关的压力，同时也可促进团队成员之间的相互支持。

（8）追踪或转合作咨询。

每个机构应有一些追踪个人从创伤事件复原的方法。追踪的目的在于使工作人员可以更进一步谈及对事件的感受，以及评估个人的症状是否减轻了。一个做例行性追踪的良好时机，是在事件发生后一个月到六周。如果工作人员仍然在那个时候有压力症状的问题，应该建议例行性地转介给心理工作者。机构应先建立好转介熟悉紧急救灾工作性质的咨询师的事前计划。理想的安排是紧急救援工作人员通过员工保险体系，得到可利用的心理卫生资源。有时候工作人员不熟悉咨询的程序及其作用，因此不愿意寻求帮助。应该先让他们知道，紧急救援工作人员咨询时，通常针对症状使用特定的技巧，多采用短期、积极的做法，而不常使用长时间的、心理分析取向的咨询。

（9）人员轮换保证休息。

救援人员在救援工作中精力高度集中，往往连续工作数小时，顾不上休息。此时，救援团队的管理人员要试着让低度压力、中度压力及高压力工作的工作人员互相轮替，限制工作人员高压力工作的时间。如果可能的话，最好是在一小时左右，使他们有休息、轮班到较低压力工作，和得到个人心理支持的机会。要求工作人员在自己的效率降低时去休息，有必要时甚至用命令。明确指出工作人员能力之所以下降，是因为疲累；他们需要有下一步救援工作的潜能，才能帮忙执行救灾。允许他们休息，并在精力恢复时再回到工作岗位来。在休息时，尽量督促他们轮流到离受灾现场远些的地方，这可以大大缓解他们因灾难现场而引发的紧张情绪，并为工作人员提供食物和饮料、盥洗设备等。

（10）准备好食物和安置点。

救援人员在执行任务时，因为路程太远或是道路存在障碍，为他们安排安置点非常必要。最好能把救援人员住宿的地方和幸存者分开，让工作者在没有任务的时候，可以从灾难中脱离出来稍事休息。依灾难地区受损的严重程度而定，安置点可以是当地的旅馆。但这可能会很快地被涌入的幸存者及其他需要暂时住宿的人员住满。此时，就可能需要将救援人员安排在受灾地区之外住宿，或者野外露营。如果野外露营，应该通知救援人员携带衣物、帐篷和睡袋等个人用品。不管怎样，如果空间足够的话，最好安排小队全体成员住在同一地方，这样便于协调各种活动。

食物可以通过当地的餐厅和杂货店取得。有时候，工作者必须在集体供餐的地点或红十字会及其他团体所设立的流动供餐处用餐。救灾机构应该通知这些供餐单位，以确保供餐工作的有序，且有足够的食物。救援人员应该随身带一些粮食和水进入灾区，以备不时之需。要注意营养和健康，督促他们暂停手中的工作，吃东西、饮水，以补充体力。

（11）保证联络畅通。

救援人员有可能碰到先前不知道的困难或需求，保持通信的畅通是非常必要的。有些时候，沟通和传递信息甚至需要人员步行传递。

（12）做好其他相关事宜。

要做好与工作相关的补给，如笔、纸张、数据收集的表格、标识牌、灾难压力反应和压力处理的宣传册以及其他需要的补给。这些补给物品必须送达工作地点交给他们。同时，还要为救援人员提供正式的证明和证件。在进入灾难地点时，佩戴被认定具有法律效力、正式的识别证是需要的。

3．撤出灾区后

撤出灾区后，并不意味着对救援人员进行心理援助工作的完结。应对者仍然可以做以下工作。

（1）检讨救灾工作。

救灾工作充满了压力，同时又令人觉得收获颇多。很重要的是，要对救灾工作做总结或下结论，讨论、评估、分析整个事件的过程、表现，看能如何改进。检讨会是关于救灾工作进行得如何很重要的评估，可以使救灾计划、政策、方法和步骤有进一步的改善，尤其是压力处理的方式或方法。但它和前边的团体讨论与分享不同。第一线的工作人员应有机会参加事件的检讨会。它可以帮助工作人员去厘清事实，将未解的答案解答及计划未来要如何做。通常检讨会只限于管理人员，但是第一线工作人员的参加可以更加肯定他们在整体作业过程中的贡献，而且他们通常能为下一次的工作提供有价值的谏言。

（2）感谢与致意。

肯定救援人员的努力和成绩，对团队和救援人员来说意义都很重要。灾区的工作很刺激、很有收获，也很有挑战性，同时也很有压力、很累甚至是很有危险性的。

（3）解散和分享总结。

不论是加入紧急应对还是长期复原的工作，救灾工作的结束对救援人员而言都是一段情绪相当复杂的时期。救援行动结束了，会感到有些轻松，同时又感到有些失落，心理上会感觉到有所"降温"。通常情况下，他们过渡到正常的家庭生活和工作会有些困难。而预先的指引、提供机会谈谈感觉、给予一些支持，会大大地帮助救援人员。所以，前来参与救灾工作的人员不能没有一个正式的解散过程就回家。

（4）整理并编写学习教材。

事件过后，将整个救灾过程写下并列为学习教材，将对未来可能发生的灾难有所

帮助。亦可请救援人员写事后报告，包括什么该做而没做的，适度的检讨也应包含其中。除了事后报告以外，"学习教材"应该列入灾难应对计划、政策与实施程序，作为救灾人员下次例行灾难应对演习的内容。

（5）筛查与跟踪。

在有条件的情况下，可以对救援人员进行一次筛查，以便及早发现在救援行动中心理受到伤害的人员。对筛查中发现的可能存在问题的人员进行跟踪，对没有发现问题的人员进行回访。如果工作人员的反应很严重，而且持续了6周以上，应鼓励他们去寻求专业的帮助。救援组织在灾前、灾中和灾后要为救灾人员可能遇到的压力做好各种准备，提供各种帮助和条件。

（五）灾后心理干预的工作方法

1．掌握心理干预的判断原则

主观与客观世界的统一性原则。任何正常心理的活动和行为，必须在形式和内容上与客观环境保持一致性。幻觉、妄想、自知力丧失或自知力不完整都是精神异常的表现。

精神活动的内在协调一致性原则。人类的精神活动（知、情、意）是一个完整的统一体，它们之间具有协调一致的关系，这种协调一致性保证人在反映客观世界过程中的准确和有效。

个性的相对稳定性原则。每个人在自己长期的生活道路上，都会形成自己独特的个性心理特征。这种特征形成后会相对稳定，因此可以把个性的相对稳定性作为区分精神活动正常与异常的标准之一。

2．定性受灾者的典型行为

部分典型的异常心理行为，具有诊断和鉴别意义。如抑郁与躁狂的交替发作，有助于躁郁症的诊断；明知不该的反复行为，但不能控制并且因此痛苦，是强迫症的典型症状；而如果有反复出现的评论性幻听或有被控制（被影响）的妄想，有思维鸣响、思维插入或思维被撤走以及思维广播等症状，则可能是精神分裂症的表现等。

3．分析受灾者的自知程度

所谓自知，是指能认识到自己的心理行为是异常的，以及对这种异常做出解释。具有一般心理问题的人会出现失眠、不安、不思茶饭、情绪低落等心理行为异常，但他们能意识到这些问题的存在，也能分析其产生的原因，并希望通过一定的方法做出改变。而重性精神病患者则不同，他们往往认为自己的行为很正常，拒绝接受任何治疗，坚持认为自己的"幻觉"和"妄想"是真实存在的，并且对一些明显错误的行为不以为意。

4．心理工作者的主要职能

心理工作者的主要职能是启发、引导、促进和鼓励，而不是提供现成的公式，具体包括以下几个方面：帮助受灾者正视心理危机；帮助受灾者寻求可能的应对和处理方式；帮助受灾者获得新的信息和观念；条件允许的话，可提供生活必要帮助；帮助受灾者回避一些应激性境遇；督促受灾者接受帮助和专业治疗。

心理工作者必须明确自己的工作范畴。有些问题即使和心理有关，但也不是心理干预所能解决的；有些问题心理干预可能只是部分地起作用，想要达到理想的效果须寻求其他部门配合。

（六）灾后心理反应的判断

随着心理学知识的普及，很多人的心理安全意识不断得到增强。但由于受到各种因素的影响，人在突然遇到巨大灾害性事件时会出现高度紧张，而容易把很多正常的应激反应误认为是精神疾病或者心理障碍的前兆。学会识别正常与异常的灾后反应，对于灾后幸存者和心理工作者有着重要意义。

1．正常的应激反应

情绪方面可能出现：恐惧担心（害怕灾害再次来临，或者有其他不幸的事降临在自己或家人身上）、迷茫无助（不知道将来该怎么办，觉得世界末日即将到来）、悲伤（为亲人或其他人的死伤感到悲痛难过）、内疚（感到自己做错了什么，因为自己比别人幸运而感到罪恶）、愤怒（觉得上天对自己不公平，自己不被理解也没有被照顾）、失望和思念（不断地期待奇迹出现，却总是失望）等。

行为方面可能出现：脑海里重复地闪现灾难发生时的画面、声音和气味；反复想到逝去的亲人；心里觉得空虚，无法想别的事；失眠、噩梦、易惊醒、没有安全感等。

需要再次强调，以上这些反应都是正常的。大部分应激反应会随着时间的推移逐渐减弱，一般在一个月后，就可以基本重新回到正常的生活。像哀伤、思念这样的情绪可能会持续几个月甚至几年，但不会给生活造成重大影响。可对于一部分人来说，持续存在的问题可能严重影响个人的工作和生活，这就需要注意寻求心理工作者的支持，进一步诊断是否患有创伤后应激障碍或其他心理障碍。

2．异常反应

（1）急性应激障碍（ASD）。

急性应激障碍又称急性应激反应，是由剧烈的精神刺激生活事件或持续的困境引发的精神障碍，英文简称ASD。通常，在严重的精神刺激后会迅速（1h之内）出现症状。最初表现主要包括：茫然、注意狭窄与意识清晰度下降；随后会出现强烈恐惧体

验的精神运动性兴奋，且行为具有盲目性，或者为精神运动性抑制，甚至木僵；对周围环境感到茫然、愤怒、恐惧性焦虑或抑郁、绝望等。生理上同时会伴有心动过速、出汗、面色潮红等。这些症状往往在24～48h后开始减轻，一般持续时间不超过3天，最长不超过1周。

按照以往的统计数据，严重交通事故后，急性应激障碍的发生率大约为13%～14%，暴力伤害后的发生率大约为19%，集体性大屠杀后的幸存者中发生率为33%。对于急性应激障碍来说，如果应激源被消除，症状往往很快消失，且愈后良好。如果症状存在时间超过4周，则被诊断为创伤后应激障碍（PTSD）。

非医学背景的心理工作者要注意识别及转介。除了根据临床表现外，还要用ASD诊断筛查表和PTSD诊断筛查表进行半结构式访谈。如果超出自己的工作范围，请及时转介，协助医生对受灾者进行心理疏导和心理治疗，协助社区工作者进行社会生活支持。

（2）创伤后应激障碍（PTSD）。

创伤后应激障碍又称延迟性心因性反应，是指突发性、威胁性或灾难性生活事件导致个体延迟出现和长期持续存在的精神障碍。其临床表现以再度体验创伤为特征，并伴有情绪的易激惹和回避行为。简而言之，创伤后应激障碍是一种创伤后心理失衡状态，英文简称PTSD。

PTSD通常在创伤事件发生一个月后出现，但也可能在事发后数月至数年间延迟发作。根据发生的时间，通常把PTSD分为三种类型：病期在3个月之内的称为急性PTSD，病期在3～6个月的称为慢性PTSD，病期超过6个月的称为延迟性PTSD。

PTSD的典型症状包括闯入性症状、回避性症状和激惹性增高症状。儿童与成人的临床表现并不完全相同，儿童更多地表现为经常从噩梦中惊醒、在梦中尖叫，也有的表现为头痛等躯体症状。值得注意的是，PTSD会阻碍儿童日后独立性和自主性等健康心理的发展。即使是成人，PTSD的症状也会带来极大的痛苦体验。

（3）灾后的次级心理危机。

受灾者人群身上还可能出现因灾导致的次级心理危机，常见的有以下症状。

过度活跃。开始时，可能是因为相关事件的出现促使受灾者过度活跃，后来慢慢演变成为一种生活或工作习惯。这种情况很容易发生在灾区工作的专业救援人员或志愿者身上。有些人可能变成工作狂，积极帮助他人，长时间处于高度紧张状态或兴奋状态。但因为对自己设置的期望过高，这些工作人员会很快陷入一个恶性循环，投入得越多，越觉得自己付出的还远远不够，自责感和负罪感会越发强烈，随之会更多地付出，直至自身无法承受压力。

过度感同身受。幸存者会出现对逝去的人过度认同的情形，可能表现出和死者相同的人格特质、习惯、姿势、活动甚至疾病。这些特点可能是严重忧郁的表现，需要经验丰富的心理工作者介入处理。

关系危机。个人的心理如果不稳定，会影响相关的社会关系、配偶和家庭关系。有研究表明，受灾人员的离婚率比普通人群要高出三到四倍，很多人对亲密关系失去兴趣，也有很多人开始沉溺于宗教，寻求寄托。

药物滥用。为了协助受灾者身体和心理的康复，有些医生会开出配合治疗的药物。但是，这些药物也可能会起到另外一个作用，让受灾人员变成药物滥用者。为了逃避现实给个人心理带来的创伤和压力，有些受灾者会借助酒精和药品的麻醉作用，进而出现药物滥用的情况。有调查统计表明，灾后药物滥用现象会成倍激增。

攻击行为。灾后幸存者可能出现无法排解的孤独、悲伤等消极情绪，找不到生命的正向动力。这样的绝望和无助心情可能造成对自己和他人的攻击行为出现，导致自伤自杀、家庭暴力等攻击行为。

抑郁等精神疾病。灾后心理应激反应如果不能正常地消退，就很容易引发心理创伤的次级危机。如果受灾人群自觉已出现痛苦难受不能自拔的症状，需要立即接受专业的心理治疗。

需要特别注意的是，任何一种次级危机症状如果没有得到及时有效的诊治，都有可能会发展成为自杀事件。所以心理工作者要细心留意受灾人群，敏锐捕捉重要信息。如果发现有自杀的征兆要及时联系相关部门，做出适宜处理。

第十六节 洪涝灾害监测预警新技术

一、降雨与洪涝灾害监测技术

随着技术发展，除去传统的观测手段，卫星遥感等各类新技术开始应用在洪涝灾害的监测预警上。

（一）卫星遥感技术

卫星遥感技术是一门综合性的科学技术，它集中了空间、电子、光学、计算机通信和地学等学科的成就。卫星遥感以人造卫星为平台，利用可见光、红外、微波等探测仪器，通过摄影或扫描、信息感应、传输和处理，从而识别地面物质的性质和运动状态。卫星遥感技术的迅猛发展，将人类带入一个多层、立体、多角度、全方位和

全天候对地观测的新时代。由各种高、中、低轨道相结合，大、中、小卫星相协同，高、中、低分辨率相弥补而组成的全球对地观测系统，能够准确有效、快速及时地提供多种空间分辨率、时间分辨率和光谱分辨率的对地观测数据。通过对多光谱卫星遥感数据的分析，可实现洪水流域范围演变的预报预测，且对洪水流域内设施进行淹没分析，有助于提前预判洪水的发展趋势。

洪涝灾害遥感监测的关键在于水体的识别技术。水体识别是基于水体的光谱特征和空间位置关系分析、排除其他非水体信息从而实现水体信息提取的技术。其物理学基础为：水体、植被、裸土等在可见光和近红外的反射光谱特性有着较大差异。总体而言，它们的光谱特性为水体在近红外通道有很强的吸收，反射率极低，在可见光通道的反射率较近红外通道高。植被在可见光通道的反射率较近红外通道低。在近红外通道波长范围内，植被的反射率明显高于水体，而在可见光通道波长范围内，水体的反射率高于植被。裸土的反射率在可见光通道波长范围高于植被和水体，在近红外通道高于水体，低于植被。

对于不同地区、不同时相、不同类别的物体，其光谱响应具有其特殊性，各类物体之间存在同谱异物或同物异谱的混淆信息。因此，排除植被、云、云影、城镇或裸土等非水体目标的干扰，建立可靠的水体解译标志和模型是提高水体识别精度中主要解决的问题。其基本思路是利用遥感影像解译结果，对灾前遥感图像的综合判读和分析，结合野外抽样调查验证，建立正常或警戒水位条件下河流、水库、湖泊、塘坝等临界特征水域的警戒水域背景库，将洪涝灾害发生时水体遥感监测结果与警戒水域背景库的数据进行比较，提取洪涝灾害发生时的淹没面积和地理位置等信息，结合地理数据库，综合评价灾害的时空分布情况和受灾程度。

图2-41和图2-42是利用卫星遥感进行洪涝灾害流域提取的一个案例。提取出水灾和非水灾时期的SAR图像上的水体、半淹区和陆地后，再根据相关变化检测算法进一步分类，获得水灾的不同受灾程度或类别。

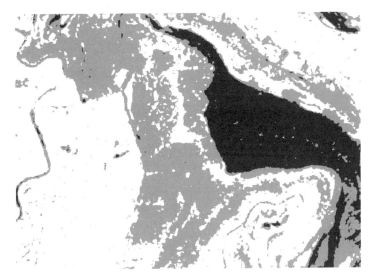

图2-41 水灾时期的水体提取结果图

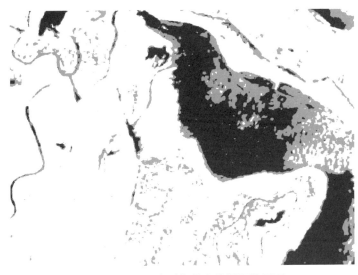

图2-42 非水灾时期的水体提取结果图

目前我国已经基本形成由低、中、高分辨率，光学和雷达多种类型载荷组成的卫星体系，可用于洪涝遥感监测应用。其中静止轨道卫星高分四号，一天数次对地进行观测，空间分辨率达50m，主要对水体动态以及地表植被状况进行观测。中等分辨率的陆地资源卫星，几天到十几天对关注地区观测一次，空间分辨率从几米到几十米，主要解决对资源的普查和地表要素的观测与反演问题。通过高分辨率观测卫星，需要数十天重复观测一次，可完成对地表对象的详查和大尺度的地表要素观测。

（二）多普勒气象雷达技术

气象雷达建立在传统雷达技术基础之上，专门用作大气环境探测活动。早在1941年，英国就开始使用气象雷达来观测风暴天气，直到20世纪60年代，气象雷达才开始正式引用多普勒技术，并相继开发出甚高频与超高频的多普勒气象观测雷达，提高了观测功率，加大了气象观测敏感度。多普勒效应属于电磁波发射源的一种运动现象，观测点在运动过程中，电磁波信号频率会发生变化，而这种变化差异值和波源运动情况息息相关。多普勒雷达具有波长长、发射功率大、脉冲波宽、接收灵敏度高等优势，不仅能够观测对流天气、预警意外天气，同时还能够深入分析气象变化的后续反应，方便气象工作人员制定应对策略，对于气象观测具有重要作用。目前为止，人类社会对于气象观测仍处于变化后的预测，根据短时间内监测信息判断全天气象情况。暴雨洪水问题是由于短时间内，降水量过大而引发的局部洪水问题，经过多普勒雷达回波分析，能够对此类气象精准预测，并有针对性地做好预警、防灾工作。该雷达技术能够在观测降水气象时，确定预估强降水范围，结合观测站建立时预定的观测参数，综合比较，就能挂钩确定降水目标。观测站工作人员通过分析多普勒雷达回波情况，并对比降水量进行分析，就能够实现对大范围降雨气象的预测。除此之外，多普勒雷达技术还能够准确判断出风场变化，通过回波强度感知风场径向速度，预测强对流气象，获取精准风场信息，提高对风向、风速的判断效果。目前，如"彩云天气"APP等基于人工智能的多普勒雷达大数据识别技术已可进行空间精细度达到街区（公里）级、时间精细度达到分钟级的降水预测，极大地提升了降雨预警的精准度。

（三）航空遥感技术

航空遥感又称机载遥感，是指利用各种飞机、飞艇、气球等作为传感器运载工具在空中进行的遥感技术，是由航空摄影侦察发展而来的一种多功能综合性探测技术。飞机是航空遥感的主要平台，飞机遥感具有分辨率高、调查周期短、不受地面条件限制、资料回收方便等特点。高空气球或飞艇遥感具有飞行高度高、覆盖面大、空中停留时间长、成本低和飞行管制简单等特点，同时还可对飞机和卫星均不易到达的平流层进行遥感活动。近年来新兴发展起来的激光雷达和无人机遥感技术很好地解决了传统空间、地理信息采集领域中的成本贵、效率低、精度差的问题，为快速、高效、低成本的地面小范围地理信息采集和地下空间三维信息采集提供了技术基础，为洪水后次生地质灾害监测、灾害动态仿真模拟、预测预警模型、灾害预测预警系统和信息快速发布反馈系统提供了先进的技术支撑。基于航空遥感形成的数字化遥感成果如图2-43所示。

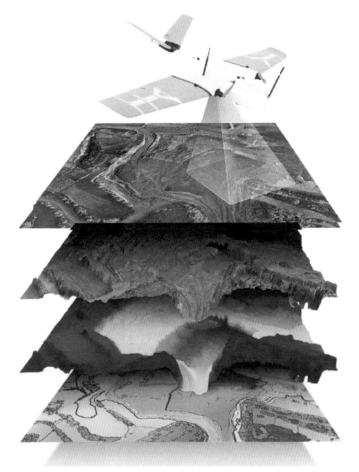

图2-43 基于航空遥感形成的数字化遥感成果
（正射影像图、三维地表模型、高程数据图、等高线图）

二、降雨洪涝次生地质灾害监测技术

降水洪涝引发的次生地质灾害也逐渐成为威胁电网安全运行的重大风险因素。降雨诱发崩滑地质灾害主要是通过地下水作用间接体现的。很多滑坡都是在暴雨之后发生的，并且大多具有较为明显的滞后效应。降水沿坡面或坡体后缘下渗，除了增加坡体自身的重力、扬压力增高，进而增大下滑力之外，更重要的是，下渗的地下水使得坡体内部孔隙水压力发生剧烈的变化，根据有效应力原理，随着孔隙水压力的增大，有效应力随之减小，从而引起坡体内部土体颗粒之间或者是结构面上的摩擦力减小，降低斜坡的稳定性。考虑到雨水下渗和地下水运移的滞后效应，在进行区域评价时，既要考虑一定时间内降水的强度，也必须考虑降雨持续的时间长短，所以工程上常常采用三日最大降雨量、一日最大降雨量、年降雨量等作为评价指标。

（一）地质雷达技术

地质雷达（又称探地雷达，Ground Penetrating Radar，简称GPR）检测技术是一种高精度、连续无损、经济快速、图像直观的高科技检测技术。它通过地面雷达向物体内部发射高频电磁波并接收相应的反射波来判断物体内部异常情况。当地质雷达采用自激自收的天线和地层倾角不大时，反射波的全部路径几乎是垂直地面的。因为电磁波在介质中传播时，其路径、电磁场强度和波形随所通过的介质的电性质及几何形态而变化，所以根据接收到的波的旅行时间、幅度与波形资料，可以推断介质的结构及地质体内部岩性、地下水及孔洞、裂缝等灾害相关信息。作为目前精度较高的一种物理探测技术，地质雷达检测技术已广泛应用于工程地质、岩土工程、地基工程、道路桥梁、文物考古、混凝土结构探伤等领域。与钻孔、地震勘探等常规的地下探测方法相比，地质雷达具有探测速度快、探测过程连续、分辨率高、操作方便灵活、探测费用低、探测范围广（能探测金属和非金属）等优越性。地质雷达设备如图2-44所示。

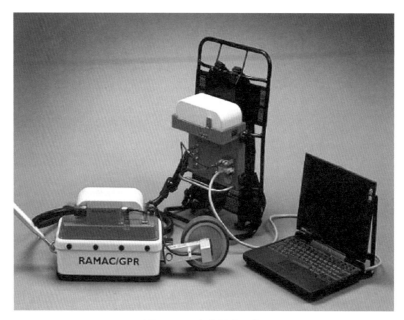

图2-44 地质雷达设备

国网四川省电力公司于2016—2018年首次在电力行业引进地质雷达，探测地质体结构，查找地质灾害主要因素，进而提出治理与防治建议。研究中分别选择两种类型的地质灾害进行示范应用。

丹巴500kV变电站地面沉降灾害，以地质雷达沿变电站周边及内部纵横方向多条测线，根据各测线的探测解释成果，由线到面，分析变电站及周边地层结构及地下水分布，从中分析地面沉降的主要诱发原因与主要影响因素。探测结果显示，丹巴变电站由于是填方地基，下方地层结构较杂乱，无明显基岩界面，存在多个地下水富集区。推测丹巴变电站地面沉降的主因是填方导致的不均匀沉降，其中地下水的异常分布是最直接的诱因。针对上述原因，建议在地下水的进入区域采取截排引流工程，从而减少对变电站下部地层的冲刷，减缓沉降速度，保护变电站设施的正常运转。丹巴500kV变电站沉降体测线布置方案示意图如图2-45，经地质雷达解译的500kV丹巴变电站地下水分布示意图如图2-46所示。

图2-45 丹巴500kV变电站沉降体测线布置方案示意图

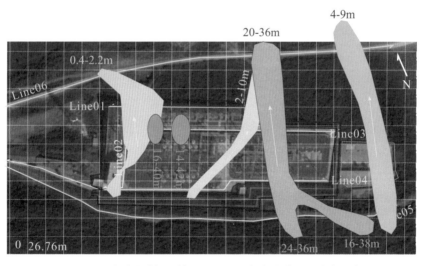

图2-46 经地质雷达解译的500kV丹巴变电站地下水分布示意图

昭觉县500kV二普一线313/314塔位滑坡，利用地质雷达探测输电杆塔基土质滑坡内部结构及滑坡范围。探测结果显示地层基覆交界面清晰，已滑动区域部分地下存在大量的拉张裂缝，部分区域可以探测到滑面，地下水存在局部富集之处。根据探测结果，确定了滑坡性质为牵引式滑坡，下方坡脚的开挖带来上方坡体的失稳，并逐级上

传。由于地表植被已遭受施工破坏，降雨大量渗入坡体之中，建议防治中做好地表引排水工程以及压坡脚、夯填地表裂缝等相应的常规措施，加强监测并与公路施工部门联系。500kV二普一线313/314塔位地质雷达探测布线方案示意图如图2-47所示。

图2-47 500kV二普一线313/314塔位地质雷达探测布线方案示意图

通过两处灾害的探测，国网四川省电力公司成功利用地质雷达完成电网不同类型地质灾害特征勘查与原因分析，突破以往地质灾害单纯依靠地面测量为主的技术缺陷，为地质灾害处理方案提供了可靠的数据支撑。

（二）光纤传感技术

光纤工作频带宽、动态范围大，适合于遥测遥控，是一种优良的低损耗传输线；在一定条件下，光纤特别容易接受被测量或场的加载，是一种优良的敏感元件；光纤本身不带电，体积小，质量轻，易弯曲，抗电磁干扰、抗辐射性能好，特别适合于易燃、易爆、空间受严格限制及强电磁干扰等恶劣环境下使用。因此，光纤传感技术一问世就受到极大重视，几乎在各个领域得到应用，成为传感技术的先导。

光纤传感包含对外界信号（被测量）的感知和传输两种功能。所谓感知（或敏感），是指外界信号按照其变化规律使光纤中传输的光波的物理特征参量，如强度（功率）、波长、频率、相位和偏振态等发生变化，测量光参量的变化即"感知"外界信号的变化。这种"感知"实质上是外界信号对光纤中传播的光波实时调制。所谓传输，是指光纤将受到外界信号调制的光波传输到光探测器进行检测，将外界信号从光波中提取出来并按需要进行数据处理，也就是解调。基于光纤传感的地质灾害监测系统示意图如图2-48所示。

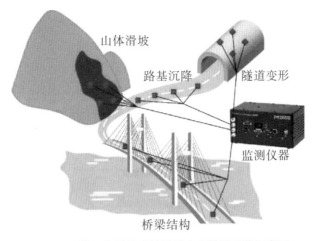

图2-48 基于光纤传感的地质灾害监测系统示意图

（三）振弦式传感技术

振弦式仪器自20世纪30年代发明以来，以其独特的优异特性，如结构简单、精度高、抗干扰能力强、对电缆要求低等而一直受到工程界的注目。振弦式传感器是把被测量物理量转换为频率的变化，属于机械传感器的范畴。根据弹性体振动理论，一根金属弦在一定的拉应力作用下，具有一定的自振频率，当其内部的应力变化时，它的自振频率也随之变化，金属丝振动频率与张力的平方根成正比。通过测量钢丝弦固有频率的变化，就可以测出外界参数的变化，振弦式传感器就是根据这一原理制作而成的，利用这种变换关系可以用来测量多种物理量。振弦式地面沉降监测装置如图2-49所示。

图2-49 振弦式地面沉降监测装置

三、基于无人机的洪涝灾害救援技术

重大洪涝灾害具有突发性强、灾害范围广、破坏性大的特点，往往会造成重灾区通信中断和道路交通破坏。灾情信息不畅将导致抢险救灾盲目部署，继而可能造成更大的损失和次生灾害。灾害事件发生突然，救援活动紧急，救援环境恶劣，救援力量往往无法及时了解情况并快速到达现场，而采用从空中勘察救援现场是最快、最便捷的手段。随着传统手段局限性的日益凸显，无人机技术逐渐成熟，无人机技术用途越来越广泛，在灾情勘察、救灾抢险方面发挥越来越重要的作用。

（一）无人机的发展

无人机（如图2-50所示）的起源可以追溯到第一次世界大战。1914年英国的两位将军提出了研制一种使用无线电操纵的小型无人驾驶飞机用来空投炸弹的建议，得到认可并开始研制。1915年10月，德国西门子公司成功研制了采用伺服控制装置和指令制导的滑翔炸弹。1916年9月12日，第一架无线电操纵的无人驾驶飞机在美国试飞。1917—1918年，英国与德国先后研制成功无人遥控飞机。它们被公认是遥控无人机的先驱。

图2-50　无人机

随后，无人机被逐步应用于靶机、侦察、情报收集、跟踪、通信和诱饵等军事任务中，新时代的军用无人机很大程度上改变了军事战争和军事调动的原始形式。与军用无人机的百年历史相比，民用无人机技术要求低、更注重经济性。军用无人机技术的民用化降低了民用无人机市场进入门槛和研发成本，使得民用无人机得以快速发展。

目前，民用无人机已广泛应用于航拍、航测、农林植保、巡线巡检、防灾减灾、地质勘测、灾害监测和气象探测等领域。未来，无人机将在智能化、微型化、长航时、超高速、隐身性等方向上发展，无人机的市场空间和应用前景非常广阔。

（二）无人机的特点

与有人机相比，无人机具有以下优势。

（1）无须配备生命保障系统，简化了系统、减轻了重量、降低了成本。

（2）执行危险任务时不会危及飞行员安全，更适合执行危险性高的任务。

（3）可以适应更激烈的机动飞行和更加恶劣的飞行环境，留空时间也不会受到人所固有的生理限制。

（4）无人机在制造、使用和维护方面的技术门槛与成本相对更低。制造方面，放宽了冗余性和可靠性指标，放宽了机身材料、过载、耐久等要求。使用方面，使用相对简单，训练更易上手，且可用模拟器代替真机进行训练，延长了真机的使用寿命。维护方面，维护相对简单，成本低。

（5）无人机对环境要求较低，包括起降环境、飞行环境和地面保障等。

（6）无人机相对重量轻、体积小、结构简单，应用领域广泛。

（三）无人机的局限性

与有人机相比，无人机具有以下局限性。

（1）无人机上没有驾驶员和机组人员，对导航系统和通信系统的依赖性更高。

（2）无人机放宽了冗余性和可靠性指标，降低了飞行安全性。当发生机械故障或电子故障时，无人机及机载设备可能会产生致命损伤。

（3）无人机的续航时间相对较短，尤其是电动无人机。

（4）无人机遥控器、地面站、图传、数传电台等设备的通信频率和地面障碍物等，限制了无人机系统的通信传输距离，限制了无人机的飞行范围。

（5）无人机的体积、重量和动力等，决定了无人机的抗风、抗雨能力有限。

（四）无人机分类

目前，无人机的用途广泛、种类繁多、型号各异、各具特点，根据不同的结构原理，无人机被分为固定翼无人机、无人直升机、多旋翼无人机三类。

1. 固定翼无人机

固定翼无人机依靠推进系统（前拉式螺旋桨或后推式螺旋桨）产生前进的动力，从而使飞机快速前行。当飞机获得了前进的速度后，由气流作用到飞机的翼展上产生上升的拉力（伯努利原理）；当拉力大于机身重力时，飞机处于上升飞行状态。固定翼飞机的左右（横滚）平衡依靠左右主机翼的掠角大小来调节，前后（俯仰）平衡依靠尾舵的掠角来调节，方向（航向）依靠垂向尾舵来调节。当然，固定翼飞机的航向通常是靠横滚和俯仰组合动作来完成。固定翼无人机如图2-51所示。

图2-51　固定翼无人机

优点：续航时间长，速度快。

缺点：需要跑道，不能垂直起降。

2．无人直升机

无人直升机主动力系统只有一个大型的螺旋桨，主要作用是提供飞行的上升动力，所以当上升动力大于机身重力时，飞机处于上升状态。而由于直升机只有一个主动力桨，当主动力电机高速旋转时，螺旋桨的旋转会对机身产生一个反向的作用力——反扭力。在反扭力的作用下，飞机会产生与螺旋桨旋转方向相反的自旋。为了解决直升机的自旋，就需要在飞机的尾部追加一个水平方向的小型螺旋桨，其产生的拉力主要用于抵消机身自旋。当直升机需要改变航向时，也可以通过尾部螺旋桨来调节。除了主动力电机与尾翼电机之外，通常还有三个舵机，用于改变主动力桨的螺距，使机身产生横滚和俯仰姿态，从而使飞机前飞、后飞或向左、向右飞行。无人直升机如图2-52所示。

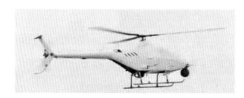

图2-52　无人直升机

优点：可以垂直起降、空中悬停。

缺点：续航时间短，机械结构繁杂，操控难度大，飞行速度慢。

3．多旋翼无人机

多旋翼无人机是由三个、四个或更多螺旋桨所组成的无人机。最典型、最常见的就是四旋翼直升机（以后简称四旋翼）。四旋翼有四个轴，安装四个螺旋桨，同样可以由螺旋桨的高速旋转产生向上的拉力实现垂直起降。但与直升机不同的是，多旋翼的前进、后退、向左、向右飞行靠的是四个螺旋桨不同的转速，而不是像直升机那样靠改变主动力桨的螺距，因为四旋翼桨的螺距是固定的，桨的尺寸也是固定的。四旋翼的四个轴的轴距通常也是相同的，所以其动力体系通常也是对称的。三旋翼、六旋翼、八旋翼或其他多旋翼除了将动力和力矩分配到多个螺旋桨的方案不同之外，与四旋翼没有本质上的区别。可以说，学习并掌握了四旋翼之后，也就举一反三地懂得了其他多旋翼的原理与动力系统。多旋翼无人机如图2-53所示。

图2-53　多旋翼无人机

优点：可以垂直起降、空中悬停，结构简单，操作灵活。

缺点：续航时间短，飞行速度慢。

目前多旋翼无人机技术发展十分迅速，应用最为广泛。

（五）无人机现场勘查

在实际的现场勘查的过程中发现和收集证据、存储现场信息资料会遇到诸多的困难，尤其在户外、野外现场这样的困难会更加明显。其主要体现在现场范围广，搜索的面积大，无法做到对痕迹物证的细致收集；现场为平原，没有高点，方位照片和概貌照片范围有限，难以反映现场的地理方位和痕迹物证的位置关系，无法做到对现场的有效固定；地形、地貌崎岖，无法攀登或者攀登存在危险，从而造成对痕迹物证的无法提取。这些困难的存在大大影响了现场勘查的质量。

1．无人机现场勘查的优势和特点

无人机已广泛应用于防灾减灾、搜索营救、核辐射探测、资源勘探、国土资源监测、森林防火、气象探测、管道巡检等领域。由于小型无人机的航空特性和大面积巡查的特点，在洪水、旱情、地震、森林大火等自然灾害实时监测和评估方面具备特别优势。

（1）无人机滞空续航能力强，反应时间短。

利用无人机该特点，可扩展现场勘查的搜索范围，提高搜索效率。无人机能适应复杂环境的勘查作业，对起飞降落地点的要求低，可以做到全地形起落。无人机动作反应迅速，起飞至降落仅几分钟，就可完成1平方千米范围内的搜索任务，在户外、野外现场勘查中可大大节省人力，缩短搜索时间。此外，无人机有较强的续航能力，可对动态目标和移动物体持续跟踪。

（2）无人机的飞行高度高。

利用无人机该特点，拍摄现场方位照片和概貌照片，可以准确固定现场的方位，

确定现场的痕迹物证的位置关系。无人机飞行高度可达到120m（一般无人机飞行高度可达到500m，但是120m以上的飞行需要审批），并且利用无人机携带拍摄装置可以开展大规模航拍，实现空中俯瞰的效果，进而克服了户外、野外勘查现场无高点的困难。

（3）无人机扩展组件可加挂机械臂。

该特点可提高现场物件的提取率。户外、野外现场环境情况复杂，如地形地貌崎岖、树高林密、河网密布、云遮雾罩、楼体表面附着等，一旦物件出现在这样的环境中人力往往无法达到，也就无法提取。无人机可在空中长时间悬停，并且可加挂机械臂。机械臂可钳夹提拉重物，并能携带重物返航，这样便可以摆脱极端环境的束缚，提高在极端环境下物件的提取率。

2．无人机在洪涝灾害救援现场的勘查应用

（1）无人机航拍侦查。

近年来，受特殊的自然地理环境、极端灾害性天气以及经济社会活动等多种因素的共同影响，各地山区洪水、泥石流、滑坡灾害频发，造成的人员伤亡、财产损失和基础设施损毁、生态环境破坏十分严重。随着信息技术的不断发展，以"3S"、LiDAR、三维仿真等为主的现代化技术不断用于山洪灾害的防治和研究，为相关部门开展防灾减灾工作提供了科学的决策依据。利用航测的三维地形图、实测水文资料及河道断面为基础建立边界条件及特征值，以此来推演洪水在真实河道内的淹没范围及淹没程度，进而确定合理的预警指标、安全转移路线及临时安置点等。

（2）无人机测绘。

无人机摄影测量日益成为一项新兴的重要测绘手段，其具有续航时间长、成本低、机动灵活等优点，是卫星遥感与有人机航空遥感的有力补充。无人机航拍是以无人驾驶飞机作为空中平台，以机载遥感设备，如高分辨率CCD数码相机、轻型光学相机、红外扫描仪、激光扫描仪、磁测仪等获取信息，用计算机对洪涝灾情实时图像信息进行处理，并按照一定精度要求制作成图像，供灾情救援指挥人员决策分析。无人机测绘具有高清晰、大比例尺、小面积、高现势性的优点，特别适合获取带状地区航拍影像。

（3）无人机辅助物联网的通信。

利用无人机可控的机动性，并结合现有的物联网通信技术，无人机作为信号中继，将能够解决物联网覆盖范围受限的问题，从而实现更灵活且多样化的物联网应用。无人机辅助进行物联网任务时，可以通过物联通信网络进行数据重传或者接收云端控制命令，不仅能极大地扩展物联网的覆盖范围，也能提升无人机在洪涝灾害救援中应急通信应用的智能性。

（4）无人机物资转运。

配送无人机是一种可以携带任务载荷，通过遥控或自主飞行的无人驾驶航空器，具有体积小、造价低、零伤亡、可重复使用、环境适应能力强等优点。利用多旋翼、直升机、固定翼等各类载重型无人机，搭配物资吊舱，可实现重达200kg以上的应急抢险救援或抢修物资的现场转运。

第三章 救援装备及操作

第一节 应急救援装备

应急救援装备是进行洪涝灾害救援抢险处置的核心组成部分。洪涝灾害的应急救援装备主要包括抽水排涝类、应急供电类、水上运输类等装备，包含大功率抽排水车、自卸式应急方舱、自卸式排水方舱、应急充电方舱、冲锋舟、橡皮艇、气垫船、洪涝救生个人装备等，可在洪涝灾害来临时为灾害现场提供抽水排险、应急供电、人员救援、物资转运、个人救护等功能。

一、大功率抽排水车

（一）设备介绍

大功率抽排水车由母车（厢体车）与子车（移动排水泵站）构成，如图3-1所示。母车（厢体车）集成了液压系统、油管绞盘、水管液压绞盘、电控单元等。子车是一台完整的橡胶履带式排水泵站，主要由橡胶履带底盘、液压驱动水泵及泵站液压系统及液压管路、控制系统等组成，通过外接油管接口与母车相连组成一个排水车系统，如图3-2所示。

图3-1　大功率抽排水车

图3-2　排水车系统

　　单桥远程控制子母式大流量排水抢险车由母车（厢体车）与子车（移动排水泵站）构成，子车主要负责抽排水作业，是一台完整的橡胶履带式排水泵站，采用遥控操作，机动灵活，如图3-3和3-4所示。

图3-3　母车与子车

图3-4　遥控操作子车

（二）操作流程

单桥远程控制子母式大流量排水抢险车是一套独立的排水抢险系统。子车通过电缆（DC 24V，用于给控制系统供电，电流小于5A）与母车相连。利用遥控器操作将子车开至排水点，连接排水软管，进行排水。除接线、接水管外整个过程均由机械装置完成，无须其他人工操作。子车不携带任何能源装置，可保证使用的安全性。

适用场合：市政、公路应急排水；突击防洪排涝，围堰抽水；抗旱抢险，农业灌溉；抽排清理污染水面；无固定泵站及无电源地区的抽排水等。特别适用于城市地下车库排涝、地下通道（可下台阶）、高速公路隧道、涵洞、地铁、厂矿及其他低矮环境、不适宜人员进入的排水场合，最大限度地保证了抢险救灾人员的生命安全。

二、自卸式多功能应急方舱

（一）设备介绍

自卸式多功能应急方舱（如图3-5所示）采用大方舱平台，可配装100~200kW柴油电机组（超静音设计）、7~9m大功率升降照明装置、大功率排水泵、高扬程深井潜水（污）泵、清洗干燥设备、应急通信系统、远程控制系统，基于4G/5G网络的远程控制系统等；配装全自动自装卸系统和行走机构，无须借助吊叉装置实现方舱与载运车辆间的装卸作业和短距离移动方舱；可选用货厢长度在4.2m或6m以上普通货运车辆或集装箱半挂运输车机动灵活载运；可满足应急保供电、照明、抗洪、排水、清洗烘干、抗旱、野外施工作业等需求。

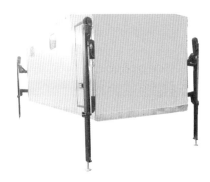

图3-5 自卸式多功能应急方舱

（二）操作流程

（1）使用前建议将方舱卸至地面，并装上短距离移动的行走转向机构。

（2）操作员做好作业前场地条件的检查，拉好警戒线。

（3）打开方舱各功能区，启动发电机前请查看保养记录中的启动电压、机油、燃油、防冻液等是否正常，如无保养记录需依照说明进行检查正常后才能启动发电机工作。

（4）照明功能和4G/5G网络的远程控制系统，需选在平地面积4m×10m、高10m的空旷地面位置。

（5）排水功能：操作人员取出潜水泵、浮漂、电控箱、延长电缆、出水带等，依次将泵与出水带、浮漂相连接，再将泵体连接电缆线与电控箱连接，通过延长电缆连接舱体供电接口，将泵置于水中，打开发电机供电开关，启动电控箱，进行抽排水工作。

（6）清洗干燥功能：操作人员取出清洗干燥设备，按操作规程开展清洗、吸排污水、冷热干燥作业。

（三）注意事项

（1）发电机组使用前必须打开进风百叶和风机，高温下还需打开出风百叶门。

（2）照明灯的升起必须有足够的高度。

（3）方舱舱体接地正确、牢固。

（4）不能过载使用排水系统及升降系统。

（5）使用自带的升降系统与车厢分离时，不能在凹凸不平、坑洼、松软、泥泞的地面上操作升降方舱，以免产生安全隐患；若地面有轻微不平整、坑洼和松软，须用枕木将地面垫平垫牢后，谨慎地操作方舱升降。

（6）方舱运输前升降机构安全锁要锁住。

（7）方舱在运输过程中需用固定带或固定机构与车厢固定。

（8）操作前应详读产品操作使用说明书。

（四）维护保养

（1）升降系统：储存条件下3～6个月，各传动件涂抹一次钙基润滑脂，方管及支架用软布蘸机油均匀涂抹一次。通常使用后即按上述要求保养一次。

（2）发电机：检查启动电池电压、机油、燃油、冷却水是否充足，必要时予以添加。

（3）潜水泵：检查封口塞和电泵的轴承情况，查看是否缺油，缺少时予以添加。

（4）检查潜水电泵的进水网罩是否被杂草污物堵塞，叶轮是否被缠绕。

（5）长时间不用的潜水泵及控制应放置在干燥通风的室内保管。

（6）定期检测灯塔升降杆、灯盘云台、光源等是否正常。

（7）定期检测清洗干燥设备是否有遗失、功能是否正常。

（8）定期更换灭火器。

三、自卸式应急排水方舱

（一）设备介绍

自卸式应急排水方舱（如图3-6所示）采用大板方舱平台，配备15kW便捷式潜水泵（可选装大流量型潜水泵，最大流量400m³/h，额定扬程8m；或高扬程型潜水泵，最大流量150m³/h，最大扬程30m）及控制系统，原装进口20kW汽油发电机组，2.8m升降照明灯塔，基于4G/5G网络的远程控制系统等；配装手自一体（既可电动也可手动）自装卸系统，无须使用第三方设备或器具（吊车或叉车等）完成装卸车操作，可选用皮卡车、微型货车机动灵活载运。适用于电力深井/隧道、城市内涝应急排水，农业抗旱、市政工程、野外作业等抽排水需求。

图3-6　自卸式应急排水方舱

（二）操作流程

（1）使用前将方舱卸至地面，并装上短距离移动的行走转向机构。

（2）操作员做好作业前场地条件的检查，拉好警戒线。

（3）打开方舱功能区，外接电源（市电及发电机均可），当使用发电机供电时，请查看保养记录中的启动电压、机油、燃油、防冻液等是否正常，如无保养记录需依照说明进行检查，确认正常后才能启动发电机工作。

（4）搭建灯塔及4G/5G网络的远程控制系统，需选在平地面积4m×4m、高4m的空旷地面位置。

（5）操作人员取出潜水泵、浮漂、电控箱、延长电缆、出水带等，依次将泵与出水带、浮漂相连接，再将泵体连接电缆线与电控箱连接，通过延长电缆连接舱体供电接口，将泵置于水中，打开发电机供电开关，启动电控箱，进行抽排水工作。

（三）注意事项

（1）发电机无须移出舱外使用，使用前必须打开进风百叶和风机，高温下还需打开出风百叶门。

（2）照明灯的升起必须有足够的高度。

（3）方舱舱体接地正确、牢固。

（4）不能过载使用排水系统及升降系统。

（5）使用自带的升降系统与车厢分离时，不能在凹凸不平、坑洼、松软、泥泞的地面上操作升降方舱，以免产生安全隐患；若地面有轻微不平整、坑洼和松软，须用枕木将地面垫平垫牢后，谨慎地操作方舱升降；使用自装卸系统装卸舱时，选择车身宽度不超过1.86m的皮卡车或微型货车。

（6）方舱运输前升降机构安全锁要锁住。

（7）方舱在运输过程中需用固定带或固定机构与车厢固定。

（8）操作前应详读产品操作使用说明书。

（四）维护保养

（1）升降系统：储存条件下3～6个月，各传动件涂抹一次钙基润滑脂，方管及支架用软布蘸机油均匀涂抹一次。通常使用后即按上述要求保养一次。

（2）发电机：检查启动电池电压、机油、燃油、冷却水是否充足，必要时予以添加。

（3）潜水泵：检查封口塞和电泵的轴承情况，查看是否缺油，缺少时予以添加。

（4）检查潜水电泵的进水网罩是否被杂草污物堵塞，叶轮是否被缠绕。

（5）长时间不用的潜水泵及控制应放置在干燥通风的室内保管。

（6）定期更换灭火器。

四、自卸式清洗干燥方舱

（一）设备介绍

自卸式清洗干燥方舱（如图3-7所示）采用大板方舱平台，配备5kW发电机、高压清洗机、大功率吹风机、热吹风机、吸（水）尘机、潜水泵、清水箱、照明灯及相关辅助器具；配装手自一体（既可电动也可手动）自装卸系统，无须使用第三方设备或器具（吊车或叉车等）完成装卸车操作，可选用皮卡车、微型货车机动灵活载运。适用供电设施因洪涝灾害被泥水淹没后应急处置，可快速清洗箱柜、设备、变压器、电器开关、线缆等表面的泥沙，并进行热风干燥，收集冲洗后的泥水，是及时、安全恢复送电的专业保障装备。

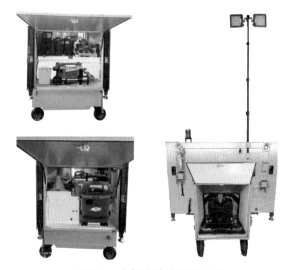

图3-7　自卸式清洗干燥方舱

（二）操作流程

（1）使用前建议将方舱卸至地面，并装上短距离移动的行走转向机构。

（2）操作员做好作业前场地条件的检查，拉好警戒线。

（3）打开方舱功能区，外接电源（市电及发电机均可）。当使用发电机供电时，发电机需移出舱外使用，避免在烈日暴晒或其他封闭环境中使用；请查看保养记录中的启动电压、机油、燃油、防冻液等是否正常，如无保养记录需依照说明进行检查，确认正常后才能启动发电机工作。

（4）搭建灯塔及4G/5G网络的远程控制系统（若有），需选在平地面积4m×4m、高4m的空旷地面位置。

（5）操作人员取出清洗干燥设备，按操作规程开展清洗、吸排污水、冷热风干燥作业。

（三）注意事项

（1）发电机需移出舱外使用，避免在烈日暴晒或其他封闭环境中使用。

（2）照明灯的升起必须有足够的高度。

（3）方舱舱体接地正确、牢固。

（4）不能过载使用发电机、功能设备及升降系统。

（5）使用自带的升降系统与车厢分离时，不能在凹凸不平、坑洼、松软、泥泞的地面上操作升降方舱，以免产生安全隐患；若地面有轻微不平整、坑洼和松软，须用枕木将地面垫平垫牢后，谨慎地操作方舱升降；使用自装卸系统装卸舱时，选择车身宽度不超过1.86m的皮卡车或微型货车。

（6）方舱运输前升降机构安全锁要锁住。

（7）方舱在运输过程中需用固定带或固定机构与车厢固定。

（8）操作前应详读产品操作使用说明书。

（四）维护保养

（1）升降系统：储存条件下3～6个月，各传动件涂抹一次钙基润滑脂，方管及支架用软布蘸机油均匀涂抹一次。检查升降机构电源电压是否正常，及时充电。通常使用后即按上述要求保养一次。

（2）发电机：检查启动电池电压、机油、燃油等是否充足，必要时予以添加。

（3）所有供能设备使用完毕后保持干燥和洁净，设备电池要及时充电，确保使用时电量充足。

（4）损坏、遗失器具及时维修和补充齐全。

（5）定期更换灭火器。

五、移动应急充电方舱

（一）设备介绍

移动应急充电方舱（如图3-8所示）采用大板方舱平台，配备2～5kW发电机、150多个充电接口、内置3.8～4.5m气动升降50W×4 LED照明灯塔、可选装5～10个便捷式应急锂电电源及相关辅助器具；配装手自一体（既可电动也可手动）自装卸系统，无须使用第三方设备或器具（吊车或叉车等）完成装卸车操作，可选用皮卡车、微型货车机动灵活载运。适用于灾害现场、供电故障、限电等导致无法供电或供电不足时，针对手机、无人机、对讲机、手电筒、电池（源）组、笔记本电脑、照相机、摄像机、收音机、便携式照明灯、小型充电式工器具等电子、电器产品提供应急快速充电服务和现场应急照明服务。

图3-8 移动应急充电方舱

（二）操作流程

（1）操作员做好作业前场地条件的检查，拉好警戒线。

（2）打开方舱功能区，外接电源（市电及发电机均可）。

（3）搭建充电舱灯塔需选在平地面积4m×4m、高5m的空旷地面位置，照明灯自动升降，手动调仰坡幅度。

（4）打开充电抽屉，拿出与抽屉对应的号牌和充电线，选择与数码产品匹配的接口进行充电，号码牌交予充电者，便于领取充电物。

（三）注意事项

（1）发电机需移出舱外使用，避免在烈日暴晒或其他封闭环境中使用。

（2）照明灯的升起必须有足够的高度。

（3）方舱舱体接地正确、牢固。

（4）不能过载使用充电系统及升降系统。

（5）使用自带的升降系统与车厢分离时，不能在凹凸不平、坑洼、松软、泥泞的地面上操作升降方舱，以免产生安全隐患；若地面有轻微不平整、坑洼和松软，须用枕木将地面垫平垫牢后，谨慎地操作方舱升降；使用自装卸系统装卸舱时，选择车身宽度不超过1.86m的皮卡车或微型货车。

（6）方舱运输前升降机构安全锁要锁住。

（7）方舱在运输过程中需用固定带或固定机构与车厢固定。

（8）操作前应详读产品操作使用说明书。

（四）维护保养

（1）升降系统：储存条件下3~6个月，各传动件涂抹一次钙基润滑脂，方管及支架用软布蘸机油均匀涂抹一次；检查升降机构电源电压是否正常，及时充电。通常使用后即按上述要求保养一次。

（2）发电机：检查机油、燃油、冷却水、防冻液是否充足，必要时予以添加。

（3）检查各充电接口供电是否正常，USB充电线是否齐全。

（4）定期更换灭火器。

六、自卸式应急发电方舱

（一）设备介绍

自卸式应急发电方舱（如图3-9所示）采用大板方舱平台，超静音设计，配备额定功能32kW（最大功能36kW）柴油发电机、可连续工作15h（120L）燃油箱、内置3.8～4.5m气动升降（50～120W）×4 LED照明灯塔、基于4G/5G网络的远程控制系统、可移动应急充电箱及相关辅助器具；配装手自一体（既可电动也可手动）自装卸系统，无须使用第三方设备或器具（吊车或叉车等）完成装卸车操作，可选用皮卡车、微型货车机动灵活载运。适合救援现场、前沿指挥部、临时医疗站、受灾安置点等小型集中供电场所，满足通信指挥、照明、医疗、设备等用电需求。

图3-9 自卸式应急发电方舱

（二）操作流程

（1）使用前建议将方舱卸至地面，并装上短距离移动的行走转向机构。

（2）操作员做好作业前场地条件的检查，拉好警戒线。

（3）打开舱顶散热天窗，启动发电机前请查看保养记录中的启动电压、机油、燃油、防冻液等是否正常。如无保养记录需依照说明进行检查，确认正常后才能启动发

电机工作。

（4）搭建充电舱灯塔需选在平地面积4m×4m、高5m的空旷地面位置，照明灯自动升降，手动调仰坡幅度。

（5）通过舱体供电输出接口连接输出电源线。

（三）注意事项

（1）启动发电机前必须保证进风通道和散热通道畅通（打开舱机散热天窗）。

（2）照明灯的升起必须有足够的高度。

（3）方舱舱体接地正确、牢固。

（4）不能过载使用发电系统及升降系统。

（5）使用自带的升降系统与车厢分离时，不能在凹凸不平、坑洼、松软、泥泞的地面上操作升降方舱，以免产生安全隐患；若地面有轻微不平整、坑洼和松软，须用枕木将地面垫平垫牢后，谨慎地操作方舱升降；使用自装卸系统装卸舱时，选择车身宽度不超过1.86m的皮卡车或微型货车。

（6）方舱运输前升降机构安全锁要锁住。

（7）方舱在运输过程中需用固定带或固定机构与车厢固定。

（8）操作前应详读产品操作使用说明书。

（四）维护保养

（1）升降系统：储存条件下3～6个月，各传动件涂抹一次钙基润滑脂，方管及支架用软布蘸机油均匀涂抹一次。通常使用后即按上述要求保养一次。

（2）发电机：检查机油、燃油、冷却水、防冻液是否充足，必要时予以添加。

（3）定期更换灭火器。

七、橡皮艇

（一）橡皮艇简介

现代橡皮艇诞生于19世纪。由于其优越的性能，在当今社会中已被广泛应用于水上休闲、娱乐、钓鱼、捕鱼、应急救援等水上作业。橡皮艇的种类繁多、型号各异，有专门追求速度的高速艇，有完全手动的皮划艇，有体验激流乐趣的漂流艇，有外形朴实的工作艇，有用于垂钓的钓鱼艇等。橡皮艇与普通船只的不同在于其体积小巧、航速高（船尾添加推进器）、运输方便（可以折叠）等。橡皮艇具有很好的抗沉性，整体被隔成多个独立气室，分隔设置气密性高。在个别气室破损时，其他部分仍能保持足够浮力，相邻两个气室甚至更多气室同时破损时，整艇仍有一定浮力，即使船艇灌满水时，仍能浮于水面。橡皮艇的设计制造中有专门的稳定性测试，加上两侧有浮力胎，艇体横向倾侧入水的可能程度很小，在最大载重、较大的风浪时也不会横向倾覆。常见的橡皮艇如图3-10所示。

图3-10 常见的橡皮艇

（二）橡皮艇的用材

橡皮艇根据用材并结合相关制作工艺可以分为以下几类。一类属于热合成的，这类橡皮艇价格较低，品质及耐用程度相对较差，危险系数高，此类艇市场售价一般都为几百元。一类是胶黏的，这类橡皮艇一般都用PVC材料。采用PVC材料的橡皮艇在市面上比较常见，其特点在于外观艳丽，价格也比较实惠，一般在几千元左右。原材料的厚度不同，价格也有差异，比较好的PVC材料都是中间夹带网格布的，质量和安全系数都比较高，但是时间长了，PVC材料容易老化。再一类是橡胶材料的橡皮艇，目前多用于军用和应急救援，该材料和汽车轮胎耐用程度差不多，十分结实。还有一类是海帕龙材料的橡皮艇。海帕龙材料比PVC材料更加耐久，并且性能更好，但是由于价格非常昂贵（基本上价格在几万元甚至更高），所以只有专业的组织机构采购，目前在国内市场上也非常少见。

（三）橡皮艇的动力

1. 汽油挂机

汽油挂机，通常称为舷外机。因其体积小、重量轻、功率大、结构及安装简单、携带方便，在小型高速纤维增强塑料船（简称玻璃钢船）橡皮艇上作为动力装置被广泛选用。舷外机安装在船舷之外，悬挂在尾板之上，最顶部为发动机，发动机曲轴连

接立轴，最后通过横轴输出到螺旋桨。这种机器在转向时，整个发动机都随同转向装置左右摆动。由于螺旋桨直接随驱动装置转向，所以灵活性极强。按其功率分为6马力、8马力、15马力、30马力、40马力、60马力、85马力、90马力、115马力、150马力、200马力等型号。一般是水冷发动机，分为二冲程或四冲程汽油机船外机。

2．橡皮艇动力匹配

所谓橡皮艇的动力匹配是指不同规格的橡皮艇如何与不同动力的舷外机相匹配。舷外机安装以前应了解艇的设计功率，大多数艇都规定了最大允许功率和负载。舷外机在超过艇的极限功率的情况下使用，会产生以下危险后果：①艇高速航行时船舶失控；②船尾板超负荷导致艇的动稳性改变；③艇体破裂，如在艇的艉封板部位产生裂缝，船底板产生纵向裂纹甚至龙骨断裂。

其实，舷外机马力的大小和艇的自身因素是成正比的。例如艇的尺寸、类型、载重等。中艇CNT系列橡皮艇是按照长度区分的，可以参见表3-1。

表3-1　橡皮艇动力匹配

长度	地板材质	气室数	最大动力	推荐动力
2.0m 2人橡皮艇	船甲板	3+1	3.5hp	2hp
2.5m 2~3人橡皮艇	船甲板	3+1	5hp	4hp
2.7m 3~4人橡皮艇	船甲板	3+1	8hp	6hp
3.0m 4~5人橡皮艇	船甲板	3+1	10hp	8~10hp
3.3m 5~6人橡皮艇	船甲板	3+1	18hp	15hp
3.6m 6~7人橡皮艇	船甲板	3+1	25hp	15~20hp
4.2m 7~8人橡皮艇	船甲板	4+1	30hp	25hp
4.7m 8~9人橡皮艇	船甲板	5+1	40hp	30hp

注：表中最大动力是指不同规格橡皮艇对应舷外机的最大动力配置，出于安全考虑一般采用推荐动力。舷外机动力过大不但不会带来预期效果，反而会给人造成不必要的伤害甚至危及生命安全。

（四）橡皮艇的组装、拆卸与贮存

1．组装

首先在安装或拆卸橡皮艇前，要选择平整地块并清理硬物；将艇打开放平，最好的温度是在15.5℃，检查活阀的弹簧杆是否关上（注意：充气前要把活阀关好，安全气阀在充气过多时会自动排气，以保护橡皮艇），逆时针方向旋转直至弹簧杆凸出；

用充气泵把艇身充至四分之一，起到支撑的作用；将踏板1号板装在船头位置（露出中心龙骨充气口），3号板装在船尾（露出尾部排水口，并镶嵌在尾板底部），2号板装在1号板的夹扣中，2号板和3号板装在正确位置后用力向下压稳并安装底板卡条（注意：安装踏板时板面要向上，随着船身增长，踏板的安装顺序和方法以此类推）；把船身充满气，用脚泵或用可调节气压和开关的电气泵为船身充气，要按出厂时的说明书的额定气压充气；座位和踏板的安装具体要看橡皮艇的设计，一般要在船身充气到一半的时候把座板的两边先卡上船身两侧；把船桨衔接上，安装到船艇；把中心龙骨充满气（充气时橡皮艇内不要有人，会影响充气效率）。具体安装要参照说明书。

2．拆卸

在拆卸橡皮艇的时候要注意船身的清洁和干爽，打开全部活阀，压下弹簧杆，顺时针方向轻微旋转，锁住气芯。如果是铝踏板底，先拆除铝支架和中间踏板后再拆船头板和船尾板，然后挤压船身放掉一部分的空气后，用脚泵把船各条储气管内的气全部抽出。最后将船底向下折叠，顺序按照先由船舷两边摺向船身，再由船头摺向船尾操作。

3．清洗与贮存

橡皮艇拆卸完毕后，船及其部件须用中性洗涤剂洗净并用清水冲洗干净（注意：清洗橡皮艇时不可用蜡，含乙烯基溶剂、化学品，含氯、酒精的清洁剂和汽油清洗船身，所有船体都可用肥皂和清水清洗）。检查木质部分是否有损坏或磨损，面漆是否完好。如表面有划痕或磨损时要用船用清漆修补。清洗检查完毕待所有部分晾干后放入便携袋防止发霉。为了使船光亮如新，需将船存放于阴凉干净处，避免太阳直射。贮存过程中为避免受损，不要在船只上面放置重物并防止动物破坏船身。此外，如果船体采用PVC材料，出厂前已加有防紫外光涂层，如每半年全船喷防紫外光剂一次，则可延长橡皮艇的使用年限。

4．注意事项

橡皮艇的充气和放气须使用厂家提供的脚踏充气泵、可调节气压和开关的电气泵。给船身充气，气压要按出厂时的说明书调节好（注意：不可用压缩气泵充气，如充车胎泵，因充气时排出气体太强容易损坏船身夹缝和防水膜）。充气顺序按照先使用电动充气泵给船体充气，后用脚踏式充气泵结束充气，并保持气压稳定〔橡皮艇最高气压为船身3.5psi（0.25bar）和船舷5.5psi（0.35bar）〕。充气和排气时每条储气管要保持均衡充气和排气，以免损坏排气阀和气室壁。此外，气温和操作方式也会影响船的气压，热会上升，冷会下降。根据气温和操作条件的变化，气压在船只使用过程中需要不断调节，随时保持适当压力。充过气2～3天的船只可能压力会逐渐降低，需

要重新充气调整压力。另外，橡皮艇如需长期存放，最好把艇内气体排出。

（五）橡皮艇驾驶操作

橡皮艇的载重不能超过额定负荷，一般最大载重在艉板的牌子上有标示。船上装配足够数量的救生圈、救生衣等个人漂浮救生设备。船桨和维修工具应当安置在甲板上以备不时之需。船上的所有载重物应当均匀分布，确保橡皮艇在行进中保持平稳。

1. 划船操作

划船前必须考虑当地水况再决定使用舷外机还是使用手划桨。使用舷外机的动力艇可能无法在极为狭小的通道内行驶，或是在小海沟、浅滩航行，这时需要使用手划桨操舟。

充气艇标准配置包括一套划桨、桨耳和座椅。国内橡皮艇大多6～8个人实施操作，由艇长1人、掌舵手1人、操舟手4～6人编成。划船操舟前确保座椅安装正确，并将划桨安放在划耳中，并使用螺帽固定。注意：不能把划桨当作杠杆来用，易坏。在操舟的过程中，各队员必须平均分坐于橡皮艇的两边，当两边队员合力划桨向前挺进时，船头需朝向前方。为避免船身打横，两腿需将船舷夹紧，且外侧的脚要曲起，避免影响前进速度与方向。

2. 舷外机操作

操作舷外机前应仔细阅读使用说明书。不要为橡皮艇配置超过额定功率的马达，超额配置会导致严重的操作或稳定问题；不要过量充电，充电过量可导致机器运作不畅或稳定性问题；定期检查马达上的螺丝，松动的螺丝可能会导致船的不稳定，也可能导致舷外马达受损；使用带系绳的应急开关，任何情况下操作者拉动系绳便能使马达停止工作；操作者启动船艇时所有人应该坐在地板上，而不要坐在气囊两边或座椅上，以防落水；单独操作外挂发动机时，不要坐在船边或者座位上，尽量往前坐；加速不要过猛，以防落水。

不论是划船还是操作舷外机驾驶橡皮艇都要注意：由于水域应急救援的地点大多为洪涝区，所以操舟时的装备很重要。所有参加操舟活动的人，不论是否会游泳，也不管游泳技术好坏，都必须穿救生衣、戴安全帽，以避免落水时遭水淹溺或碰撞受伤，且应穿着球鞋或布鞋，以免被硬物割伤。此外，紧舟绳在任何情况下都不能移动位置，以免改变船的重心而翻船受伤。另外，对于落水翻船的应变，也应有所认识，以免意外发生时措手不及。首先，意外落水时不必惊慌，因为身上穿的救生衣会有浮力，不至于让人沉底；其次，在风浪袭来时不要急着站起来，否则很容易再度被浪冲倒而产生惊恐，只需尽量保持头后脚前的仰泳姿势，等待救援。

3．橡皮艇离靠岸

（1）橡皮艇离岸。上艇前让船尾朝前进入水中，船头处于水与岸的界线上，这时登上船头，接着移身至船尾处。船尾负重后将导致船头翘起，脱离岸面，这时只要借助划桨推动力，艇身便可顺势滑入水中。

当艇完全进入水中时，在水深足够的地方便可启动舷外机，以后退的方式进入更深的水域。后退离岸入水操作由于橡皮艇处于反方向推进，对舷外机而言存有一定的潜在危险，高速旋转的螺旋桨正完全暴露在障碍物中，当撞及硬物时，舷外机不可能产生反弹，从而导致螺旋桨受损。因此，看清水底的情况是后退的首要任务。在无法清楚了解水底结构的情况下，以慢速推进为宜。对于一些较小型的舷外机，其机身和螺旋桨可做360°的转动，拥有这类舷外机的船主欲后退时仍可采用前进的牙档，再把舷外机做180°的转动，而达到以前进牙档后退的目的。这样操作需要把加油柄向内折，但在控船上并不会产生任何不便，不仅可以轻易地控制后退的方向，还可避免舷外机受到损伤。当遇上障碍物时，应立刻转入空牙档或把舷外机举起。

（2）橡皮艇靠岸。有浮动码头的靠岸其实并非什么难事，在有足够水深、无风浪的情况下，靠岸就是把船驶向码头停靠，操作其实并不复杂。我们要谈的靠岸则是在逐渐变浅的地形上，如沙滩或是河岸等。当艇开至逐渐变浅的水域时，为避免螺旋桨触底，一般的做法是提起舷外机而改用桨，一步步地划行前进。如果距离不远，用桨划较方便，然而遇上浅水区离岸远的情况，如一些水域因涨水而形成的广宽浅水区或水坝等，再加上逆风向的话，划桨会显得寸步难行。这时选用较长的船桨较为实用，除了可以划行还可以用来撑着水底推进。撑船由于直接的推动力，它更容易操控船只，推动更高的重量，且方法容易掌控。当水深无法触底时，把它当成划桨来划，虽然没有船桨灵活，但一样可以产生划力，推进小船。

注意不要在未关闭动力的前提下将橡皮艇冲上沙滩，托过岩石、沙滩或公路，以防止对艇身造成损害；如果船只只是暂时停留在沙滩上，应有一部分留在水里，以散发由于在日光下暴晒产生的热量；船只长时间离开水面时，应把船盖住，阻止日光直射。

（六）影响橡皮艇驾驶的因素

在水域应急救援中，操纵橡皮艇航行于江河、进出港航道以及港内水域特别是浅水区域或者礁石繁多的水域中时，橡皮艇的吃水会限制其航行能力；橡皮艇驾驶还往往会受到风浪、能见度以及人员素质等因素的影响。下文主要介绍如何克服这些因素，合理运用橡皮艇的特点，确保人艇安全并能够圆满完成救援任务。

1．风浪对橡皮艇驾驶的影响

由于橡皮艇重量较轻，艇身全部由气腔组成，总共有四个腔室，艇后由木质板架起发动机，橡皮艇静止时便处于轻微后倾状态。加上发动机马力相对较大，一旦启动（无论是向前还是向后推动）冲力很大，艇机将下沉。这样的操纵系数和艇的构造决定了橡皮艇在航行中不能受到较大风浪影响。另外，橡皮艇在浅水区域或礁石繁多的水域中不能使用发动机，需用手划，在较大风浪情况下手划橡皮艇很难推进。因此，在决定放艇实施救援时必须考虑到风浪对橡皮艇的影响。橡皮艇的活动范围应尽可能地小，在突发水域应急救援中必要时才使用。

2．能见度对橡皮艇驾驶的影响

橡皮艇构造简单，附属仪器只有一个简单的罗盘。手提GPS和手提VHF以及强光探照灯不能代替雷达的作用。在能见度不良的天气，搜救或转运人员时要特别注意，操艇速度不能太快，要在手提GPS和罗盘的作用下进行导航，也可以通过手提VHF与救助艇进行联系沟通，报告水下位置进行定位，并根据手提VHF上所标示的位置进行导航。如果进出港航道要特别注意过往的船舶，细心听声号或灯号，早做避让。必要时采取一切有效的手段提醒过往船舶。如果橡皮艇离救助艇不远，驾驶员应该拉响汽笛（在夜间，用探照灯随时跟踪橡皮艇的位置）。通常情况下，橡皮艇在港内作业时驾驶员有责任通过公共频道对附近船舶报告船舶动态。

3．人员素质对橡皮艇驾驶的影响

在设备正常、天气良好的情况下，影响橡皮艇驾驶的最主要因素就是人员素质。驾驶橡皮艇进行应急救援任务最终还是要靠艇员的自身素质。艇员要有良好的体能和技能水平。比如操艇技术，人员操艇技术的好坏将直接影响救助的效果。操艇人员要能够根据橡皮艇的特点和天气状况谨慎操艇，能够平稳地离靠船舶，能够熟练对发动机进行前进和后退操作；当进行物资转运和水上救生时，驶近目标之后，接下来靠的是艇员自身的体能素质，最起码的游泳技术和拉起一个人的自救与互救技能以及搬运物资的力量要足够；此外，艇员要有较高的安全意识。从思想上要重视工作的高危性，对安全问题不能麻痹大意。一个合格的艇员要懂得如何保障生命和财产安全，不做违规操作，重视救生衣、救生圈、安全绳等救生设备的佩戴等。

（七）橡皮艇异常处理

1．牵引缆绳

当橡皮艇出现故障，需要船牵引时，应确保被牵引的艇上没有乘员。牵引绳必须安全地系在故障艇两侧的D形环上。牵引时要随时留意被牵引橡皮艇的情况。锚和缆绳必须安全地系在D形环上。

2．气囊故障

如果橡皮艇出现气囊故障，当一个气室发生漏气时，要先均衡对边重量，将重量转移到相反方向。系上或抓紧漏气的地方，保护泄漏气室（系住或堵住），并迅速划向最近的陆地靠岸。

3．水上危险

当橡皮艇在不熟悉的水域行驶时，行驶前应获取当地水域的相关信息；橡皮艇行驶时遇到暗礁、乱石滩、沙洲、浅滩等水域时须尽量绕行或小心通行。

4．修补

当橡皮艇出现小范围的撕破、割破及小孔时，小于12.7mm的小漏洞或小孔的修理需用直径最小为76.2mm的圆片来修补。修补前，应保证修补片和船只表面是干燥的，无灰尘及油脂。再将船只内的气体排出，确保割破或撕破的地方平放在地上。然后在船和修补片上均匀地涂上三层薄薄的黏合剂，每涂一层间隔5min。涂上三层后等10～15min，再将修补片对准破损处粘贴。粘贴后再用吹风机加热使修补片黏合剂变软。最后用硬的圆棍滚压修补片处即可。修补后至少24h才能将船只充气。另外，如需大范围的修补，如缝隙、防水壁及船尾肋板破损，建议拿到有资质的充气船维修中心进行维修。

（八）橡皮艇使用须知

橡皮艇的使用者必须熟悉国家有关驾驶和使用橡皮艇的法律法规和安全守则。可能影响橡皮艇使用的因素包括如下方面：行船地点和当地政府要求，船只的用途，行船时间，行船环境以及船只的尺寸、航速、航线、类型（动力型、手划型）等。在良好遵守橡皮艇使用的各项政策、法律法规后，还需注意以下安全事项。

饮酒后或服药者最好不要使用橡皮艇；使用橡皮艇之前要了解天气和周围环境以及当地水域情况，如风向、风速和潮汐等；配备适量急救药物，艇上的急救设施都要按有关规定准备好；检查艇身、船桨和其他配件是否有损坏，气压是否充足、安全，并装备必要的基本设备如充气泵等；使用者应穿上救生衣并佩戴救生浮具；艇上的载重要均匀，艇载不能超负荷；不可使用与艇不匹配的舷外机，舷外机动力不能超过额定功率；出发前务必向有关组织、家人或朋友告知出发的时间、地点和返程时间；如果在夜间行驶或防止天气突变，须配备航海用的照明灯，并注意在夜间不要有任何冒险行为；如需长途使用，要增加救急设备以及照明工具、药箱和足够的食物和水；操作舷外机时切勿突然加速或减速，舷外机使用不当有可能会导致艇身破裂，容易造成人员受伤甚至死亡；在驾驶橡皮艇时要留意周围的游泳人士，切勿接近游泳人士；此外，使用橡皮艇还需注意保护环境，要留意在使用时流出的汽油和汽油渣滓，处理好油漆、除漆剂或清洁剂等。

八、冲锋舟

（一）冲锋舟的用途与构造

冲锋舟主要用于在洪灾中抢救人民生命和财产，也可用于水上侦察、巡逻等。现在冲锋舟舟体材料大多由玻璃纤维增强塑料（俗称"玻璃钢"）、胶合板和橡皮布等组成。水上多用船外机驱动，也可用桨操行。常见的有TZ588、TZ590、Z600等多种型号。常见的冲锋舟如图3-11所示。

图3-11　常见的冲锋舟

（二）冲锋舟保养方法

冲锋舟应设有专用仓库，指定专人负责维护管理。要定期为防汛抢险冲锋舟进行检查保养，使之始终处于临战状态，常见保养方法如下。

（1）在每次起泊后，要对船体进行冲洗，对外漆面进行维护，保持船面干净整洁、无污染物。

（2）对挂机处艉板进行检查，防止出现磨损过大或固定艉板松动。

（3）存放时最好用支架固定，必要时可以对凸起部位用废旧轮胎做保护，防止表面磨损。

（4）装卸冲锋舟要注意平衡、固定，防止碰撞引起舟体变形。

（三）冲锋舟训练中的注意事项

为确保训练效果和人员安全，训练中应注意以下事项。

（1）高度重视水上救援训练，牢固树立"练为战"的指导思想。

（2）严格遵守训练规程，严格按照训练要求开展训练，注意自身和他人安全，严禁在冲锋舟上嬉戏打闹，禁止盲目下水，切实将安全工作落到实处。

（3）积极探索、熟练掌握训练内容和训练方法，确保部队在抗洪救灾中随时能"拉得出、冲得上、打得赢"。

（4）注重操舵手的培养与选拔，选择水性好的同志担任安全员。

（四）冲锋舟配套船外机

常见冲锋舟配套的船外机一般为二缸二冲程汽油发动机，水冷却。它主要由发动机机体、曲轴、连杆机构、燃油系统、点火装置、冷却系统和启动装置等组成。

传动原理：当活塞由下止点上行时，分别遮住了缸壁上的扫气口（即进气口），压缩气缸中的混合气，由于活塞上行，密闭的曲轴箱内产生吸力，在压力差的作用下，混合气被吸入曲轴箱；活塞继续上行接通上止点时，火花塞跳出电火花，点燃被压缩的混合气，高温高压的气体迫使活塞下行，通过连杆使曲轴旋转做功；活塞继续下行，当活塞裙部遮住了进气口时，曲轴箱内的混合气便被压缩，活塞下行离开排气口时，气缸中的废气因本身压力迅速由排气口冲出。活塞下行露出扫气口时，曲轴箱被压缩的混合气进入气缸，并帮助驱逐废气，活塞到了下止点时，曲轴旋转360°完成了一次工作循环。

操纵装置：用于掌握（控制）船外机的起动、航速、进退和转向，由方向操纵杆、离合器手柄、限速装置等组成。

悬挂装置：由主支架、左右支架、减震器、心轴、固定螺栓、航行锁柄及倾斜调整器等组成。其作用是将船外机悬挂和固定在艉板上，并可调整安装倾斜角。主支架和左右支架通过螺栓连在一起并钩挂入船舷上，以固定螺栓（两个）紧紧固定在舟上，心轴穿过主支架，其上下通过减震器与发动机机座相连。发动机机座可绕心轴放置减震器，通过橡胶减震块消除结合时的瞬间所加给悬挂机构的冲击力。

（五）船外机操作注意事项

1. 船外机使用前的准备事项

船外机的安装：2～3人将发动机安装在冲锋舟艉板上，将夹具固定在艉板上，把艉扳钳位手柄拧紧并将两颗螺栓穿过墙体，拧紧螺母固定好发动机。

（1）油料的准备。将混合比为50∶1的90号以上汽油注满油箱（新发动机20h磨合期使用25∶1混合油，机油必须使用雅马哈专用二冲程发动机机油），把油管分别接在发动机和油箱接口上，旋开油箱放气螺栓，进行泵油直至泵满。

（2）船外机的启动。将发动机挡位挂在空挡，插入电锁钥匙，然后拉绳启动发动机，预热5min方可行驶，行驶前必须将电锁钥匙拉线套在手腕上。注意挡位向发动机方向推是倒挡，向内拉是前进挡。在换挡过程中发动机应怠速运转，前进、倒退换挡

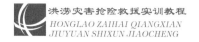

必须经过空挡停顿后方可进行。

2．船外机操作注意事项

操作手和乘船人员必须身着救生衣，注意判读水流和水深，遇浅滩或障碍物必须将发动机搬起做浅水行驶，避免发动机叶桨损坏（在不熟悉水下情况时，发动机定位销最好不要锁定）。

（1）检查艉板的垂直高度是否符合要求。如过高，则会造成冷却水的供给不足；如过低，则增加行性阻力，影响航速。

（2）燃油按规定的号数和比例调剂好并加满油箱。

（3）检查燃料箱的呼吸阀是否打开，油管连接是否正确，启动前油管是否排空并充满燃料。

（4）检查机械各部件的连接和固定情况，将安全绳系于船外机上。

（六）船外机安装、启动、熄火方法

1．安装方法

（1）两名操作手从箱内将船外机抬起，引向舟的艉板以外。

（2）将悬挂支架卡入艉板，移动船外机至艉板中心。

（3）用手旋紧夹紧固定螺杆，航行30min后应再次旋紧。

（4）将安全绳的一端系于舟体上。

（5）调整悬挂倾斜角，使船外机与水面垂直。

（6）检查安装水位线，确保安装水位线与水面接近。

2．启动方法

（1）把油管插座插在船外机的油嘴插座上，并确实锁紧。

（2）用手挤压手阀数次，直到油路充满燃油变硬为止。

（3）转动手柄，使箭头指向"慢速"位置。

（4）将离合器手柄放在"空挡"，禁止挂挡启动。

（5）转动手柄，使箭头指向"启动"位置。

（6）拉出阻风门杆调整风门。

（7）将怠速油针向逆时针方向旋转1/4圈，使混合气变浓。

（8）将启闭杆放在"锁紧"的位置。

（9）先慢拉启动绳，待绳索变紧有力时再快速拉出启动绳。重复以上动作，直至启动为止。

（10）启动后，立即推回风门拉杆以打开风门。

3．熄火方法

（1）转动手柄至"慢速"位置。

（2）将离合器手柄放在"空挡"位置。

（3）拔出钥匙或按下熄火按钮，保持到发动机停下为止。

（七）船外机的日常保养

为保证应急救援的需要，船外机需要经常进行保养。

船外机的磨合期一般为10h，在磨合期间如果是二冲程船外机则要特别注意二冲程机油的配比，例如雅马哈船外机在最初的10h磨合期间要求汽油与机油的混合比例是25∶1，磨合期后是50∶1。四冲程船外机磨合期后须更换四冲程机油，以后通常是每运行100h更换一次机油，另外四冲程船外机新机器在运输过程中是不含机油的，请确认好再启动，不然后果会很严重。船外机的磨合期和汽车、摩托车等燃油动力的磨合是一个道理，在磨合期尽量不要长时间全油门满负荷。在新船外机初次启动的3~4min内，应以怠速运转，让船外机得到良好的预热和润滑。特别是二冲程的机器因为是靠混合在汽油中的二冲程机油来润滑，所以必须预热后先慢速开动3~5min方可中速以上运转。如果是水冷的机器则要在水里启动，不然容易造成水泵叶轮的磨损和机器过热。

船外机的日常保养很重要，特别是在海水中使用的船外机，每次使用完毕有条件的最好在淡水中启动一会儿，冲去盐分防止盐分腐蚀，这也是在长期放置之前必须做的。另外，混合好的燃油很容易变质，建议存放时间不要超过一个月，特别是存放于塑料容器中则更容易变质，变质的燃油将失去润滑作用，会严重损坏机器，因此绝对不能用。在机器准备长时间放置前，应放掉油箱中的燃料，然后启动马达把化油器中残存的燃料耗尽，以防残余燃料变质造成下次启动困难。然后卸下火花塞，往汽缸中加入3~5滴二冲程机油，在安装火花塞之前启动几下，让缸体保持润滑、防止生锈。冲锋舟的维护如图3-12所示。

图3-12　冲锋舟的维护

九、水陆两栖车

（一）水陆两栖车简介

水陆两栖车能在陆地和水面行驶，是一种高性能车，它在操作的时候是具有危险性的。不正确地使用会导致严重受伤或死亡。在没有经过正规培训前，一定不要操作。它的操作和别的陆地车，比如摩托车或汽车是不同的。除了培训课程以外，练习驾驶技术也很重要，慢慢地从基础到更复杂的操纵。在操作之前应查阅当地的法律法规对于注册的规定或其他的特别要求和限制。在驾驶水陆两栖车时应避免恶劣的条件，确保陆地上的路线具有可以让水陆两栖车通行的宽敞度，在下水和上岸时有合适的进口和出口，并具有合适的水面条件。提前查看天气预报，注意条件变化，确保有足够的燃油。在陆地上必须使用被认可的头盔和保护装备，在水面必须穿由国家相关部门认可的合身救生衣或个人漂浮装置（PFD）。禁止超载，超载会影响操作和稳定。

（二）水陆两栖车驾驶操控

（1）将钥匙插入点火开关，将钥匙转到ON位置。蜂鸣器会发出声音来指示点火。

（2）从左向右移动车把，检查转向柱锁是否松开。

（3）确保发动机安全切断装置安装在发动机关闭按钮下，系绳固定在你的手腕上或你的个人漂浮装置（PFD）上。如果骑手从水陆两栖车上摔下来，引擎将在安全开关解除后停止工作。

（4）确保油门杆没有被按下。

（5）当在陆地上时，使用并握住刹车杆。

（6）按住引擎启动按钮，直到引擎启动。

（7）引擎启动后，松开启动按钮。

注意当发动机启动时，齿轮会被自动选择。水陆两栖车在原地不动时，不要启动引擎。使用齿轮选择开关来换挡，按下并松开开关的上半部分以上挂一个挡位。注意：换挡时不需要松开油门，按下并松开开关的下半部分，降一挡。选择适当的齿轮，通过上挡或下挡，选择适合的地形，忌超速或疲劳驾驶。

在水面上反转水陆两栖车与在陆地上反转水陆两栖车是不同的。因为水陆两栖车是靠后方的高压水流来驱动的，不能简单地改变水流的方向来让水陆两栖车倒转。车上配备了一个单一的刹车杆，操作所有四个车轮的刹车或制动杆，独立操作前轮和后轮的刹车。

为了让水陆两栖车在水面上逆向移动，在水陆两栖车身底部喷泵位置上安装了反向盖板。其目的是使高压水在船身下向前喷射，推动水陆两栖车向相反方向前进。拉动杠杆，降低反向盖板。把操纵杆从身边推开，把反向盖板提起来。平稳地使用刹车杆，增加压力来减慢水陆两栖车的速度或使其停止。

注意刹车杆只会减慢水陆两栖车的速度或使其停止，当水陆两栖车是在水上使用时，通过调整反向盖板的高度和引擎的速度可以操纵水陆两栖车在低速反向。发动机转速过高会产生水的湍流，减少倒转阻力。在倒车时需要把车把朝你想要前进的相反方向转动。

（三）水面及陆地模式切换及注意事项

水陆两栖车水面及陆地模式通过切换开关进行切换。如果在发动机不工作的情况下反复操作悬挂开关，将会耗尽发动机的能量。当悬挂系统在陆地模式和水面模式之间转换时，如果发生了悬挂故障，则会在仪表组中显示一个警告图标。

尝试将悬挂降低或升高到模式选择请求之前的位置。如果悬挂未能展开，将水陆两栖车移至较深的水域，重复上述过程。如果悬挂仍然无法旋转或展开，请拆下发动机安全开关，并检查悬挂周围是否有被困住的碎片。如果悬挂还是不能完全展开，将水陆两栖车拖上岸，联系厂商进行故障处理。

十、气垫船

（一）气垫船简介

气垫船又叫"腾空船"，它通过压缩空气的弹力升离水面或地面，在船底下面产生一个气垫，使船体与地面不直接接触，好像悬在空中一样。这种设计可以让气垫船在航行中减少摩擦，而且可以让它在波浪起伏的水面上平稳穿行。其动力推进是使用空气螺旋桨，用空气舵控制方向。它可载2~5人，具备70匹马力引擎，最快速度高达100km/h，续航能力达到2h。水陆两栖气垫船既可以高速平稳地航行在水面上，也可以畅行无阻地行驶在沼泽、冰面、雪地、沙滩、草地和陆地上，已逐渐运用于科考探险、装备部队、应急抢险中。

（二）气垫船的分类

气垫船按照航行状态分为全垫升气垫船和侧壁式气垫船。全垫升气垫船是利用垫升风扇将压缩空气注入船底，与支撑面之间形成"空气垫"，使船体全部离开支撑面的高性能船。全垫升气垫船采用空气螺旋桨推进，航行时船底离开水面，因此具有较好的登陆快速性。侧壁式气垫船船底两侧有刚性侧壁插入水中，首尾有柔性围裙形成的气封装置，可以减少空气外溢。航行时，利用专门的升力风机向船底充气形成气腔，使船体飘行于水面。它常选用轻型柴油机或燃气轮机作为主动力装置，用水螺旋

桨或喷水推进，航速可达20~90节，有较好的操纵性和航向稳定性。

（三）气垫船的应用

气垫船的航行速度快，在一些特定场合下（如远离港口码头时）是运输后勤补给品等物资较好的方式。另外在搜索、营救海上伤员等方面也有较大的优势。一方面，搜救速度快，可以在较短时间内有效地搜索较大范围的海域；另一方面，营救方便，可以直接停在海面，比直升机悬停工作容易，且受环境干扰小得多，可适应较高海况。

世界各地的救援服务机构都认为，气垫船能够迅速飞过水、薄冰或碎冰块、洪水和积雪，执行快速安全的搜索和救援行动，是在诸如沼泽地或海滩等特殊环境下唯一高速、有效的救援工作平台。因为气垫船可安全地飞行或者登陆悬浮在垫升裙2/3以下高度的地形，使救援人员能够前往乘坐常规的救援船只或车辆无法到达的地区执行救援任务。

救援气垫船在冰上的重要性是气垫船可飞过或厚或薄的冰碴，在几分钟内救起溺水者，然后安全返回。但是气垫船在洪水情况下工作的突出作用却鲜为人知。当洪水突发、河流突破水坝和住宅区时，如果让船只沿着淹没的街道、围墙、倒下的树木、淹没的墙壁和车辆等水下障碍行驶，这几乎是不可能的，因为这将损坏船只的螺旋桨。而气垫船则完全不受水下障碍物的影响，并能够在任何水深中飞驰。

十一、摩托艇

（一）摩托艇简介

摩托艇的动力推进方式是将水抽入涡轮泵，利用涡轮叶片将抽入涡轮泵的水高速喷出而产生推力，通过喷泵喷水方向进行转向。它可载1~3人，常见的摩托艇一般采用四缸四冲程涡轮增压引擎，260匹马力，最快速度高达130km/h，续航能力达到4h，其具有安全、便捷、驾驶简单的特点，已逐渐运用于应急抢险中。

（二）摩托艇的驾驶动作要领

（1）挂保险。每个驾驶者的左手腕上都会悬挂一个保险，坐上摩托艇的第一步就是要将保险挂上。

（2）打火。打火的开关在左手，通常情况下为一个绿色的按键，下按即可。

（3）加油。这是关键的一步，加油之后摩托艇就会冲出岸边。需要注意的是，摩托艇并没有刹车零件，只要不再为摩托艇加油，速度就会慢下来。

（三）摩托艇的日常维护与保养

摩托艇的材料是玻璃钢，与钢质、木质船艇相比，玻璃钢船艇具有较少维修的特点，这是玻璃钢本身的优越性能所决定的。但玻璃钢与所有材料一样，也存在着老化问题，只是老化进程较缓而已。所以，适当的维护不仅可以保持漂亮的外观，还可延长玻璃钢船艇的寿命。

除机器、设备等按常规保养外，玻璃钢船艇的维护保养还应注意以下问题。

（1）避免接触尖锐、坚硬物体。可在经常受摩擦的船首、靠码头部位及舷边等处设置防撞耐磨的金属及橡胶护舷材料，在甲板上铺设耐磨的橡胶、塑料软材等。

（2）发现损坏，及时修补。经常检查船体，如发现树脂剥落、划痕较深、露出纤维时，必须及时修补，否则由于水的渗入会加速损坏。

（3）不用时，特别在寒冬季节，要上岸放置。这样做可延长船的使用寿命。

（4）船艇内勿长期积水。艇内如有水应及时排出。如遇电瓶液等酸碱介质洒落艇内，必须及时用水冲洗清洁后揩干。

（5）避免长期在烈日下暴晒。在船艇停泊处应设置凉棚，长期暴晒对玻璃钢不利，胶衣层色泽也会受到影响。

（6）经常清洗保洁。船艇表面要经常清洁，甲板也要经常擦洗。擦洗时可用汗布、纱布、软毛巾及软质泡沫塑料之类的软性材料。

（7）及时清除盐霜。在海区航行的船艇要及时除去附在艇表面的盐结晶物（盐霜）。因盐结晶在阳光下有凸透镜的聚焦作用，会使表层玻璃钢在高温作用下加速老化。

（8）定期上蜡抛光。为使船壳外表光亮并保护胶衣层，应定期对船艇外表上蜡抛光。

（9）施加油漆，保持美观和耐久。在上漆前，应先清洗艇表，用洁模水等除蜡剂除蜡，并用水磨砂纸水磨，深的划痕要嵌环氧腻子。

（四）摩托艇的运输与贮存

摩托艇的运输要注意以下几点。

（1）注意不要将拖绳拖在地面上，否则艇会受到永久性损坏。另外，用布裹住绳索上与艇身接触的部位，起保护作用，并确保坐垫和置物箱盖已经锁紧。

（2）拖艇前系紧艇头和艇尾上的对接孔，使艇能紧连拖车，若需要还可多系几根拖绳。

（3）定期检查刹车系统。

摩托艇的贮存要注意以下几点。

（1）注意长期贮存期间，必须确保发动机处于关闭状态。

（2）检查发动机排水管，确保管内无砂或其他滞留物，水可以顺利流出。

（3）去除艇中污物和水生物组织。

（4）冲洗、检查、修理艇。

（5）推进系统检查，清除叶轮箱的润滑油，清洗叶轮油箱等。

（6）必须将燃油箱油放干净。

（7）抗冻结处理，在天气寒冷地带冷却系统中需添加等量的水与防冻剂。

（8）抗腐蚀处理，擦干发动箱中残留水分，并向发动机箱中金属件喷润滑油。

十二、个人救生装备

防汛抢险个人救生装备包含镐、钯、锄头、十磅锤、砍刀、方铲、消防斧头、水鞋（防静电）、防汛战斗服、防寒雨衣、反光马甲背心、耐磨手套、救生衣、毛巾、头盔、头灯、3M防毒口罩、救生绳、救生口哨、保温急救毯、防水袋、保温杯、信号灯、电筒、消炎软膏、防水创面贴等。个人救生装备包如图3-13所示。

图3-13　个人救生装备包

1．使用方法

（1）操作员穿戴好防汛战斗服、防寒雨衣、反光马甲背心、水鞋、头盔、耐磨手套、3M防毒口罩进入需要排险的区域。

（2）根据所处区域的情况进行判断，分别使用镐、钯、锄头、十磅锤、砍刀、方铲、消防斧头进行障碍破除、挖掘等救援工作。

（3）确认施救和被救点，使用救生口哨进行呼叫。

（4）根据人体失温的情况使用保温急救毯进行自我保护或救援他人。

2．注意事项

（1）操作中要有个人安全保护措施。

（2）正确使用救生装备。

（3）定期检查电池和药物情况。

（4）个人救生装备保存要求环境干燥。

第二节　应急通信装备

应对洪涝灾害救援应急通信保障，典型的应急设备包括应急通信车、卫星便携站、卫星电话、超短波通信设备、短波通信设备等。

一、应急通信车

（一）设备介绍

应急通信车以车辆为载体，集成有车载卫星天线系统、卫星基带和业务终端设备及其他通信设备，实现应急通信音视频业务远程传输、近程覆盖和接入功能。

应急通信车（如图3-14所示）通常配置有供配电系统、卫星通信系统、音视频系统、无线图传系统、视频会议系统和电话系统等。其中，供配电系统主要包含市电、车载风力发电机、数码发电机等，卫星通信系统主要包含卫星天线、天线控制系统、功放、LNB、卫星调制解调器、卫星电话等，音视频系统包括高清视频矩阵、音频矩阵、显示器、车顶摄像头、视频编解码器等，无线图传系统包括车载无线高清图传接收机、高清无线图传发射机、摄像机等，视频会议系统包括高清视频会议终端、摄像机等，电话系统包括语音网关、电话等。

图3-14　应急通信车

（二）操作流程

为确保应急通信车快速建立卫星链路，应按照标准化操作流程进行使用，做到卫星链路"一步到位、一点就通"。以承载静中通卫星天线系统的应急通信车为例，具体的操作流程如下。

（1）将应急通信车停放于地势平坦、四周空旷且对星方向无遮挡物体的位置，做好车辆及车内设备防雷接地；打开车载UPS，观察电源电压正常后，安放枕木，降下车辆支撑腿，保持车辆水平稳固。

（2）闭合交流电输入开关（若仅使用外接电源时，应先将外接电缆接驳到相应端口后，方可开启交流电输入开关），然后闭合卫星设备空气开关（单相供电的卫星功放此时禁止加电），观察UPS电压、电流、频率等是否正常。

（3）开启天线控制器，等待设备完成GPS信号自动搜索并锁定后，按压自动寻星按钮，卫星天线根据预设定业务卫星的参数开始自动寻星，正常情况5min内完成卫星锁定；观察卫星调制解调器面板指示灯工作状态是否正常（RX和TX灯常亮或闪烁），查看接收性能是否在正常范围内（需与卫星运营商确认），闭合卫星功放供电开关，使用卫星电话向卫星中心站申请卫星带宽资源。

（4）组装单兵发射终端、手持式摄像机以及车顶单兵接收天线（发射段和接收端频率必须一致）后开启设备电源；搭设视频会议系统外围设备，开启系统设备电源，利用音视频矩阵调整信号输入输出，即可传输音视频信号至远端；通过车载电话系统可拨打内线和外线电话，拨打方式同行政电话拨打方式一致。

（5）业务结束后，必须联系卫星中心站释放载波，待本地卫星调制解调器前面板TX指示灯恢复闪烁状态，Eb/No接收值恢复至信令状态的数值后，等待1～2min方可关闭功放电源。

（6）取下车顶单兵天线，按压天线控制器前面板天线收藏按钮，等待天线复位收藏完成；关闭卫星通信及业务系统设备电源后，拆卸组件并收藏全部设备。

（三）注意事项

为保证应急通信车在洪涝灾害通信保障中更快地建立稳定、可靠的卫星链路，避免造成人身和设备安全事件，在使用过程中应注意以下内容。

（1）应选择在非低洼地带、地势平坦、四周空旷处启用卫星设备，且卫星天线对星方向应保证无遮挡物体。

（2）卫星天线工作环境应无易燃、易爆、有毒等危险物品，不应有易腐蚀金属和破坏绝缘的有害气体和液体，不应有强磁等有害辐射源。

（3）在天线寻星过程中，严禁打开功放电源。

（4）应急通信车使用前应做好车辆及车内设备防雷接地措施，接地点距离驻车点应≥15m，地钉埋设深度应≥50cm。

（5）确保设备良好的散热通风，避免设备浸水，注意设备防尘，监视系统的运行状态。

（6）若遇雷暴雨、大风恶劣天气无法支撑卫星链路建立时，应及时收藏卫星天线、关闭电源。

（7）使用发电机时务必保持距离建筑物或其他设备至少1m远的位置。

（8）音视频呼叫信息速率不得大于卫星通道带宽的80%。

（四）维护保养

为保证应急通信车随时完整好用，需定期开展设备预防性维护保养工作，主要维护保养内容包括以下几项。

（1）按车辆保养手册进行车辆维护保养。

（2）定期对车辆改装的机械构件、空调通风系统进行维护保养。

（3）定期对车内供配电系统、通信设备、业务系统设备、线缆、转接头等进行清洁除尘和防水检查，若防水部位出现破损应立即处理。

（4）定期对车内供配电系统、通信设备、业务系统设备进行加电测试和业务测试。

（5）定期检查发电机火花塞和机油，保持火花塞无积炭，机油清澈且液位适中。

（6）定期对车载UPS和电池进行检查和维护，确保电池无变形、无渗液，并确保电缆接头无锈蚀、无烧灼、无氧化。

（7）定期对各类开关、接地线进行检查和维护。

二、卫星便携站

卫星便携站是由若干小型设备箱、可拆装式天线组成，可通过一般交通工具（飞机、火车、汽车、轮船等）或人力搬运，快速灵活布置，实现应急通信业务远程传输、近程覆盖和接入功能的移动卫星通信站。卫星便携站天线设备如图3-15所示，主要参数如表3-2所示。

图3-15 卫星便携站天线设备

表3-2 卫星便携站天线主要参数（以TS-ADK1200B型卫星便携站为例）

一般性能		
开通时间	≤5min	
收藏时间	≤3min	
等效口径	1.2m	
射频性能		
名称	接收	发射
工作频率	12.25～12.75GHz	14.00～14.50GHz
天线增益	≥42.0+20lg（f/12.5）dBi	≥43.2+20lg（f/14.25）dBi
端口隔离	接收频段>35dB	发射频段>85dB
驻波比	1.25：1	1.25：1
交叉极化	≥35dB（在轴），≥33dB（偏轴1dB）	
极化方式	线极化	
机械性能		
方位工作范围	+90°～+270°	
俯仰工作范围	朝南摆放：25°～+90°	
	朝北摆放：5°～+90°	
优化工作范围	±95°	

164

供电要求	
供电方式	标准配置：AC-DC电源（300W），输入220VAC（50~60Hz），输出可为BUC提供24V、5.5A DC供电
整机功耗	≤68W（峰值功耗），不含BUC
环境条件	
工作风速	稳风≤50km/h（需要配重），阵风≤65km/h（需加强配重）
工作温度	-25℃ ~ +55℃
储存温度	-55℃ ~ +85℃
海拔	≤5000m
防护等级	IP55

（一）操作流程

（1）将卫星便携站天线主机放置于地势平坦、四周空旷且对星方向无遮挡物体之处后，张开防风支腿，调整水平螺栓，保持天线主机稳固、底座面水平，并于卫星天线反射面前方设立警戒线和辐射危险标志。

（2）连接卫星天线主机的外置GPS模块和终端箱之间的射频线缆。

（3）组建单兵图传系统（天线安装应保证发射端和接收端频率一致），搭建视频会议系统外围设备。

（4）检查发电机油液是否正常，按照发电机使用手册正确启动发电机，并用万用表测量电压和频率是否正常（当发电机作为备用电源亦需完成此项检查）。

（5）开启天线主机和终端箱电源（单相供电的卫星功放此时禁止加电），组装天线反射面；通过网络连接天线主机，配置卫星参数后，开始自动对星；当卫星锁定后，务必将寻星模式设置为"手动"。

（6）观察卫星调制解调器面板指示灯工作状态是否正常（RX和TX灯常亮或闪烁），查看接收性能是否在正常范围内（一般情况下接入中星6A卫星的Eb/No≥11.0dB，亚洲九号卫星的Eb/No≥14.0dB），闭合卫星功放供电开关，使用卫星电话向卫星中心站申请卫星带宽资源。

（7）载波稳定后，建立视频会议业务；通过配套的电话系统，可拨打内线和外线电话，拨打方式同省公司行政电话拨打方式一致。

（8）业务结束后，必须联系卫星中心站释放载波，待本地卫星调制解调器前面板TX指示灯恢复闪烁状态，Eb/No接收值恢复至信令状态的数值后，约等待5min方可关

闭功放电源。
（9）取下终端箱外接部件后关闭电源，拆卸天线面板后复位收藏天线，关闭发电机或市电电源。

（二）注意事项

为保证卫星便携站在洪涝灾害通信保障中更快地建立稳定、可靠的卫星链路，避免造成人身和设备安全事件，在使用过程中应注意以下内容。

（1）应选择在非低洼地带、地势平坦、四周空旷处启用卫星设备，且卫星天线对星方向应保证无遮挡物体；适当架高卫星天线主机工作水平高度，防止设备浸水。

（2）卫星天线工作环境应无易燃、易爆、有毒等危险物品，不应有易腐蚀金属和破坏绝缘的有害气体和液体，不应有强磁等有害辐射源，同时应确保工作场所通风良好。

（3）在天线寻星过程中，严禁打开功放电源。

（4）卫星便携站工作时应设置警示围栏，禁止无关人员进入工作区域。

（5）确保设备良好的散热通风，避免设备浸水，注意设备防尘，监视系统的运行状态。

（6）若遇雷暴雨、大风恶劣天气无法支撑卫星链路建立时，应及时收起天线、关闭电源。

（7）使用发电机时务必保持距离建筑物或其他设备至少1m远的位置。

（8）禁止将射频线缆大幅度弯曲或对折，建议将线缆绕成环状存放（$d>35cm$）。

（三）维护保养

为保证卫星便携站设备随时完整好用，需定期开展设备预防性维护保养工作，主要维护保养内容包括以下几项。

（1）定期对卫星便携站的通信设备、业务系统设备、线缆、转接头等进行清洁除尘和防水检查，若防水部位出现破损应立即处理。

（2）定期对卫星便携站的通信设备、业务系统设备进行加电测试和业务测试。

（3）定期检查发电机火花塞和机油，保持火花塞无积炭，机油清澈且液位适中。

三、卫星电话

（一）设备介绍

卫星电话是基于卫星通信系统实现信息传输的通话器。目前四川各地市公司使用的卫星电话主要有铱星国际或国内电话、欧星国际或国内电话、海事卫星电话、天通卫星电话（如图3-16所示）等。几类卫星电话主要参数如表3-3所示。

图3-16 天通卫星电话

表3-3 各类卫星电话主要参数

类别	天通卫星系统	欧星卫星系统	铱星卫星系统	海事卫星系统
卫星轨道	地球同步轨道	地球同步轨道	低轨道运动卫星	地球同步轨道
卫星数量	3颗	3颗	66颗	3颗
卫星频段	S波段	L波段	L波段	L波段
覆盖区域	亚洲地区、太平洋中东部、印度洋海域及共建"一带一路"国家	非洲、欧洲和亚洲大部	全球覆盖	南北纬度75°以内

（二）操作流程（以天通卫星电话为例）

（1）将天通卡安装在卫星电话指定的卡槽内。

（2）打开卫星模块和对星助手APP进行对星，调整角度（按APP提示）。

（3）对准角度后，正常情况等待约30~60s以后可完成卫星注册。

（4）注册完成后即可进行通话。电话拨打方式如表3-4所示。

表3-4 电话拨打方式

主叫	被叫
1. 天通卫星电话拨打天通电话号码，可直接拨打对方天通号码； 2. 天通电话拨打手机用户，拨打0086+手机号码； 3. 天通电话拨打座机用户，拨打0086+去掉0的区号+座机号码，如0086+28+68129000	手机和座机用户拨打天通卫星电话，可直接拨打天通卫星电话号码

（三）注意事项

（1）卫星电话使用时应选择室外空旷地带，伸展卫星电话天线，避免来回移动，保持对星通信状态良好。

（2）卫星电话使用时应防止天线弯折，避免沾染油污，保持机身清洁。

（四）维护保养

（1）定期对卫星电话的电池进行检查和维护，及时充电或更换。

（2）定期对卫星电话进行清洁和保养，并对卫星电话的标签进行核查。

（3）定期查询卫星电话话费余额情况，并及时充值。

四、超短波通信设备

（一）设备介绍

超短波通信系统由三大部分组成：超短波固定基站、超短波车载基站、超短波终端。

超短波固定基站既承担信号区域覆盖功能，还承担着基站间的无线链路连接。以四川电力为例，已建设26个超短波固定基站，完成对全省重要输电走廊和交通干线的覆盖，各地市通过车载基站或者终端由空口接入该网络，扩大超短波通信覆盖范围。

超短波固定基站和车载基站组成设备大体相同，仅天馈系统差别较大，主要设备包括同频同播控制器、本地信道机、本地滤波器、链路信道机、链路滤波器、链路控制器、基站控制器、电源系统（AC-DC、电池管理器和电池组）等。

基站主要参数如表3-5所示。

表3-5　基站主要参数

类别	主要参数
工作频段	136～167MHz
频率稳定度	1.5ppm
端口发射功率	20～50W连续可调
调制频偏	2.5kHz
调制方式	MFSK/FM
组网方式	同段无线自组网
端口接收灵敏度	−117dBm/误码率5%
空中占用带宽	12.5kHz

类别	主要参数
收发间隔	5.7MHz
系统锁频方式	高稳时钟+GPS
相位同步调整步进	2μs
语音编码协议	AMBE/N
支持信令	NXDN/ANALOG
语音延时	3级＜700ms
系统基站容量	256
直流电压	13.8V ± 20%
后备电池容量	Li 16.8V/400AH
工作电压	220VAC
单站最大能耗	270W
架高无障碍传输距离	手持方式≤5km，基站方式最大200km
工作环境	-10～+55℃，0%～95%无凝结
储藏环境	-20～+65℃，0%～95%无凝结

超短波终端则分为两种：手持式和车载式。手持式超短波终端主要参数如表3-6所示。

表3-6　手持式超短波终端主要参数

类别	主要参数
频道数量	16个
最大通话距离	＞3km
静音码	内置CTCSS/DTCS
频率范围	136～174MHz
功率	5W（VHF），4W（UHF）
电力供应	7.2V DC
供电时间	大于3h

（二）操作流程

（1）根据任务需求（本地近程覆盖或接入超短波骨干网），选择地势平坦、四周无遮挡的环境摆放车载基站；检查车载基站配件是否齐全，有无损坏。

（2）组装天馈系统，对整个车载基站做好防雷接地措施，连接电源线缆（220V AC或12V DC）。

（3）如仅需本地近程覆盖，则打开基站同频同播控制器、本地信道机、本地滤波器、基站控制器、电源系统和终端设备，选择本地覆盖频率段中的同一频道，按住终端"PTT"按键即可通话；如需接入超短波骨干网络，则通话双方均需打开车载基站的全部设备，观察车载基站是否接收到固定基站的网络信号，如有，则选择全网覆盖频率段中的同一频道，双方即可通话。

（4）使用完毕后关闭电源，拆除天馈系统，保管好全部设备。

（三）注意事项

为保证超短波车载基站在洪涝灾害通信保障中使用可靠，避免人身和设备安全事故，在使用过程中应注意以下内容。

（1）车载基站运输过程中，应避免基站设备强烈振动或与其他坚硬的物体进行碰撞；到达目的地后，应及时地检查基站情况，尤其应着重检查锂电池。

（2）近程覆盖时应选择在非低洼地带、地势平坦、四周空旷处使用设备；接入骨干网络时，应选择链路信号覆盖区域内的制高点。

（3）车载基站作业环境处应无易燃、易爆、有毒等危险物品，不应有易腐蚀金属和破坏绝缘的有害气体和液体，不应有强磁等有害辐射源，同时应确保工作场所通风良好。

（4）车载基站在使用前应做好防雷接地措施。

（5）打开电源前，应再次检查射频接头是否连接牢固，避免反射功率损坏射频器件。

（6）使用过程中应确保设备良好的散热通风，注意设备的防尘浸水，监视系统的运行状态。

（7）加油站、防爆场所和有明确标识的场所，应关闭对讲机，以免发生危险。

（8）若遇雷暴等极端恶劣天气时，应及时停止作业并撤离现场。

（9）使用发电机供电时，务必保持距离建筑物或其他设备至少1m远的位置。

（四）维护保养

为保证超短波车载基站和终端设备随时完整可用，需定期开展设备预防性维护保养工作，主要维护保养包括以下内容。

（1）定期对车载基站的通信设备、线缆、接头等进行清洁除尘和防水检查，若防水部位出现破损应立即处理。

（2）定期对车载基站设备进行加电测试和业务测试。

（3）定期对车载基站和终端的电池进行检查和维护，及时充电或更换。

（4）定期对终端进行清洁和保养，并对标签进行核查。

五、短波通信设备

（一）设备介绍

短波通信系统一般由多个终端台站通过无线电信号连接组成。短波通信系统终端台站一般由短波系统主机、电源（包括变压器、电池等）、天线、短波天线、笔记本电脑等部分组成。短波通信设备（以IC-F8101为例）如图3-17所示，主要参数如表3-7所示。

图3-17　短波通信设备

表3-7　短波通信设备IC-F8101主要参数

一般指标	
频率范围	接收范围：0.5～29.9999MHz， 发射范围：1.6～29.9999MHz
发射类型	J3E、A3E、A1A、F1B、J2B（出口/USA版本）
信道数目	500信道
使用温度	−30～+60℃
频率稳定度	±0.3ppm（−30～+60℃）

续表

一般指标	
供电	13.8V DC负极接地 10.8～15.6V（澳大利亚版） 11.73～15.87V（出口/USA版本）
电流消耗接收 发射	＜3A（最大音量），1.0A（待机） ＜8A（最大功率输出）
发射指标	
输出功率J3E/A1A	125W、50W、10W峰值功率（标称）（出口/USA版本）
杂散发射	64dB标称，低于峰值功率
载波抑制	50dB，低于峰值功率
接收指标	

灵敏度（10dB S/N） J3E（前置开启） A3E	0.5～1.5999MHz 14dBμV 22dBμV	1.6～29.9999MHz −14dBμV 6dBμV
杂散响应	＞70dB	
音频输出	4.0W，10%失真，4Ω负载	
频率微调范围	±200Hz	

（二）操作流程

（1）检查设备外观是否有磨损，或者出现重大损伤。

（2）选择合适的位置架设短波天线，并保证固定点牢靠、无松动。

（3）连接设备电源线缆，开启设备电源。

（4）选择通话信道，设置合适的音量。

（5）对短波天线进行调谐。

（6）调谐完成后，按住手柄"PTT"按键与指挥中心通话；松开"PTT"按键后，进入接收状态。

（7）通话结束后关闭电源，拆卸组件并保管好所有设备。

（三）注意事项

为保证短波通信设备在洪涝灾害通信保障中使用可靠，避免设备安全事件，在使用过程中应注意以下内容。

（1）严禁在未连接天线的情况下开启电源开关。

（2）严禁在设备充电的情况下使用电台发射。

（3）电源线接线的时候，务必注意供电线的连接极性。

（4）禁止将射频线缆大幅度弯曲或对折，建议将线缆绕成环状存放（$d>35\text{cm}$）。

（5）使用过程中应确保设备良好的散热通风，注意设备的防尘浸水。

（四）维护保养

为保证短波通信设备随时完整可用，需定期开展设备预防性维护保养工作，主要维护保养包括以下内容。

（1）定期对短波设备的电池进行检查和维护，及时充电或更换。

（2）定期对车载基站设备进行加电测试和业务测试。

（3）定期对短波设备清洁除尘，避免设备接口和箱体氧化或腐蚀。

（4）定期检查随机附带的电源线表面是否有破损，插头是否存在接触不良，避免漏电或造成电击事故。

第三节　电力生产防洪设备

一、防水挡板

（一）设备介绍

变电站大门防水挡板是由特质铝合金材质制作而成，可以很好地防止汛期时大水流入站内。由于是铝合金制作，不会生锈发霉。挡板安装在门柱上，易拆卸，施工方便，上部可贴反光条。

（二）使用方法

防水挡板由主板面和卡槽构成，外观为铝合金材质。两侧的卡槽可用膨胀螺丝固定到门柱上，需要时再把板面从内径插入卡槽中。不使用或车辆进出时再进行拆除。

（三）注意事项

车辆出入站内，必须保证挡板已拆除。使用时应由两人进行取、放。不得一人拿放，避免挡板因受力不均而变形。

二、发电机

（一）设备介绍

发电机（如图3-18所示）是可以将其他形式的能源转换为电能的机械设备，由水

轮机、汽轮机、柴油机或其他动力机械驱动，将水流、气流、燃料燃烧等产生的能量转换为机械能传给发电机，再由发电机转换为电能。在电网设备发生故障而断电时，可以提供临时的用电保障。

图3-18　发电机

（二）使用方法

（1）给发电机加机油至标尺以上，再加上柴油（或汽油）。

（2）打开发电机上的电源转换开关。

（3）启动发电机，查看各仪表和控制器是否正常，机组是否有异响，电压、频率是否符合要求。

（4）将插头插入交流插座，即可带负载工作。

（三）注意事项

发电机在使用30～50h后应更换全新的机油，每次启动前也应检查机油和柴油（或汽油）是否加至可以安全使用的容量。禁止在密闭的环境使用，必须保证通风良好。

三、便携式潜水泵

（一）设备介绍

便携式潜水泵（如图3-19所示）属于无堵塞泵的一种，具有多种形式，如潜水式和干式两种。目前最常用的潜水式为潜水污水泵，最常见的干式污水泵分为卧式污水泵和立式污水泵两种。便携式潜水泵主要用于输送城市污水，或液体中含有纤维、纸屑等固体颗粒的介质，通常被输送介质的温度不大于80℃。对城市道路内涝积水而专门设计的高性能排水泵，泵壳材质采用铝合金，电机采用永磁同步电机，电缆采用潜水专用电缆，该泵最大特点为体积小、重量轻，广泛应用于防汛抢险、城市排涝、低洼地排水等领域，极大地提高了排水设备的整体快速反应和机动能力。

图3-19　便携式潜水泵

（二）使用方法

（1）轴承座内用柴油（或汽油）仔细清洗干净。

（2）装配前各加工表面均匀地涂以优质机油。

（3）在泵体中开面上铺上一层橡胶石膏板（0.5mm），装上固定泵盖、填料压盖（机封端盖）的螺柱和丝堵。

（4）装配转子部件。

①轴上先装键、再装叶轮（注意水泵转向），叶轮两端装入已装好O形密封圈的轴套、O形密封圈、轴承挡套，后套入双吸密封环、填料套。

②填料密封：一次将双吸密封环、已装好O形密封圈的密封体、填料环、填料压盖、挡水圈从轴的两端套入（填料暂不装）。

③轴尾端先装轴承座，再装轴承、制动垫圈及圆螺母并锁紧，轴传动端先装轴承座、挡圈，再装轴承、制动垫圈及圆螺母并锁紧。轴承内加入钙基润滑脂，占轴承腔1/3～1/2为宜。向外拉轴承座，使轴承装入轴承座内。

（5）将转子部件装在泵体上（注意水泵转向），将轴承座与泵体用螺栓连接（不必拧紧），检查转子部件是否转动灵活，检查叶轮两端密封环位的跳动，允差0.1mm，检查密封环与叶轮间的间隙，检查轴承伸处的圆跳动，允差0.05mm，合格后，密封体O形密封圈部位涂抹封胶，盖上泵盖，装上螺尾锥销，拧紧螺母。

（6）将轴承座与泵体、泵盖用螺栓连接并锁紧。

（7）装填料：在填料环前装两根填料，压入填料环后再装三根填料，各填料接口处错开90°，填料环对准水封水管接口，将填料压盖（机封端盖）固定在密封体上。

（8）配置排气管路部件，装油嘴、放气塞等附件，最后装上键，顺键压入联轴器。

（9）装配完成后，用手转动泵轴，没有擦碰现象，转动比较轻滑均匀即可。

（10）对于带底座的泵，则要清洗泵体的支撑面，即水泵脚板和电机脚板的平面，并把水泵和电机安放在底座上。先调节泵轴水平，找平后，适当上紧螺母，以防走动，然后装上电机，在水平欠妥的脚上垫上垫板。要保证泵轴和电机轴的同心度和两联轴器之间的间隙。

（三）注意事项

（1）潜水电泵必须按实际需要在推荐的扬程范围内选用，以防过载运行而损坏电机。选用电泵扬程应考虑管路及弯头损失，一般每10m水平管道损失1m扬程，每一弯头损失1m扬程。

（2）使用前，先检查电缆线及插头是否完好无损，各处螺栓有无松动，有无油浸出泵壳。电机相线间及接地线与相线间绝缘电阻值应大于50MΩ，还必须安装漏电断路器等保安设施。每台电泵都附有接地标记，应进行可靠接地。

（3）在河塘安装电泵时，最好垂直放置在竹篓或其他网篮内，以防水草等杂物进入、堵塞叶轮。可用三脚架或借助船、桥、码头等吊放。切不可直接置于河底，否则电机会逐渐陷入泥中造成散热不良、温升过高而烧坏电机。

（4）电泵潜水浓度以动水位以下0.5～5m为宜。深度太浅容易因水位下降而出水不良甚至干运转烧坏电机。

（5）使用电泵必须具备适当的电源容量。如电源距使用电泵的地点较远，加配电缆线的规格应按距离远近适当回粗，接头请用防水绝缘胶带密封包扎，确保绝缘并架空。必要时请专业电工测量电泵运行电压是否在额定电压的±10%范围内，以免因电缆线过长，电压下降过大，致使电泵欠压运行，烧坏电机。

（6）如发现有破损的零件，应及时更换，切勿使泵带"病"工作。

（7）电泵应单独使用适当的保护开关，当开关频繁跳闸后，切不可强行启动，应检查电泵是否发生故障，否则易烧坏启动器内的脱扣线圈。所配启动器整定电流的旋钮不得随意转动，以免失去保护作用。

（8）电泵"开""停"不应过于频繁，否则容易出现故障，缩短电泵寿命。

（9）电泵启动后，若不出水，则说明可能是叶轮反转，必须切断电源，将三相线中任意两相对调后重新启动。在工作过程中，若出现不出水现象，则说明可能叶轮堵塞或卡滞，必须立即切断电源，清理堵塞物后再使用，否则会烧毁电机。

（10）电泵放入或吊出水面，必须用钢丝绳吊住电泵吊环或提手上下，切不可乱拉电缆线。电泵运转时电缆线最好架空，以免地面上有重物经过时压破，发生意外事故。

（11）使用软管时还应对电泵进行固定，防止启动时电泵转动发生故障。

（12）电泵在使用过程中必须由专人看管，防止缺相、水位下降导致干运转等现象发生。当出现水量突然减少、声音异常、剧烈抖动等情况时，应立即切断电源，待查明原因排除故障后方可继续使用。

（13）单相电泵电路中装有热保护器，它具有温度和电流的双重保护特性。电泵在异常情况下（如过载、堵转、短路等），电机温升超限，热保护器自动切断电源，泵停止工作。此时应查明情况并排除原因，待电机温升下降后方可重新开机作业。

四、漏电检测仪

（一）设备介绍

漏电检测仪（如图3-20所示）能检测电流型触电保安器的动作电流及小于电流型触电保安器动作的不平衡泄漏电流，还能区分对人体有害的泄漏电压及对人体无害的感应电压，能有效检测用电器及周围环境的漏电现象。

图3-20 漏电检测仪

（二）使用方法

（1）操作员穿戴好绝缘靴和绝缘手套，手持漏电检测仪进入带电区。

（2）打开高灵敏度挡进行测量。

（3）根据高频过高的报警声方向确认电源方位。

（4）把高灵敏挡切换到低灵敏挡。

（5）根据报警声确认电源的具体位置。

（三）注意事项

（1）操作中要有个人安全保护措施。

（2）除检测高压电外，严禁使用"目标前置"挡。

（3）检测漏电时，探测仪要上下左右摆动。

（4）器材要轻拿轻放，防止损坏。

五、救生衣

（一）装备介绍

救生衣又称救生背心，是一种救护生命的服装，设计类似背心，采用尼龙面料或氯丁橡胶、浮力材料或可充气的材料、反光材料等制作而成，一般使用年限为5～7年，是船上、飞机上的救生设备之一。救生衣具有足够浮力，使落水者头部能露出水面。

（二）使用方法

（1）将救生衣口哨袋朝外穿在身上。

（2）拉好拉链，双手拉紧前领缚带，缚好颈。

（3）将下缚带在前身左右交叉缚牢。

（4）穿妥后检查每一处是否缚牢。

（三）注意事项

检查救生衣是否有破损，确保救生衣无裂缝或刺洞。外罩上的破损表明充气气室可能已经与导致破损的部件接触。如果发现这类瑕疵，在进行维修检测前不能继续使用。

第四章　救援机制与体系

第一节　预案管理

一、洪涝灾害预案体系介绍

（一）编制目的

提高电力公司应对防汛事件的能力，正确、有效、快速处置洪涝灾害事件，最大限度地预防和减少洪涝灾害事件及其造成的损失和影响，保证正常生产经营秩序，维护国家安全、社会稳定和人民生命财产安全。

（二）洪涝预案体系

应急预案体系由总体应急预案、专项应急预案、部门应急预案和现场处置方案构成。洪涝灾害预案属于专项预案类，各县公司及以上单位均应设置洪涝灾害事件专项应急预案，视情况制订洪涝灾害部门预案和现场处置方案作为该专项预案的支撑，明确本部门或关键岗位应对洪涝灾害特定事件的处置工作。各级生产车间，根据工作实际设立洪涝灾害事件现场处置方案。

二、洪涝灾害预案编制

洪涝灾害应急预案编制程序主要包括成立应急预案编制工作组、资料收集、风险辨识评估、应急资源调查、编制应急预案和论证等6个步骤。

（一）成立应急预案编制工作组

应急预案编制工作组应由本单位有关负责人任组长，吸收与应急预案有关的职能部门和单位的人员，以及有现场处置经验的人员参加。开展编制工作前，应组织对应

急预案编制工作组成员进行培训，明确应急预案编制步骤、编制要素以及编制注意事项等内容。

（二）资料收集

应急预案编制工作组应收集与洪涝灾害相关的法律法规、技术标准、应急预案、国内外同行业企业事故资料，同时收集本单位安全生产相关技术资料、周边环境特征、应急资源等有关资料，如《洪涝灾情评估标准》（SL579-2012）（中华人民共和国水利行业标准）、上级单位洪涝灾害预案、应急案例档案资源库等。

（三）风险辨识评估

（1）针对洪涝灾害种类及特点，识别存在的危险危害因素，确定事故危险源。

（2）分析洪涝灾害造成的事故类型及后果，并指出可能产生的次生、衍生事故。

（3）评估事故的危害程度和影响范围，提出风险防控措施。

（四）应急资源调查

（1）全面调查和客观分析本单位第一时间可以调用的应急队伍、装备、物资等应急资源状况，以及合作区域内可以请求援助的应急资源状况。

（2）在此基础上开展应急能力评估，并依据事故风险辨识评估结论，完善应急保障措施，出具应急资源调查报告。

（五）编制应急预案

依据本单位风险评估及应急资源调查结果，组织编制应急预案。应急预案编制应注重系统性和可操作性，做到与相关部门和单位应急预案相衔接。洪涝灾害预案的编制应符合下列基本要求。

（1）有关法律法规、规章和标准的规定。

（2）本单位的安全生产实际情况。

（3）本单位洪涝灾害的危险性分析情况。

（4）明确洪涝灾害应急组织和人员的职责分工，并有具体的落实措施。

（5）有明确、具体的洪涝灾害应急程序和处置措施，并与其应急能力相适应。

（6）明确应急保障措施，满足本单位的应急工作需要。

（7）遵循公司的应急预案编制规范和格式要求，要素齐全、完整，预案附件信息准确。

（8）相关应急预案之间以及与所涉及的其他单位或政府有关部门的应急预案在内容上相互衔接。

（六）论证

（1）应急预案编制完成后，应征求应急管理归口部门和其他相关部门的意见，并组织桌面推演进行论证。如有需要，可对多个应急预案相关的组织开展联合桌面演练。演练应当记录、存档。涉及政府有关部门或其他单位职责的应急预案，应书面征求相关部门和单位的意见。

（2）应急预案编制责任部门根据反馈意见和桌面推演发现的问题，组织修改并起草编制说明。修改后的应急预案经本单位分管领导审核后，形成应急预案评审稿。

三、洪涝灾害预案评审

应急预案编制完成后，应组织评审。评审分为内部评审和外部评审。内部评审由公司主要负责人组织有关部门和人员进行，外部评审由公司组织外部有关专家和人员进行评审。应急预案评审合格后，由生产经营单位主要负责人（或分管负责人）签发实施，并进行备案管理。

（一）评审专家组织

洪涝灾害专项预案的评审由该预案编制责任部门（一般为设备管理部门）负责组织，相关联的洪涝灾害部门预案和现场处置方案由该方案的业务主管部门自行组织评审。

应急预案评审专家组应包括应急管理归口部门人员、安全生产及应急管理等方面的专家。涉及网厂协调和社会联动的应急预案，应邀请政府有关部门、能源监管机构和相关单位人员参加评审。评审专家与所评审应急预案的单位有利害关系的，应当回避。

（二）评审依据和要点

洪涝灾害应急预案评审应坚持实事求是的工作原则，紧密结合实际，依据国家有关方针政策、法律法规、规章、制度、标准、应急预案，公司有关规章制度、规程标准、应急预案，本单位有关规章制度、规程标准、应急预案，本单位有关风险辨识评估、应急资源调查、应急管理实际情况，预案涉及的其他单位相关情况。可从以下八个方面进行评审。

（1）合法性。符合国家有关法律法规、规章、制度、标准和规范性文件要求。

（2）合规性。符合公司相关规章制度的要求。

（3）完整性。具备中华人民共和国应急管理2019年7月11日部令第2号《生产安全事故应急预案管理办法》、国家能源局《电力企业应急预案管理办法》《电力企业应急预案评审与备案细则》及《国家电网有限公司应急预案管理办法》所规定的各项要素。

（4）针对性。紧密结合本单位危险源辨识与风险评估，针对突发事件的性质、特

点和可能造成的危害。

（5）实用性。切合本单位实际及电网安全生产特点，满足应急工作要求。

（6）科学性。组织体系与职责、信息报送和处置方案等内容科学合理。

（7）操作性。应急程序和保障措施具体明确、切实可行。

（8）衔接性。专项应急预案、部门应急预案和现场处置方案形成体系，并与政府有关部门、上下级单位相关应急预案衔接一致。

（三）评审方法

应急预案评审包括形式评审和要素评审，具体评审项目、内容及要求见附录十。

评审时，将应急预案的内容与表中的评审内容及要求进行对照，判断是否符合表中要求，采用符合、基本符合、不符合三种意见进行判定。对于基本符合和不符合的项目，应给出具体修改意见或建议并督促整改。

形式评审是依据有关规定和要求，对应急预案的层次结构、内容格式、语言文字和编制程序等内容进行审查，重点审查应急预案的规范性和编制程序。

要素评审是依据有关规定和标准，从应急预案的合法性、合规性、完整性、针对性、实用性、科学性、操作性和衔接性等方面对应急预案进行评审。应急预案要素分为关键要素和一般要素。

关键要素是指应急预案构成要素中必须规范的内容。这些要素涉及单位日常应急管理及应急救援的关键环节，具体包括应急预案体系、适用范围、危险源辨识与风险评估、突发事件分级、组织机构及职责、信息报告与处置、应急响应程序、保障措施、培训与演练等。关键要素必须符合单位实际和有关规定要求。

一般要素是指应急预案构成要素中可简写或省略的内容。这些要素不涉及单位日常应急管理及应急救援的关键环节，具体包括应急预案中的编制目的、编制依据、工作原则、单位概况、预防与预警、后期处置等。

（四）评审程序

第一步：预案编制完成并经本单位编制责任部门初审后，应书面征求本单位应急管理归口部门及其他相关部门的意见，并由编制部门组织进行桌面推演。演练应当记录、存档。

第二步：应根据反馈的意见和桌面推演发现的问题，组织对应急预案进行修改，形成应急预案送审稿，并起草编制说明。经本单位应急职能管理部门审核、分管应急预案编制责任部门的领导批准后，组织召开预案评审会。

（1）成立评审专家组。

（2）将应急预案送审稿和编制说明在评审前送达参加评审的部门、单位和人员。

第三步：预案评审会议通常由本单位分管应急预案编制责任部门的领导或其委托人主持，参加人员包括评审专家组全体成员、应急预案评审组织部门及编制部门有关人员。会议的主要内容如下。

（1）介绍应急预案评审人员构成，推选会议评审负责人。

（2）评审负责人说明评审工作依据、议程安排、内容和要求、评审人员分工等事项。

（3）应急预案编制部门向评审人员介绍应急预案编制（或修订）情况，就有关问题进行说明。

（4）评审人员对应急预案进行讨论，提出质询。

（5）应急预案评审专家组根据会议讨论情况，提出会议评审意见。

（6）参加会议评审人员签字，形成应急预案评审意见。

第四步：公司各级单位应急预案编制部门应按照评审意见，对应急预案存在的问题以及不合格项进行修订或完善。

第五步：应急预案经评审、修改，符合要求后，由本单位主要负责人（或分管领导）签署发布。

四、洪涝灾害预案备案

按照以下规定做好公司系统内部应急预案备案工作。

（1）备案对象：由应急管理归口部门负责向直接主管上级单位报备。

（2）备案内容：洪涝灾害专项、部门应急预案的文本，现场处置方案的目录。

（3）备案形式：正式文件。

（4）备案时间：预案发布后20个工作日内。

（5）审查要求：受理备案单位的应急管理归口部门应当对预案报备进行审查，符合要求后，予以备案登记。

按政府有关部门的要求和以下规定做好公司外部备案。

（1）由安全应急办按要求将预案报所在地的省（自治区、直辖市）或者设区的市级人民政府电力运行主管部门、国家能源局派出机构备案，并抄送同级应急管理部门。

（2）由专项事件应急处置领导小组办公室按要求将该预案报地方政府专业主管部门备案。

（3）各单位应急管理归口部门负责监督、指导本单位各专业部门以及所辖单位做好应急预案备案工作。

第二节 指挥处置

一、洪涝灾害预警

（一）预警定义

根据对电力突发事件以及电力系统运行的监测信息，通过分析与评估，预测电力突发事件发生的时间、地点和强度，并依据预测结果在一定范围内发布相应警报的行动。

公司各单位应及时汇总分析洪涝灾害风险，对电网供区或生产区域内发生洪涝灾害的可能性及其可能造成的影响进行分析、评估，并不断完善洪涝灾害的监测网络功能，依托各级行政、生产、调度值班和应急管理组织机构，及时获取和快速报送相关信息。

（二）预警分级

公司洪涝灾害预警管理中，应采用可量化指标，明确洪涝灾害预警分级标准。制定预警分级前，应对本地域气象、水土环境因素开展风险评估，并结合本单位生产经营场所分布情况、电网设备运行情况、重要客户情况及应急队伍、装备、物资等应急力量情况进行充分调查研究，综合分析得出洪涝灾害可能造成的影响或损坏，将洪涝灾害预警分为一级、二级、三级和四级，依次用红色、橙色、黄色和蓝色标示，一级为最高级别。分级指标参考以下内容。

（1）地方政府气象部门或防汛抗旱部门发布的天气预警或洪涝灾害预警情况。

（2）公司电网辖区24h持续降雨量指标。

（3）公司电网辖区洪涝灾害总体形势。

（4）其他预判可能危害的程度、救灾能力和社会影响等综合因素。

（三）预警过程

洪涝灾害预警全过程包括监测预报和预警建议等发布前准备、预警发布、发布后预警行动、调整结束等阶段。

1. 预警信息

与政府专业部门建立沟通协作和信息共享机制，及时获取气象、水利、国土等政府部门以及应急管理、防灾减灾指挥机构等发布的洪涝灾害预警信息。

2. 监测预报

由公司各级专业部门负责跟踪监测本专业范围内的设备运行、客户供电等信息，积极开展风险辨识分析和研判，及时向有关单位和机构通报情况。

3. 预警发布

通过汇总政府预警信息和人员、电网、设备各类监测情况信息，预测分析，若发生洪涝灾害概率较高，有关职能部门应当及时报告应急办，并提出预警建议，经应急领导小组批准后由应急办通过传真、办公自动化系统或应急指挥信息系统发布。

4. 预警行动

接到预警信息后，相关部门（单位）应当按照应急预案要求，采取有效措施做好防御工作，监测事件发展态势，避免、减轻或消除突发事件可能造成的损害。必要时启动应急指挥中心。行动包括但不限于以下内容。

（1）根据事态发展情况和预警等级，安排应急值班。

（2）做好突发事件发生、发展情况的监测和事态跟踪，及时按报告流程报告信息。

（3）加强电网运行监测，合理调整电网运行方式，做好异常情况处置准备。

（4）加强对电力设备、生产场所的信息收集、监测工作以及设备特巡，做好电网抢修、应急抢修队伍准备，落实各项安全措施。

（5）应急指挥成员、应急救援队伍等应根据预警等级，按照预警通知要求进入待命状态。

（6）应及时向预警发布部门反馈措施执行情况，实现闭环管理。

5. 预警调整和结束

根据事态发展，适时调整预警级别并重新发布。有事实证明突发事件不可能发生或者危险已经解除，应立即发布预警解除信息，终止已经采取的有关措施。如转入应急响应状态或规定的预警期限内未发生突发事件，预警自动解除。

二、洪涝灾害先期处置

发生洪涝灾害时，事发单位首先应做好先期处置，立即启动预案，采取下列一项或者多项应急救援措施，并根据相关规定，及时向上级和所在地人民政府及有关部门报告。

（1）迅速控制危险源，组织营救受伤被困人员，采取必要措施防止危害扩大。

（2）调整电网运行方式，合理进行电网恢复送电。遇有电网瓦解极端情况时，应立即按照电网黑启动方案进行电网恢复工作。

（3）根据事故危害程度，组织现场人员撤离或者采取可能的应急措施后撤离。

（4）及时通知可能受到影响的单位和人员。

（5）采取必要措施，防止事故危害扩大和次生、衍生灾害发生。

（6）根据需要请求应急救援协调联动单位参加抢险救援，并向参加抢险救援的应急队伍提供相关技术资料、信息、现场处置方案和处置方法。

（7）维护事故现场秩序，保护事故现场和相关证据。

（8）国家法律法规、行业制度标准、公司相关预案及规章制度规定的其他应急救援措施。

三、洪涝灾害响应

洪涝灾害应急响应工作按照"谁主管、谁负责"的原则，落实属地为主、分级负责、专业主导、协同应对的要求，做到快速反应、有序高效，最大限度降低事件损失和影响。全过程主要包括应急响应启动、行动、调整与结束四个部分。

（一）响应分级

按照洪涝灾害的可控性、严重程度和影响范围，原则上一般将洪涝灾害应急响应级别分为Ⅰ、Ⅱ、Ⅲ、Ⅳ级，但根据单位实际生产性质、应急组织、措施制定等情况，为保证响应分级的科学性和响应措施的可操作性，也可在预案制定时对响应分级数量进行适当调整。洪涝灾害事件响应级别的确定可采取以下方式。

（1）发生特别重大、重大、较大、一般洪涝灾害事件时，分别对应Ⅰ、Ⅱ、Ⅲ、Ⅳ级应急响应。洪涝灾害事件分级见附录四。

（2）领导小组根据洪涝灾害事件影响范围、严重程度和社会影响，确定响应级别。

（3）市（州）公司、县级公司应急指挥机构应结合历史经验和工作要求科学设置响应级别，原则上应体现逐级提升响应、分级承担任务的要求。洪涝灾害应急响应分级标准见附录五。

（二）响应启动

发生洪涝灾害并造成公司损失或影响时，应急办第一时间接到灾情信息后，经初步研判，立即向领导小组报告，确定召开领导小组会商会议。领导小组根据会商结果，宣布启动相应级别应急响应。响应启动后，视洪涝灾害情况灵活成立若干工作组，在应急指挥部统一指挥下，完成具体工作。

启动应急响应的判定主要包括但不限于以下条件。

（1）电网设备受损情况（停电用户数、停运变电站及线路数量）。

（2）基建现场、建筑物（含调度大楼、办公大楼、营业厅、物资仓库、水电站、信息机房等）受洪涝灾害影响。

（3）因洪涝灾害间接造成重点城市中心区重要用户、核心商业圈、大型社区、高铁、机场等重要用户发生重大社会影响停电，甚至可能造成大面积停电事件的。

（4）根据预警行动、先期处置情况、事件发展态势、社会影响或政府启动响应等综合判定情况。

（三）响应行动

各单位按照"分级响应"要求分别启动相应级别应急响应措施，组织开展洪涝灾害应急处置与救援。应急指挥中心与事发单位、事发现场连通，开展应急会商、指挥协调、资源调配等应急处置工作，主要包括但不限于以下行动。

（1）迅速启用应急指挥中心。

①一般30min内启动应急视频会议系统，第一时间实现互联互通。

②指挥部成员、工作组成员一般应在工作时间30min内、非工作时间60min内到达应急指挥大厅值守。

③事发单位第一时间派人奔赴现场，利用4G/5G移动视频、应急通信车、各类卫星设备等手段实现与应急指挥中心音视频互联互通，具备现场应急会商条件。

（2）组织开展联合应急值班，按要求开展信息报告。

（3）根据事态发展组织应急协同会商，包括但不限于以下内容。

①应急办提供事件简要情况、设备设施受损初始情况等信息。

②设备管理部门负责提供受灾地区输、变、配电及水电设备设施台账、地理接线图等基础信息，气象资料，线路、变电站监控视频。

③安监部门提供人员伤亡、安全措施情况。

④调度部门负责提供受灾地区电网接线图、变电站一次系统图、系统潮流图、负荷曲线图等电网运行资料，提供并持续更新变电设备、输配电线路等电网和设备停运、恢复信息。

⑤营销部门负责提供受灾地区重要及高危用户停电情况、停电台区及用户数、用户恢复情况，与政府相关部门、重要用户沟通情况，重要及高危用户自备电源检查及准备情况，应急发电车准备情况。

⑥宣传部门负责提供舆情监测、新闻通稿等相关资料，并做好新闻发布准备。

⑦互联网部门负责提供受灾地区信息系统运行情况。

⑧建设部门负责提供工程建设项目相关资料、变电站设计图纸、基建抢修队伍信息。

⑨物资后勤部门负责提供应急抢修后勤保障物资相关信息；提供应急会商会务服务，做好应急指挥中心人员出入、食宿等后勤保障。

（4）根据事态发展组织部署应急处置，包括但不限于以下内容。

①应急办及公司相关职能部门进入24h应急值守状态，及时收集汇总事件信息。

②指派专家组赶赴现场，成立现场指挥部，指导协调应对处置工作。

③及时组织有关部门和单位、专家组进行会商，分析研判事件发展情况。

④调派应急队伍奔赴受灾现场，应急救援物资应及时供应，后勤保障系统工作到位。

⑤必要时请求跨区联动支援。

（四）响应调整和结束

根据事态发展变化，相关单位应调整洪涝灾害事件响应级别。洪涝灾害事件得到有效控制、危害消除后，相关单位应解除应急指令，宣布结束应急状态。

同时满足下列条件，按照"谁启动、谁结束"的原则结束应急响应。

（1）电网主干网架基本恢复正常接线方式，电网运行参数保持在稳定限额之内，主要发电厂机组运行稳定。

（2）停电负荷恢复80%及以上，重点地区、重要城市负荷恢复90%及以上。

（3）由洪涝灾害事件造成的电网设备隐患基本消除。

（4）由洪涝灾害事件造成的次生、衍生灾害基本得到控制。

（5）上一级指挥部宣布结束响应。

四、洪涝灾害指挥

（一）洪涝灾害应急领导小组

公司常设洪涝灾害事件应急领导小组，针对具体发生的洪涝灾害事件，临时成立应急指挥部。

领导小组组长由公司董事长担任，常务副组长由公司总经理担任，副组长由分管副总经理担任，成员由公司有关总经理助理、副总师，以及办公室、发展部、财务部、设备部、安监部、营销部、建设部、调控中心、交易中心、物资部、科技部、后勤部、党建部、宣传部、产业办、应急中心等部门（单位）主要负责人组成。

领导小组办公室（以下简称应急办）设在设备部，办公室主任由设备部主要负责人担任，成员由省公司上述部门相关部门人员组成。

（二）洪涝灾害应急指挥部

洪涝灾害事件发生后，公司成立应急指挥部，在省政府层面指挥机构领导下，指挥协调公司应对处置工作；事发市（州）、县级公司成立应急指挥部，负责现场组织指挥工作，做好与地方政府现场指挥机构的对接。应急指挥部是临时机构，名称采用

"应对+事件名称+应急指挥部"方式，其中事件名称原则上采用政府公布的规范名称，或根据发生时间和影响范围命名。

应急指挥部设总指挥、副总指挥、指挥长、副指挥长及若干工作组。Ⅰ、Ⅱ级响应事件省公司层面应急指挥部由公司董事长、总经理（或其授权人）担任总指挥，由公司副总经理担任副总指挥；Ⅲ、Ⅳ级响应事件由分管副总经理担任总指挥，由协管相关业务的总经理助理、总师、副总师担任副总指挥。指挥长和副指挥长由设备部负责人担任。事发市（州）、县级公司做相应设置。

总指挥负责洪涝事件总体指挥决策工作；副总指挥负责协助总指挥开展返现事件应对工作，主持应急会商会，必要时作为现场工作组组长带队赴事发现场指导处置工作。指挥长和副指挥长具体负责专业处置工作。

洪涝灾害事件应急指挥机构设置见附录六。

（三）洪涝灾害应急救援现场指挥部

事件发生后，有关单位认为有必要的，可设立由事故发生单位负责人、相关单位负责人及上级单位相关人员、应急专家、应急队伍负责人等人员组成的洪涝灾害（防汛）应急救援现场指挥部，并指定现场指挥部总指挥。现场指挥部实行总指挥负责制，按照授权制定并实施现场应急抢险救援方案，指挥、协调现场有关单位和个人开展应急抢险救援；参加应急抢险救援的单位和个人应当服从现场指挥部的统一指挥。现场指挥部应完整、准确地记录应急救援的重要事项，妥善保存相关原始资料和证据。

（四）应急协调与指挥

事发单位不能消除或有效控制洪涝灾害引起的严重危害，应在采取处置措施的同时，启动应急抢险救援协调联动机制，及时报告上级单位协调支援，根据需要，请求国家和地方政府启动社会应急机制，组织开展应急救援与处置工作。

在参与政府统一组织的洪涝灾害应急救援过程中，公司各单位应切实履行社会责任，服从政府统一指挥，积极参加政府洪涝灾害应急救援，提供抢险和应急救援所需电力支持，优先为政府抢险救援及指挥、灾民安置、医疗救助等重要场所提供电力保障。

在洪涝灾害抢险救援过程中，发现可能直接危及应急救援人员生命安全的紧急情况时，应当立即采取相应措施消除隐患，降低或者化解风险，必要时可以暂时撤离应急救援人员。

事发单位应积极开展突发事件舆情分析和引导工作，按照有关要求，及时披露公司相关的事态发展、应急处置和救援工作的信息，维护公司品牌形象。

五、洪涝灾害应急值班

（一）应急值班制度规定

按照国家法律法规和有关制度规定，存在危险物品的生产、经营、储存、运输单位和矿山、金属冶炼、建筑施工单位，以及应急救援队伍等应当建立应急值班制度，配备应急值班人员。规模较大、危险性较高的易燃易爆物品、危险化学品等危险物品的经营、储存单位应当成立应急处置技术组，实行24h应急值班。

（二）防汛专项值班工作

公司各单位应结合本单位实际生产经营情况，不断完善应急值班制度。在汛期来临前，按照部门职责分工，提前成立常态的防汛应急值班小组，负责汛期24h值班，确保通信联络畅通，收集整理、分析研判、报送反馈和及时处置重大事项相关信息。

（三）响应状态下的联合值班工作

洪涝灾害应急响应期间，应由领导小组办公室牵头组织，各工作组（相关职能部门）派人参与，在应急指挥大厅开展24h联合值班，做好事件信息收集、汇总、报送等工作。事发单位在本单位应急指挥大厅开展应急值班，及时收集、汇总、上传下达事件信息。

六、洪涝灾害信息报送

（一）报送要求

洪涝灾害事件发生后，事发单位应及时向上一级单位行政值班机构和专业部门报告，情况紧急时可越级上报。根据突发事件影响程度，依据相关要求报告当地政府有关部门。信息报告时限执行政府主管部门及公司相关规定。

应急办根据要求做好统一对外信息报送工作，各专业部门负责对外报送信息的审核工作，确保数据源唯一、数据准确、审核及时，审核后由相关部门履行审批手续由应急办报出。

（二）报送方式

洪涝灾害事件信息报告包括即时报告和后续报告，报告方式有电子邮件、传真、电话、短信等（短信方式需收到对方回复确认）。

洪涝灾害事发单位、应急救援单位和各相关单位均应明确专人负责应急处置现场的信息报告工作。必要时，各单位可直接与现场信息报告人员联系，随时掌握现场情况。

（三）报送内容

洪涝灾害总体形势、事发单位电网设施设备受损、人员伤亡、次生灾害、对电网和用户的影响、事件发展趋势、已采取的应急响应措施、抢修恢复情况及下一步安排等，从报送渠道上具体分为"内部"和"外部"报告。

1．内部报告

（1）预警阶段，事件属地单位向应急办报告本单位预警发布和预警结束情况，以及事件可能发生的时间、地点、性质、影响范围、趋势预测和已采取的措施及效果等信息。

（2）发生洪涝灾害事件后，事发单位及时报告的内容包括时间、地点、基本情况、影响范围等概要信息。

案例1

关于国网南充供电公司营山县发生暴雨（灾害）的报告（速报）

国网四川省电力公司：

根据营山县气象台暴雨红色预警，20××年8月8日00点00分00秒，在营山县老林镇、悦中乡、明德乡发生暴雨天气（灾害），截至20××年8月8日13点30分00秒，导致11条10kV线路停运，共421个台区，停电用户30 789户，其中主动避险停电8条10kV线路，303个台区，停电用户21 652户。故障跳闸3条10kV线路，118个台区，停电用户9137户。

国网营山县供电公司已于8月8日13：30启动三级防汛应急响应。派出抢修人员（含待命）270余人次、抢修车辆24辆。根据国网营山县供电公司请求，国网南充供电公司已支援发电机15台。其中8kW发电机5台，10kW发电机10台。

无人员伤亡。

信息报送联系电话：0817-22746××。

南充供电公司

20××年8月8日

案例 2

国网四川甘孜州电力有限责任公司关于色达"6.25"洪灾的灾情汇报（续报）

入汛以来甘孜州发生多起洪涝和地质灾害，其中 6 月 24 日以来色达县遭遇 50 年一遇的洪灾，色曲河流域、杜柯河流域受灾严重，造成部分电网设备受损和用户停电。现将截至 7 月 1 日 17：00 电网受损及恢复情况汇报如下。

7 月 1 日无新增灾情，抢险复电情况如下：一是 16：30 已全线抢通 10kV 霍磨线，恢复剩余 6 个台区 834 户，冷多寺供电正常；二是 15：00 已抢通 10kV 洛塔线沙玛支线，恢复 2 个台区 413 户。

截至目前，在本次洪灾中受损停电的 14 条线路 111 个台区 4379 户用户，已恢复 88 个台区 4107 户，剩余 23 个台区 272 户未恢复供电。据色达公司反映，天气逐渐好转，洪水渐退，公司将结合水情和道路抢修情况，提前准备部署，在确保安全的前提下，尽快抢修复电。

公司系统已投入应急抢险人员 236 人次，抢险车辆 62 台次，挖掘机 14 台次，吊车 6 台次，装载机 1 台次，拖车 1 台次。

国网甘孜公司
20××年 7 月 1 日

（3）响应阶段，事发单位向应急办报告本单位启动、调整和终止事件应急响应情况，以及事件发生的时间、地点、性质、影响范围、严重程度，政府、媒体、网络舆论反应，已采取的措施及效果和事件相关报表，应急队伍、应急物资、应急装备需求等信息。

案例 3：

基本经过（事件发生、扩大和采取措施、初步原因判断）：

根据四川省防汛抗旱指挥部 20××年 8 月 8 日 17 时启动Ⅳ级防汛应急响应通知及公司防汛预案，结合降雨趋势、公司电网受灾等情况，公司决定于 20××年 8 月 8 日 20 时启动公司防汛Ⅳ级应急响应，请泸州、攀枝花、凉山、宜宾、达州、广安公司及涪江、渠江流域涉及的各地市公司及时启动应急响应，在保证安全的前提下开展应急处置工作。各单位请加强对防汛抗旱指挥部、各抢险现场和相关重要场所的保电工作。

事件后果（伤亡情况、停电影响、设备损坏或可能造成不良社会影响等）的初步估计：

8 月 8 日，四川公司新增停运 11 条 10kV 线路（均为主动停运避险），新增停电 421 个台区、3.0789 万户用户。四川公司积极组织抢修，截至 8 日 19 时，新增恢复 1 条 10kV 线路、176 个台区、1.2879 万户用户，还有 10 条 10kV 线路、245 个台区、1.7910 万户用户正在抢修。

2．对外报告

（1）信息初报的内容包括事件发生时间、地点、基本经过、影响范围等概要信息。

（2）信息续报的内容包括事件发生时间、地点、基本经过、影响范围、已造成后果、初步原因和性质、事件发展趋势和采取的措施以及信息报告人员的联系方式等。

洪涝灾害事件预警（响应）行动日报模板见附录七。

（四）信息社会发布

（1）信息发布内容须经公司领导小组授权，并向上级单位宣传部门报备，由本单位宣传部门组织统一发布。

（2）接到洪涝灾害事件信息后，若有信息发布必要，宣传部门应在30min内通过公司官方微博、微信等方式完成首次信息发布。

（3）视事态进展情况，每隔2h开展后续信息发布工作，直至应急响应结束。

（4）定期或在关键节点，在政府相关部门的统一组织下，全面介绍停电情况、公司采取的措施、取得的成效、存在的困难以及预计恢复供电时间等，争取公众理解和社会资源的支持。

（5）组织媒体现场采访，保持正面传播态势。

七、应急物资保障

（一）适用范围

应急抢险物资是指已启动应急响应，为应对恶劣自然灾害造成电网停电、电站停运，满足短时间恢复供电需要的电网抢修设备及材料、应急抢修工器具、应急救灾物资及装备、劳动保护用品等。

（二）工作程序

各单位需求部门按附录格式填报应急物资需求申报表（附录八），经本单位项目管理部门、财务部门、项目计划管理部门和应急管理部门审核后，报本单位物资管理部门开展应急物资采购供应工作。

各单位物资管理部门在供应链运营平台物资调配系统资源统筹模块中查询实物库存、协议库存和合同订单等信息，并与实物库存可调单位、协议库存和合同订单供应商核实可用资源。

各单位物资管理部门在供应链运营平台调配系统应急保障模块提报应急物资申请，上传应急物资需求申报表签字盖章版扫描件。

公司供应链运营中心按照"先实物，再协议，后订单"原则，制订应急物资实物

调拨和协议库存分配方案。如有实物库存资源或订单资源，经公司物资部审核，由供应链运营中心下达调配通知单；如有协议库存资源，对35kV及以上物资，由省物资公司执行协议库存的相关流程；对10kV及以下物资，各单位自行开展协议匹配工作。后续履约由各单位自行组织实施。其余物资和非物资由各单位物资管理部门组织实施应急采购。

洪涝灾害应急响应结束后，各单位应加快落实项目和资金，在三个月内完成系统补录和结算等工作。

各单位要做好应急物资资料收集和存档工作，确保档案真实准确、齐全完整、系统规范。

第三节　洪涝灾害处置后评估

应急响应终止后，事发单位应按照公司有关要求，对洪涝灾害事件的预防准备、监测预警、处置救援、事后恢复等过程进行评估和调查，重点通过还原洪涝灾害事件应急处置全过程，对照有关应急法规、制度、预案和相关要求，总结经验、查找问题、吸取教训、完善措施，不断提高应急处置能力，形成应急处置评估调查报告。事发单位应做好应急处置全过程资料收集保存工作，主动配合评估调查，并对应急处置评估调查报告有关建议和问题进行闭环整改。

一、评估目的

洪涝灾害处置后评估是公司电力应急评估管理工作的重要组成部分，是对洪涝灾害突发事件事前、事发、事中全过程的各项处置行为，包括应急准备、预警监测、先期处置、应急响应、应急结束、后期处置乃至恢复重建的评估。处置后评估的主要目的是查找应急处置工作中的问题和薄弱环节，改进应急工作，改善处置流程，提升处置能力。

二、评估原则

评估工作坚持"贵在真实、重在整改"的原则。对评估结果发现的问题、专家建议，被评估单位要制订整改计划，建立并实行长效动态管理机制。

三、评估内容

（1）按照洪涝灾害评估内容分类，包括应急处置流程、应急队伍力量、应急物资管理、应急指挥决策等相关内容。

应急处置流程评估：主要对洪涝灾害危险源分析、应急预警、信息报告与发布、应急响应、后期处置等突发事件应急处置全过程流程评估。重在分析责任主体对洪涝灾害应急预案的掌握情况和应急综合处理流程合理性、规范性和能效性。

应急队伍力量评估：主要对各单位应急队伍储备、培训、结构等情况评估和对应急队伍在洪涝灾害处置过程中的业务、技能、素质综合分析。

应急物资管理评估：主要对应急设备、救援装备、防汛后勤物资的配置、储量和调配的综合评估。

应急指挥决策评估：主要针对应急指挥人员在洪涝灾害处置过程的应急决策正确性和时效性进行分析评估。

（2）按照参与应急处置的对象分类，包括对洪涝灾害事件处置的指挥层、管理层和一线操作层的评估。

指挥层：评估涉及部署决策、协同应对、应急研判、信息披露等方面。具体评估指标如表4-1所示。

表4-1 指挥层评估指标

指标内容	指标要求
部署决策	接受国家相关应急指挥机构的领导，在公司党组织的领导下，统一领导公司防汛事件抢险救援、抢修恢复工作，研究决定公司防汛事件处置重大部署和决策
协同应对	就公司防汛事件应急处置工作向国家有关职能部门提出援助要求
应急研判	宣布公司进入和解除应急状态，决定启动、调整和终止事件响应
信息披露	决定披露防汛事件相关信息

管理层：评估涉及洪涝灾害预警管理、处置与救援、恢复与重建等方面。具体评估指标如表4-2所示。

表4-2 管理层评估指标

一级指标	二级指标	三级指标	指标要求
预警管理	预警分级	—	洪涝灾害预警分级准确、及时
	预警发布	—	洪涝灾害预警通知发布及时、要素齐全

续表

一级指标	二级指标	三级指标	指标要求
预警管理	预警行动	—	洪涝灾害预警行动包括但不限于以下内容： 1. 应根据事态发展情况和预警等级安排应急值班； 2. 预警阶段，应及时跟踪事件发展信息，及时按照信息报告流程报告信息； 3. 涉及电网的应急预警，在预警阶段应加强电网运行情况监测、电网设备运维等工作； 4. 应急领导小组成员、应急队伍和相关人员应根据预警等级，按照预警通知要求进入待命状态； 5. 应及时向预警发布部门反馈措施执行情况，实现闭环管理
	预警调整和结束	—	应根据事态发展，适时调整预警级别并重新发布。有事实证明突发事件不可能发生或者危险已经解除，应立即发布预警解除信息，终止已采取的有关措施
处置与救援	处置措施	—	是否与相关应急预案及部门应急处置卡保持一致
	应急响应	启动应急响应	经应急领导小组批准确定响应级别，迅速按照相关预案要求启动相应级别的应急响应并组织实施应急处置；将启动应急响应有关情况报告上级或地方政府有关部门
		应急响应行动	1. 按有关预案要求迅速启用应急指挥中心； 2. 根据事态发展组织开展应急会商； 3. 组织开展应急值班，按要求开展信息报告； 4. 组织部署相关专业人员开展应急处置
		资源调动	1. 迅速调派应急队伍奔赴事故现场； 2. 应急救援物资应及时供应； 3. 后勤保障系统工作到位； 4. 必要时跨区调用应急队伍、应急物资及时支援
	信息报送	信息收集与交换	整合各类信息，确保与上级、政府主管部门和各专业机构有效沟通、充分交换信息
		信息发布程序	1. 应制订信息发布的模板和新闻发布通稿； 2. 应急响应启动或解除后，按规定程序进行新闻发布； 3. 信息发布应及时，避免产生负面影响
		信息发布内容	1. 信息发布的内容包括：事件概要、影响范围、事件原因、已采取的措施、预计恢复时间； 2. 信息发布应结合应急响应阶段性特点，做好动态管理，及时更新

续表

一级指标	二级指标	三级指标	指标要求
处置与救援	舆情引导	—	1. 建立突发事件舆情监测预警、管理控制相关的数据库、信息获取与分析系统； 2. 落实舆情信息监测人员职责； 3. 发生突发事件，通过微博、微信等渠道第一时间向社会发布信息
	调整与结束	—	是否按要求调整或终止应急响应，发布调整或解除应急响应通知是否按预案要求执行
恢复与重建	后期处置	事件损失分析	组织相关专业部门开展突发事件的损失统计和综合分析，及时开展保险理赔及费用结算
		事件调查分析	查找突发事件的起因、性质、影响、经验教训
	资料归档	—	及时清理事发现场，收集整理灾害影响影像资料和相关基础资料，并进行归档

操作层：评估涉及演练准备、处置与救援等方面。具体评估指标如表4-3所示。

表4-3　操作层评估指标

一级指标	二级指标	指标要求
演练准备	—	参加现场应急处置的人员数量是否充足、两穿一戴（工作服、工作鞋、安全帽）是否规范、携带的工器具是否齐全
处置与救援	先期处置	先期处置阶段的处置措施全面、得当，并与应急处置卡一致
	信息报告	信息报告准确、及时、规范，要素齐全
	应急处置	现场应急处置阶段的处置措施全面、得当，并与应急处置卡一致
	应急救援	应急救援措施全面，并与预案一致
	后期处置	现场处置基本结束后，及时、正确开展后期处置工作

四、评估对象与主体

以洪涝灾害事发单位为对象，针对应急队伍群体应急能动性评估。

以本次洪涝事件应急处置为对象，全过程综合评估，重在分析洪涝灾害的指挥合理性、组织性、分工协作性。

由牵头洪涝灾害处置的部门组织开展评估，评估组成员可由应急管理人员、专业应急机构专家或组建专家组成员构成。

五、评估方式

（一）评估组织

洪涝灾害发生后，牵头洪涝灾害处置的部门应事先组织安排评估人员至现场参与应急处置全过程，实时记录并对每个环节初步评估，处置结束后收集数据，由专家组参照相关资料做后评估分析。

被评估的单位应在专家组评估前完成本单位的自评估和相关资料准备，提供全面、翔实、准确的自评估报告。

评估专家组应严格遵照本单位及上级单位应急预案和各专业规程内容，以数据统计对比、流程合理分析和处置效益分析等方法进行评估，兼顾科学性和全面性。

（二）评估过程设计

整个评估分为洪涝灾害处置后评估模型设计、数据获得、结果分析三个阶段，结果分析有赖于数据获得，数据获得有赖于模型设计，模型设计最为重要。功能定位、评估层次、评估内容所探讨的都属于模型设计的范围，它们分别负责提出研究问题、确定分析对象、选定测量指标。

洪涝灾害处置后评估建议采用由被评估对象自己判断得分的自陈式量表评估方式，具体操作又分两种模式：一是给出每一等级的参照标准，由被评者根据标准判断所属等级；二是不设参照标准，由被评者判断所属等级。洪涝灾害处置能力评估可分为6个等级：5——"能力很高"；4——"能力较高"；3——"能力一般"；2——"能力较低"；1——"能力很低"；N/A——"不适用"。

评估工作结束后，应将结果反馈至组织部门进行预案修编、决策优化等。洪涝灾害处置后评估参考设计模板见附录九。

第四节　灾害新闻报道与舆情处置

一、灾害新闻报道遵循的新闻准则

坚持及时、准确、客观的新闻报道原则，正确引导舆论。在突发自然灾害发生后，受众切身感受着自然灾害对个体带来的巨大影响，从网络获悉的碎片化、局部化信息，易产生恐慌心理。此时，新闻工作者正确的舆论疏导就变得尤为重要，要及时、准确、全面地报道自然灾害事件的全貌和救援情况、救援措施等，通过积极、正面的宣传报道增强社会凝聚力、向心力，以此安抚、疏导由于突发自然灾害事件造成的社会恐慌。

（一）冷静、理性的专业精神

《国家突发公共事件总体应急预案》出台后，国网四川省电力公司制定《国网四川省电力公司新闻突发事件应急预案》，预案中明确突发事件发生后新闻发布工作的负责单位，工作的原则、要求、程序，以及发布人、发布内容、发布对象、发布方式、发布地点等。在突发自然灾害新闻报道中，要以冷静、理性的态度第一时间为公众提供真实客观的信息，让公众了解突发事件发生发展的动态。同时完善舆情监测、部门联动、警示教育等工作机制，打造公益宣传、风险提示、信息发布、新闻报道四大平台。

（二）满足受众知情权，做好信息传递

面对灾情，人民群众的生命安全高于一切。突发自然灾害发生后，在迅速开展应急处置的同时，新闻工作者遵循新闻报道真实性的原则，全方位、多角度、深度报道受众关注的问题，客观、准确地将新闻信息及时传递给受众，确保信息传播渠道畅通。抢险救灾新闻报道中，新闻从业人员要迅速收集灾情、了解救援措施，统一口径，正确把握导向，为公众提供客观、真实、准确的信息；突发事件新闻报道中突发情况比较紧急，拿不准、拿不稳的信息坚决不用，报道受众关心的、感兴趣的信息，有利于有效组织和动员全社会力量参与救援和救助。

（三）动态滚动报道及时跟进

突发自然灾害发生后，突发自然灾害新闻报道用现场说话，抢时效、拼现场、比策划，滚动报道最新动态及救灾全过程。公司应急指挥中心要与政府、应急厅、气象、卫生、交通运输等部门加强联系，新闻从业人员要及时掌握气象变化、地质灾害预警等相关信息，动态滚动时间、地点、地形、天气，实时捕捉追踪最新的受灾情况、抢险情况和应急措施。同时宣传普及预防、辨别、避险、自救等地质灾害防治应急知识，提高人民群众自救、互救能力。

（四）平民视角传递人文关怀

突发自然灾害事件发生后，受众生理、心理会出现一些悲观消极、情绪失控等状况。在选择新闻采访、报道的视角时，要以富含"人情味"的采访报道方式，温和措辞，不刻意深挖群众的痛苦；以平民化视角关注新闻事件，使新闻信息的传递更真实、更富有人情味。应避免询问空泛冷血的问题（如"你有什么感觉"等），而应询问具体实际的问题（如"你希望得到什么样的协助"等）。面对失去亲人和家园的受访者，不应过度侵扰，不强迫访问哀痛中的人。

二、突发自然灾害新闻报道的特点及方式

在信息爆炸的融媒体时代，在应对突发自然灾害时，新闻报道要有整体的策划、快速的应对和团队的协作。突发新闻事件应急响应启动后，根据相关流程启动不同的工作类别，值班领导如何指挥、专业宣传队伍如何突破、各基层单位通讯员如何配合、后方编辑如何协作、新媒体如何参与。同时，面对自然灾害类重大突发事件，统筹、协调好各基层单位宣传资源，及时发布受灾地区的最新交通、天气、应急抢险、电力救援等情况。

（一）传播手段灵活，传播格局多元

突发事件发生后，受众对其性质、强度、发展趋势等缺乏明确的界定，因此会通过各种途径和渠道获得尽可能多的信息。尤其是在人人都是自媒体的时代，信息的传播频率、速度、数量等会急剧攀升，各种小道消息流传加快，同时传统媒体、新媒体、自媒体等各种传播工具争相报道，快餐式信息会在紧张的气氛中变形走样。受众在这个时期，会以自己的经历、知识背景、信息的获取渠道等弥补信息的不确定性。因此，要运用消息、深度报道、专题报道等方式传递突发事件的信息。

（二）报道内容震撼，报道形式立体

历次突发自然灾害的信息传播，均表现为极强的视觉震撼和心理冲击力，因为突发自然灾害自身的变幻莫测决定了信息传播过程的多样性，不论是受众还是灾区群众心理承受能力都很脆弱，此时如果信息报道一旦失误，影响就会成倍放大，造成恐慌，甚至酿成次生灾害。

突发自然灾害报道需要坚持的原则：告诉受众正在发生什么，为什么会发生，发生之后会产生怎样的影响，正在采取怎样的措施等。在此基础上，为了更全面地表现突发自然灾害的各方面，要运用文字、图片、音频、视频等各种表达手段立体化报道自然灾害，让受众对突发自然灾害有感性和理性认识，积累经验，为今后类似突发自然灾害报道提供借鉴。

（三）突发自然灾害新闻报道的方式

在突发自然灾害报道中，要在第一时间发布灾害的地点、强度、伤亡、进展和救援等具体信息，因此多选择现场报道，以消息、通讯、深度报道、专题等新闻体裁为主，通过文字和影像及时发布。突发自然灾害报道分为初期、中期和后期三个阶段，因每种新闻体裁的特点和作用不同，因此初期以消息为主，中后期以通讯和深度报道为主。

文字报道有消息、通讯和深度报道三种方式。

1. 消息报道突出时效性

突发自然灾害发生后，要在第一时间发布新闻，掌握舆论主导权。消息能在突发自然灾害发生后最短时间发布，简要迅速告知受众发生了什么，突出时效性、突发性、独特性，要求一事一报，在结构上由标题、导语、主体、背景、结尾几部分组成，多适用于突发自然灾害初期。

案例1 6月17日22时55分四川长宁县发生6.0级地震，震源深度16千米。截至目前，四川电网主网运行正常，暂无人员伤亡和电网设备受损情况报告，国网宜宾供电公司已开展隐患排查工作。（6月17日23：15发布）

提示 谁最早到达，谁就是新闻源。消息写作要用现场说话，多细节，少议论；多解释，少晦涩，可采用白描方式，插叙场景、背景和人物形象，做到"新"。要遵循短、快、新、活，捕捉现场的画面和有用信息，如地形、天气，最新的受伤人数情况、力量增援和应急措施等，用现场说话，以真实动人，做到时间新、内容新、角度新、结构新，为受灾群众提供准确、及时的消息。突发自然灾害消息，要及时、迅速，叙事直截了当，语言简洁明快、短小精悍。在初期，受众更关注自然灾害的受灾情况，对于突发性自然灾害的报道，首先在第一时间发布灾害时间、地点、发生什么事，人员伤亡、电网受损及救援措施等情况，快速形成通稿，统一对外口径发布。

案例2

四川电力沉着应对地震

6月17日22时55分，四川省宜宾市长宁县（北纬28.34度，东经104.90度）发生6.0级地震，震源深度16千米。据初步统计，地震造成500千伏叙府站、220千伏龙头变电站不同程度受损；5座35千伏变电站停运；1条110千伏线路、7条35千伏线路、28条10千伏线路停运，共计约4万户用户停电。

反应迅速，各工作组各司其职

地震发生后，四川省应急管理厅启动二级应急响应，国网四川公司根据地震应急预案，迅速启动二级应急响应。

15分钟，建立起国网公司、四川公司、宜宾供电公司的视频连线。20分钟，通信运维人员完成了集结，为指挥和处置提供了有力支撑，充分展现了应急通信耳目尖兵的作用。45分钟，国网四川应急救援直属队在龙泉库房完成应急抢险装备及物资的准备工作，随时可以出发。

与此同时，国网四川公司应急救援组、救灾抢险组、电网调度组、通信保障组等8个工作小组各司其职，全力参与应急抢险工作中。

多次视频连线，科学决策指挥

地震发生后，省公司在指挥中心与宜宾供电公司、国网检修公司等多次连线，前方消息不断更新，一条条指令在此传达。

......

截至18日8点45分，公司已派出196人，调集37台抢险车辆、1台发电车、3台应急照明灯具、37台发电机、1台应急方舱投入抢修救援；已恢复4座35千伏变电站，3条35千伏线路、4条10千伏线路供电。目前，灾区电力抢修救援工作正有序推进中。

提示 相继发布科学决策、各基层单位火速支援长宁地震电力应急救援的信息。构成新闻的基本要素When（时间）、Where（地点）、Who（人物）、What（情况）和Why（原因）必须真实，新闻所反映的事实的环境和条件、过程和细节、人物的语言甚至动作等，必须真实；新闻引用的各种资料，如数字、史料、背景材料等，必须确切无误。

2. 通讯报道体现完整性

在灾害发生初期，报道基本大同小异，都是"5W"要素的整合，或是来自官方的通报，抢时效发出第一手的灾害信息。但公众对信息的需求却不止于此。这就需要进入第二阶段——追踪报道阶段，比拼的是选题视角、细节挖掘和报道深度。

震后第一天的双河生活

宜宾长宁下起了雨。小雨从6月17日夜里淅淅沥沥地落下来，整座小镇、整座城市屏住了呼吸，徘徊在碎瓦砾堆前的人们四处寻找遮风挡雨的栖息处，恐惧的气息没有被雨水冲淡，反而让人担心震后长宁的危险。

6月17日22时55分，一场6.0级地震袭击了宜宾长宁，划破了夜空的宁静。相比淅沥的小雨，大大小小的余震仍在威胁着百姓的安全，震痛这个城市。

越往震中长宁双河镇走，连根倒地的竹树、破裂的墙面、倒塌的房屋……越多的悲惨细节逐渐铺陈在人们面前，再次勾起停留在人们公共记忆里的地震之殇。截至18日8时30分，这场地震已造成12人遇难、125人受伤，共计约4万用户停电。紧随而至的救援彻夜进行。

与九寨沟地震最初时的失联类似，地震发生之后，长宁也经历了停电与通信失联，但光明很快就"恢复"了。国网四川电力通过应急发电车全力支撑路灯供电，为各方救援措施开展提供电力供应，为震中位置双河卫生院、避难广场等居民集中点搭建帐篷架起临时的家。到18日4时，长宁县双河、龙头、硐底、梅硐四个受灾严重的乡镇，全部应急避难广场和灾民安置点都有了应急照明。同时，各抢修队伍持续开展巡视检查，排查隐患，根据现场受灾情况制订抢修方案，全力以赴在最短时间内恢复停电区域的供电。

地震发生5小时后，受灾群众、救援人员与志愿者穿梭于瓦砾间。地震给县城带来了短暂的骚动，地震过后，老百姓聚集在"5·12"地震后修建的避难广场，分批住进从凌晨四点开始搭建的帐篷。广场里，印着"抢险救灾"的蓝色帐篷还在一顶顶快速组装，国网宜宾供电公司为老百姓提供了可同时容纳100台手机充电的方舱，前来充电的人络绎不绝，这里是展露笑容最多的地方。与此同时，电力公司提供的每一台发电机都为大家带来了充电的便捷。

6月的正午高温难耐，国网四川电力（宜宾）共产党员服务队忍受着闷热和蚊虫的叮咬，开始为搭建好的帐篷安装照明设备。电力员工动作熟练，一盏盏电灯被高高挂起，预计下午5点就能全部安装好。傍晚这些电灯将被点亮，在夜里为百姓送上光明和温暖。

提示　通讯突出完整性，多适用于突发自然灾害中期，是描述一个点上或较短时间内某一事件的整个过程，是对较长一段时间发生的事件进行梳理提炼的现场特写，具有阶段性和综合性的特点。

3. 深度报道重在深刻性

突发自然灾害除了每个节点都强调新闻时效，同时要在意突发事件导致的后果、对灾区群众产生的影响及如何防范等。这就需要在动态滚动报道和综合消息报道后推出深度报道，对事件的来龙去脉进行深度解读，契合受众获悉事件表象后想知道"背后的故事"的心理。

科学长效建设电力应急体系

6月18日凌晨，在长宁县6.0级地震发生后，国网四川省电力公司根据地震应急预案，启动二级应急响应。这是该公司近十年来第34次启动省公司层面的应急响应。

近年来，国网四川电力成功应对"8·13"特大泥石流、"4·20"芦山地震、"6·24"茂县山体坍塌、"8·8"九寨沟地震、"7·2"邛崃洪灾等各类突发事件1080余件，累计投入应急抢险人员21万人次，出动应急车辆4万余台次。

2008年汶川地震发生后，国网四川电力着手构建和探索建设电力应急体系。这项工作从组织架构到指挥运转，从救援人员组成到培训内容设置等，均没有成熟的案例可以遵循。

……

在"以人民为中心"的应急理念的指导下，国网四川电力将抢险救灾分成了不同的阶段。李云峰说："灾后1~7天是救灾，在救人的同时要保证给政府的救援指挥部、医院、居民安置点和学校提供照明电；灾后7~14天是抢修阶段；14天后进入灾后重建。各个阶段的侧重点不同，相应的应急处置思路和指挥思路也不同，救援力量的组织、物资的调配也就更加科学、有序、高效。"

长宁县6.0级地震发生后15分钟，国网四川电力应急中心救援队员聂鹏就从家里赶赴应急指挥中心，和同事一起建立起连接公司总部、省公司、宜宾供电公司等应急指挥的视频系统，使灾情信息快速地传达至各级单位；20分钟后，通信运维人员完成了集结，为指挥和处置提供了有力支撑。

……

国网四川电力应急救援直属队队员范苑对2008年汶川地震抢险救灾期间的情景还记忆犹新。"汶川地震发生后，我们在积极恢复震区供电的同时，依靠发电车为灾区群众提供充电服务。但因插线板的插孔有限，帐篷内又不允许私拉电线，因此不能满足灾区群众的充电需要。"

这件小事引起国网四川电力的重视。2010年玉树地震发生后，该公司将第一代简易充电装置运送到灾区，实现了240部手机同时充电，之后又在此基础上研发多功能、大威力的充电方舱，增加充电孔和续航时间。在"4·20"芦山地震抗震救灾中，充电方舱为芦山的居民、志愿者、救援人员、记者等进行手机、电筒、电瓶车充电1.2万次，被称为"充电宝宝"。

经过反复试验，国网四川电力研制出外接发电机供电的"车载充电方舱"，可通过USB插口或多功能充电器同时为2200部手机充电，续航时间达到10个小时以上。该方舱带有快速自装升降系统，方便机动使用和运输——哪里需要去哪里。

提示 突发自然灾害报道写作时的注意事项为：从最核心的事写起；从最具现场感的情节和目击写起，以现场采访主题事件为线索，作客观记录，突出现场感；写出事件的冲突性；捕捉细节、呈现细节；以叙事语言为主，短句直接引语、白描等手法的运用可强化现场感，多用名词、动词，在涉及新闻事实、影响新闻的客观性时，不使用形容词、副词；标题要体现动作感，避免用没有动词的陈述语句。

（四）灾害新闻的影像报道方式

对于突发自然灾害，受众首先想要知道"发生了什么""怎么样"，但文字叙述很难再现现场及救援情况，而视频和图片不仅能突出现场感，还能提高报道的真实性，增加报道的冲击力，呈现更好的视觉效果。突发自然灾害现场影像报道的要求是正向性、新闻性和感染力。影像传播是一个亟待开发的渠道资源，包括静态影像（图片故事）和动态影像（视频报道）。这是突发自然灾害新闻报道的趋势。突发自然灾害发生后，在短时间内，救援人员无法进入灾区的情况下，受灾群众成为人们了解灾区情况的重要信息源。各基层单位应急救援队赶赴应急救援现场进行应急处置时，各单位新闻报道人员会一起进入灾区，但如遇特殊情况，新闻报道人员未能随队前往，应急救援队员要在不影响应急救援工作的情况下，尽量用手机拍一些现场的受灾、救援等图片和视频，这些都是比较珍贵的影视资料，是不可复制和还原的。2008—2012年发生的南方雪灾、汶川地震、玉树地震、舟曲泥石流等，这些灾害的最新情况都是当地不知名的拍客用DV或者手机记录下来，通过互联网传播，特别是在芦山地震发生后，就有某视频网站的网友上传了手机实拍的四川雅安地震现场的视频。该视频第一时间记录下了灾难发生的情景，成为先于传统媒体视频的一手资料。随着智能手机的普及，拍照、录像功能不断完善，人人都可以成为视频影像的制造者，这种迅速及时的传播方式，不仅粉碎了谣言，稳定了人心，还为灾后的救援提供了保障。

影像报道拍摄和制作的要点包括以下五项。

（1）不拍摄采访对象裸露部分身体、衣冠不整的状态。

这些影像虽然具有相当的震撼力，但是除了能吸引人们对突发事件的好奇外，在对于事件的深入理解上并没有多大帮助，反而可能给人带来强烈的心理阴影，产生不适。不用特写镜头报道遇难者家属悲痛的情绪、表情或声音，应对其进行遮挡或模糊处理，这样既尊重了当事人，又可恰当地传递出痛苦的情绪。

（2）利用便携设备及现代化网络拍摄。

采用便携设备，能够有效提高现场拍摄的灵活度，用自己的眼睛和自己的耳朵捕捉事件的发展过程，充分利用直播、短视频等报道方式，第一时间报道前方的抢险救援情况。此外，在现场奔跑寻找拍摄目标的过程观众都可以通过镜头感受，能带来较强的现场感。在拍摄视频短片时，手机尽量横着和竖着都拍一些，以满足传统电视以及微信、抖音等新媒体的传播的需要。

（3）记录正常取材时难以拍摄到的画面。

一些人在面对摄像机镜头时常常会掩饰自己。这个时候利用早开机和晚关机捕捉他们休息时的活动与尚未整理情绪时的原始状态，哪怕是一些细微的表情和行为的变

化，都会更生动和鲜活。

（4）运用长镜头，提高纪实感。

长镜头是在运动过程中持续地不间断地记录事件的发展过程，对于事件的完整表现和新闻真实性的把握都非常有力，能够保障灾难报道的真实性，提高新闻的纪实感。30s以上的连续镜头能够相对完整地对事态的发展进行记录，也契合观众想了解事件全貌的思维方式。

（5）影像报道的注意事项。

静态影像拍摄时应注意思想积极。能够被报道出来的图片，一定要政治站位正确，思想积极向上；内容合规，符合安规以及相关政策法规要求，如着装、旗帜、标识使用等。新闻摄影必须体现一个"新"字，它所反映的必须是正在发生的、引人关注的新闻事实、真情实感。新闻摄影应以正确反映事件为主，具有较强的现场感，冲击力强。好的新闻图片，主题鲜明，从不同角度展现拍摄主体，以求达到最大的情感冲击力，真实地反映拍摄主体的精神面貌。特别提醒：真实性是新闻摄影的生命所在，虚假的新闻报道只能招致更多负面。图片拍摄方式有抓拍、还原现场的方式。抓拍时要注意构图，抓拍神态，可特写，可全景。

三、突发事件应急现场宣传报道准备

在突发自然灾害现场，在应急救援队到达现场进行抢险救援的同时，新闻报道人员要迅速对搭建好的现场指挥部、营地等现场进行布置，即将标语、横幅、应急救援队队旗、党员服务队队旗、中国共产党党旗等带到现场，做好红色元素和国网元素的救援现场布置，做好多角度、全方位的拍摄报道。

四、自然灾害新闻报道人员的现场防护

洪涝灾害伴随着各种难以预料的危险。新闻宣传人员和应急救援队员一样肩负使命，是第一批奔赴灾害现场的"逆行者"。在历次地震、洪水、泥石流等突发自然灾害中，新闻宣传人员与应急救援队员一起奋战，深入现场采写具有真实情感、视觉独特的报道，精准集纳和及时传递抗灾救灾、众志成城的精神。作为新闻宣传人员，更需懂得如何在灾难现场自我"心理保护"和"身体防护"。

（一）了解自我心理承受能力，合理安排素材

在跟进洪涝灾害新闻报道的时候，新闻宣传人员不可避免地需要经常接触突发自然灾害现场的景象，工作量也是平时的几倍。过度劳累是宣传工作者的通病，越是在紧迫的时候，越要估量自己的承受能力并适可而止。然而心理疲劳比生理疾病更不容

易发现，也更难医治。新闻报道人员须在日常生活中坚持身体锻炼，保持良好的精神状态，提高心理素质，这不仅对个人健康有益，也是能应对各类突发自然灾害良好工作状态的重要保证。

同时，新闻宣传人员需要合理地安排、整理和处理各类素材，减少不必要的重复查看，找到与灾难景象保持距离的方法。在室内工作时，适度调节显示器的亮度，不要总盯着屏幕看有关灾难的影像资料，以免增加心理压力；偶尔站起来活动或者呼吸新鲜空气，可以抑制身体的应激反应，使身体放松下来。

各基层单位要关心一线现场报道人员，要使其有倾诉的渠道。现场新闻报道人员首先是一个有感情的人，其次才是为受众传递信息的新闻工作者。有时在参与重特大洪涝灾害现场报道后，可能会经受灾难或者外界强烈刺激，此时要及时引导学习心理健康、心理障碍方面的知识，主动寻求心理医生，及时诊断、及时治疗。

（二）做好灾难现场的自我防护，确保自身安全

新闻宣传人员要具备较高的政治素养，具有高度的政治责任感，保护自己在应急现场的生命安全，要自己携带必要的水和食品，不能给救援人员增加额外的负担。

新闻宣传工作人员要了解洪涝灾害等各类突发自然灾害的特点和防护要求，例如：什么地段是泥石流多发地段，泥石流来临的时候应该怎样做好保护和预防工作；地震发生时该躲在哪里，怎么应对余震；洪涝灾害时，做好哪些防护措施；怎么防范次生灾害等。只有不断扩充知识，才能在突发自然灾害发生后，做好现场应急救援报道的同时，对应急文化传播、突发自然灾害应急常识及灾后的防疫工作，做出更专业、更全面的报道，消除受众的不良情绪，降低灾害导致的损失。

五、应急救援人员应对新闻媒体的注意事项

在突发自然灾害现场，新闻报道人员除做好滚动宣传，还要配合社会媒体记者做好应急救援队员的采访服务工作。在采访前，新闻报道人员应与社会媒体记者做好沟通，了解记者的采访对象是应急指挥、应急管理还是应急抢险人员，并与被采访人沟通，做好采访提纲、数据整理和信息收集。

要确定社会记者现场采访范围，哪些安全现场允许记者进入；要迅速研究决定并视情况及时调整。只要不涉及国家秘密，不影响抢救、抢险，不涉及个人隐私，能保证记者安全等，原则上允许或允许一部分有代表性的记者进现场采访拍摄。

在向社会记者提供通稿或者信息时，要保证信息的准确性、权威性，提供的通稿和信息不能出现基本事实和数字错误。新闻宣传人员要及时更新滚动报道应急救援进展和措施，统一口径，避免说法不一造成信息混乱。在组织通稿时，要注意根据不同

媒体的特点组织新闻发布。通讯社、电视台、电台、报纸、杂志、网络媒体等不同媒体，采访和报道特点有所不同。要针对媒体的不同，根据事件性质和特点，研究选择不同的发布方式、发布时间。

在采访中，被采访者应注意回答问题时尽可能言简意赅，提供准备信息，便于记者抓住重点。同时应真诚作答，不可弄虚作假。同时，在突发自然灾害应急处置现场，应急救援人员工作紧张和繁忙，不能及时接受记者采访时，要注意礼节，具体的采访方式、地点、时间等再与记者协商，不可粗暴拒绝。

在采访中，被采访人不要谦虚不要后退，从容接受记者采访；要着装规范，注意姿态、动作等要得体；视频采访工作状态，要操作规范，不宜随意或做作。采访后新闻报道人员要与社会媒体记者再进一步沟通，如回答的内容、数据等是否有更正等，将信息进一步确认。

应急救援人员（含应急指挥、应急管理、应急救援人员）是救灾现场的"主角"，其一言一行、一举一动也是被大众舆论监督和审视的对象。在救灾现场，应急救援人员通过镜头传达出的形象、人文关怀和肢体语言，是救灾议题下企业是否作为的考查点。在这一过程中，一旦出现言行举止不当，就容易转化为"形式主义"等被受众吐槽，加剧舆论情绪对企业的"迁怒"。

第五节　洪涝灾害救援典型案例

一、国网四川电力阿坝"6·24"茂县叠溪山体垮塌应急救援
（一）灾情背景

2017年6月24日5：45，四川省阿坝州茂县叠溪镇新磨村（地方电力供区）突发山体高位垮塌，塌方面积东西方向1.5km，南北方向0.4~0.5km，塌方量约800万立方米。灾害造成62户房屋、120余人被掩埋，部分道路阻断，农田被毁，岷江支流松坪沟河道堵塞2km。经统计，灾害最终造成10人死亡，73人失踪，紧急转移安置405人，造成直接经济损失达1.78亿元。

（二）救援经过

6月24日6：30，国网阿坝公司获悉灾情后，第一时间主动与茂县政府取得联系，向国网四川公司应急指挥中心作出汇报，并立即启动防地质灾害应急预案，按照省公司要求成立应急抢险指挥部。

6月24日9：30，国网四川公司同意阿坝公司从黑水县、松潘县、茂县本部派遣由50名供电员工组成的公司第一批救援队伍，携10台工程车、1辆400kW大型发电车、3台发电机、20套应急照明装置、帐篷等应急物资赶赴救援现场。

6月24日10：15，国网四川公司下令广元、内江、凉山公司等单位集结应急发电车（机）、高杆照明灯等应急装备，做好应急支援待命准备。

6月24日12：00，国网四川电力微博平台发布公司第一条应急救援报道，后续相继在人民网、电网头条、国资小新、今日头条等重要新媒体渠道再次发布，特别是在人民网发布的《四川茂县发生山体垮塌国家电网紧急驰援》获得新华社、腾讯直播厅、电网头条微博、国网四川电力微博等多家媒体转载。

6月24日13：30，国网四川电力派出第二批救援队伍从成都出发赶往救援现场，包括16名电力救援队员、4辆电力救援车、4套高杆照明灯具和大量应急救援物资。

6月24日14：35，国网阿坝公司第一批救援队伍及3吨电力应急物资装备全部抵达灾区，立即投入抢险救援工作。

6月24日16：30，国网阿坝公司接到州政府救灾指挥部任务指令，一是保障救灾指挥部及各参与救援单位的供电，二是保障挖掘现场作业点的供电和夜间照明。

6月24日17：20，公司电力救援队点亮茂县山体垮塌救援现场的第一盏应急照明灯，公司发布多条微博，通过图片、视频等展现公司队伍在现场制订方案、应急保电准备以及配合救援等情况，展示国家电网速度和力量。

6月24日当晚，公司救援队及时完成了现场作业面20个点位的大型灯塔照明和政府指挥部供电保障工作，包括2台发电车为现场指挥部保电，安装发电机为当地村民临时安置点、参与救援单位宿营区、救援道路等提供应急供电，为现场夜间搜救和工作开展提供了坚强电力保障（如图4-1所示）。

图4-1　大型照明灯塔为现场夜间搜救和工作开展提供了坚强电力保障

6月25日1：00，国网四川公司召开现场工作会，按政府安排成立电力抢险现场指挥部和5个工作小组（综合协调组、施工现场作业组、现场保电组、通信信息及新闻宣

传组、物资后勤保障组），统筹安排部署救援工作。

6月25日7：00，国网四川应急中心救援队利用无人机对灾区航拍，完成现场灾情侦察，将拍摄画面传回公司省公司应急指挥中心供领导决策。

6月26日16：30，按照救灾指挥部指令，停止现场救援，除留下13名必备保电人员留守外，其余救灾人员陆续撤离灾害现场。

6月26日18：30，按照救灾指挥部指令，办公地点从沟内救援现场撤至沟外沙子河坝，要求公司为新救灾指挥部提供供电保障和照明。

6月26日20：30，国网四川公司在阿坝本部应急指挥中心组织召开抢险工作布置会，对前三天的救援工作进行小结，部署第二阶段工作，调整任务分工和人员配置，明确人员轮换方案及州政府新救灾指挥部的保电工作。

截至抢险救援结束，国网四川公司共计出动应急抢险人员158人，车辆50台，发电车2台（均为400kW），发电机16台，照明灯塔、大型灯具共47台，普通撑杆式照明灯具84台，灾情勘察无人机2台，其他抢险装备若干（卫星电话3台、帐篷6顶、静力绳7根、全身安全带6套、O形锁20个、钢锁10个、防坠器4个、快挂6个、大小滑轮5个、上升器6个、脚踏6个、绳包10个、头灯8个等）。

（三）主要经验

1．领导重视，闻灾快动

省公司领导获悉灾情后，第一时间坐镇应急指挥中心。灾区并非公司供区，但秉承一方有难、八方支援的精神，组织公司应急救援力量紧急驰援、现场保电，并多次连线现场负责人，对现场抢险作出指示，充分体现了公司作为央企的社会责任与担当。

2．体制完善，分工明确

阿坝州地处地质灾害高发区。2013年，州、县级应急指挥分中心全部建成运行，覆盖了州公司及下属11家控股县公司，通过视频会议协商系统实现音频连接。州公司成立了以主要负责人为组长的应急工作领导小组，建立了由安全监督机构归口管理，运检、调控、营销、建设、财务、党群等专业部门分工负责的应急管理体系。

3．应急建设，体系健全

一是及时修订防汛应急预案，保证应急抢险有章可循，忙而不乱；二是定期开展防地质灾害、防汛应急演练，为人员迅速集结并履行各自职责打下坚实基础；三是定期梳理公司应急物资装备，完善保养，以便随时调用；四是加强与政府部门的联系沟通，与州应急办、气象局、交通局、经信局等部门机构建立了常态化的联系机制，强化应急状态下的信息收集与共享。按照省公司的统一部署，州公司与成都供电公司、映秀湾电厂签订应急联动协议，共享现有应急资源，强化重大灾害应急处置的联动协调。

4．安全第一，指挥得当

公司在各类抢修中始终把安全工作放在第一位，每个抢修小组都配备了熟悉线路情况、工作经验丰富的安全人员。在抢险过程中，坚持班前会、安全组织措施到位，严格按照应急抢险要求开展应急抢修工作。

5．掌握先机，宣传报道

国网阿坝公司新闻宣传组跟随第一批救援队伍进入救灾现场，第一时间将公司救援信息及现场情况向公众报道，配合央视、新华社、人民网、四川电视台、《华西都市报》等各大主流媒体做好新闻宣传工作，有效地彰显了国网公司负责任的央企形象。同时，充分利用公司员工微信、微博等平台，发布公司抢险救灾工作开展情况，拓宽宣传渠道，积极宣传国网公司品牌形象。

二、国网四川电力"8·13"特大山洪泥石流救灾抢险

（一）灾情背景

2010年8月12日始，四川省16个市州遭遇入汛以来一轮强暴雨袭击，多地发生山洪、泥石流灾害。其中，汶川特大地震极重灾区映秀镇、德阳绵竹清平乡、成都都江堰龙池镇受灾最为严重，多条国道中断、人员被困、通信不畅，当地群众生命财产遭受重大损失。国网四川公司相关单位共计801人被困，岷江江水倒灌使映秀湾电站、渔子溪电站厂房被淹以及耿达电站厂房进水，映秀湾电站3台机组、渔子溪电站2台机组被迫停机，四川电网累计停运2条220kV线路、3条110kV线路、15座35kV变电站、36条35kV线路、325条10kV线路，10 147个配电台区、621 478户用户停电。公司直接经济损失达3.38亿元。

（二）抢险经过

8月13日19：00，公司总经理、党委书记等领导坐镇应急指挥中心，果断决策、科学指挥。

8月13日20：00，视灾情形势，公司领导立即启动应急预案及Ⅱ级应急响应，公司进入响应状态。各部门按照预案采取各项措施，调集应急抢险力量，全力以赴投入救灾抢险工作。

8月14日15：00，国网公司总经理、副总经理作出重要批示，派出安监部副主任带领工作小组赶赴四川应急指挥中心，连夜召开防汛救灾工作会议，传达国家电网公司领导的重要指示，部署抢险救灾工作。

8月26日17：00，公司领导决定结束Ⅱ级应急响应状态，进入灾后恢复重建阶段。

（三）主要经验

1．提前预警，科学避险

8月12日至14日，公司连续发布了4次雷暴雨及地质灾害预警通知，要求公司各单位加强防汛应急准备工作，加强输变电设备巡视工作，注意防范强降雨可能引发的各类地质灾害。灾害预警信息的及时发布，保证了灾区人员在灾害发生前及时撤离到安全地带，避免了人员伤亡。公司调动各方力量，千方百计将受困人员迅速转移到成都（都江堰），公司相关单位801名受困员工全部解困。

2．加强组织领导，快速反应

灾情发生后，公司迅速反应，在应急指挥中心设立跨部门的救灾抢险指挥机构，公司总经理、党委书记等主要领导多次赶赴阿坝映秀镇、德阳清平乡、都江堰龙池等重点灾区，全力组织救灾抢险。在公司领导的坚强领导下，应急抢险队伍切实履行社会责任，密切配合地方政府救灾行动，全力保证灾区应急供电。

3．合理调配应急救援力量

在抗击"8·13"特大山洪泥石流灾害中，公司累计投入发电车4台、发电机131台、抢修队伍10 562人次、抢修车辆2138台次；发挥集团作战优势，调集乐山局、绵阳局应急力量对口支援德阳局，调集成都局、眉山公司应急力量对口支援阿坝公司，为各级抗灾抢险指挥部、抢险现场、灾民临时安置点和电力、通信、医院等重要用户提供了电力保障。

4．依靠科技提高救灾抢险速度

在德阳绵竹清平乡，抢险队伍采用飞艇放线成功修复35kV鱼清线架空线，35kV清平站恢复永久供电方式，供电可靠性得到大幅度提升，为清平乡救灾抢险工作提供了有力的电力保障。

5．全力保证救灾现场应急电源供应

公司及时利用直升机空运7台发电机至清平乡，对绵竹市人民政府清平前沿指挥部、通信基站、乡政府、4个安置点提供了应急用电。公司映秀灾区抢险队伍派出人员携带应急照明装备，支援部队现场救灾抢险。8月19日，由西安开往昆明的K165次列车冲入江中，德阳电业局紧急派出人员10人、一辆200kW发电车提供应急供电，保证了地方政府救灾抢险现场应急照明需要。

三、国网四川映秀湾电厂"8·20"抗洪抢险

（一）灾情背景

2019年8月20日凌晨，汶川县普降暴雨，都汶高速、G213国道中断。2：20，现场运维人员发现岷江、渔子溪河流水位猛涨，水质变差，栅差急剧增大，经向国网四川省电力公司调度控制中心请示后，2：32，渔子溪电站全停避峰，2：53，耿达电站全停避峰，3：28，映秀湾电站全停避峰。三站闸首全开泄洪闸泄洪。2：14，耿站35kV耿闸线过流Ⅰ段保护动作，304QF分闸；3：18，耿站10kV耿闸线过流Ⅰ段保护动作，958QF分闸，现场运维检查两套保护装置动作正确，保护信号正常。闸首电源中断，紧急启动柴油发电机供闸首用电。

8月20日5：00，总厂启动防汛应急Ⅲ级响应。8：38，根据流量上涨情况，总厂防汛应急由Ⅲ级响应升级为Ⅱ级响应，随后现场运维人员关闭三站防洪门，检查厂房渗漏水及排水设备。

同时获知上游龙潭电站闸首电源中断，大坝泄洪闸打开1m后无法继续抬升，水位快速上涨，导致发生洪水翻坝过流险情，存在大坝溃坝风险。太平驿电站闸首下游彻底关沟突发泥石流，拦断岷江形成堰塞湖，大坝被水淹没，危及电站安全生产。

（二）抢险经过

2：20，现场运维人员发现渔子溪流域水位猛涨，水质变差，栅差急剧增大，向集控中心汇报情况后，渔子溪电站、耿达电站立即进行了停机避峰。

2：46，发电部集控中心工作人员在调整映秀湾电站机组负荷时，发现岷江流域出现断流现象，初步判断上游极可能出现堰塞湖或泥石流险情。经电话核实，上游相关地区发生泥石流，国网四川映秀湾电厂应急指挥中心立即下令对映秀湾电站进行了停机避峰。

3：18，现场运维人员发现耿达电站闸首的35kV、10kV耿闸线过流保护动作，闸首电源中断。经核查暂无法立刻恢复，随后紧急启动柴油发电机带负荷，有效保障闸首用电正常供应。

4：55，国网四川映秀湾电厂迅速成立应急指挥小组，紧急通知渔子溪、耿达电站值班人员落下防洪门，检查渗漏水及排水设备情况，并立刻向省公司应急中心汇报电站情况。

5：00，渔子溪入库流量达400m³/s，耿站入库流量达364m³/s，国网四川映秀湾电厂按防汛应急预案和防汛手册的规定启动防汛应急Ⅲ级响应。现场人员经检查发现三站三闸手机信号中断，但内部电话和卫星电话畅通。

8：38，渔子溪入库流量达540m³/s，耿站入库流量达490m³/s，超过防汛预案规定

的入库流量，通往映秀的两条道路全断，在向省公司应急中心报告后，国网四川映秀湾电厂防汛应急Ⅲ级响应升级为Ⅱ级响应。

（三）主要经验

1．科学研判，响应及时

国网四川映秀湾电厂启动Ⅱ级响应后，各部门迅速进入临战状态，安排专人随时监测水位、流量、雨量数据，启动与阿坝州、汶川县、映秀镇及银杏乡政府及交通部门防汛应急联动机制，及时掌握天气及交通情况。洪水来临前，映秀湾、渔子溪、耿达3座水电站已全部停机避峰，闸首闸门全开，防洪门除映秀湾电站尾闸室防洪门外均已全部关闭。

2．应急处置，组织有序

据统计，国网四川映秀湾电厂61名现场运维值守人员安全，无失联受伤情况。他们在确保自身安全的基础上，积极开展守站护站巡视行动。一是加强设备巡检点检，确保站用电及相关设备运行正常；二是对厂房渗漏水及渗漏排水泵进行巡视检查，确保渗漏排水系统的持续稳定运行；三是关闭厂房防洪门，防止水淹厂房；四是三站三闸全面进行柴油发电机启动试验，确保紧急情况下的稳定持续供电；五是随时监测现场情况并及时向总厂汇报，提供现场信息资源。

3．预案演练，超前准备

对于此次"8·20"暴雨险情，国网四川映秀湾电厂按照"5·28"大演习程序，超前预判，及时采取应急处置措施，沉着冷静应对，效果良好。近年来，国网四川映秀湾电厂不断完善防汛应急处置保障体系，建立24小时值班制度，以厂应急指挥中心及水情测报中心为依托，随时监测岷江及渔子溪流域情况。同时，全厂上下高度重视防汛应急培训、应急演练及应急保障，坚持定期点检及事故预想预判，多次组织现场无脚本突发性灾情演练，极大地提高了三站三闸防洪度汛处置能力。

四、国网四川电力"7·11"金堂、邛崃应急救援处置

（一）灾情背景

四川省气象台2018年7月10日16：00发布暴雨黄色预警：10日20：00至11日20：00，广元、绵阳、德阳、成都、眉山、雅安6市及乐山市北部、阿坝州漩映地区有暴雨（雨量60～80mm），局部地方有大暴雨（雨量180～220mm），个别地方将超过250mm。

2018年7月10日8：00至11日7：00，四川盆地普降暴雨，其中金堂区域及陀江上游普降大暴雨，金堂县中河、毗河、北河等河道水位出现上涨，导致金堂县城严重内涝。截至7月11日7：05，三皇庙流量4020m³/s，水位443.21m；10：10，三皇庙流量

6360m³/s；11：00，三皇庙流量6770m³/s；11：40，三皇庙流量6960m³/s。11日9：07，金堂县防汛办已发布红色汛情预警。

7月11日10：00，接成都公司汇报：因上游洪峰过境，金堂县主城区内三条河流（毗河、中河、北河）水位上涨，河水已漫出河堤，金堂县防汛办已发布红色汛情预警。成都公司请求省公司应急中心做好支援准备工作，应对进一步可能出现的汛情升级，应急中心按要求准备了2艘冲锋舟、1艘橡皮艇、1辆水陆两用车、20件救生衣、20个救生圈，一旦成都公司救援需要，立即赶赴金堂城区。

四川省防汛抗旱指挥部于7月11日10：00启动全省Ⅱ级防汛应急响应。

四川省气象台11日16：00发布暴雨蓝色预警：11日20：00至12日20：00，广元、绵阳、德阳3市和成都东部，遂宁、南充2市西部及乐山、雅安2市南部，凉山州东北部的部分地方有大雨到暴雨（雨量40～70mm），局部地方有大暴雨（雨量100～120mm）。

金堂公司因灾累计造成3条35kV线路、58条10kV线路停运，1825个台区、176 352户用户停电。所有停电的线路、台区及用户已于7月20日全部恢复供电。

（二）抢险经过

7月11日10：45，应急中心装备处接中心领导"准备驰援金堂灾区"指示后，立即安排装备库房装载应急抢险装备及物资，并驱车赶往龙泉应急装备库房。由于省公司至库房的多条道路部分路段积水严重，在不断调整行驶路线后，于11日13：15分到达库房。

7月11日10：00，应急中心培训处应急队员正在开展高空救援培训，8名队员在龙泉湖培训基地执教，收到通知立即到龙泉湖培训库房准备应急救援物资。

7月11日11：00，应急中心培训处3名队员驾驶抢险车，带上绳索救援、油锯等装备到龙泉库房集结地集结。

7月11日11：20，3名应急队员到达龙泉库房后根据要求将2艘橡皮艇及相应的救生衣、雨衣、雨靴、挂机装到2辆抢险车辆上。

7月11日13：00，国网四川省电力公司启动防汛抢险Ⅳ级应急响应。要求公司相关部门（单位）按照防汛应急预案做好人员、物资等各项抢险抢修准备；加强防汛值班与汛情信息报送工作，严格落实领导带班制度，重要岗位职责落实到人；密切关注辖区县级供电企业所属小水电站大坝安全，做好水库防汛工作；加强抢险安全管理，坚持安全第一、抢险不冒险的原则。

7月11日14：00，应急中心应成都公司请求，派出8人2车的救援队携带2艘橡皮艇、20件救生衣、20个救生圈及若干特种救援装备，出发赶赴金堂城区。

7月11日15：00，应急中心综合处收到信息后，立即确认了抢险人员数量、救援车辆数量，安排应急食品库房管理人员到库房准备应急食品，餐厅人员立即准备应急炊事车所需食材和用品，同时，立即联系交通车赶往应急培训基地运送应急食品。7月11日21：40，再次按通知要求运送两辆车的应急食品到省公司，保障应急指挥大厅的后勤值班工作。

7月11日16：20，应急中心第一梯队抢险队伍共计8人到达金堂后由于河水泛滥、路面积水较深，被迫在距离金堂县供电公司900余米的安全地方停下。

7月11日16：30，带队领导下达任务，将队伍分成2个小组，并在现场搭建好橡皮艇装上挂机。第1小组（4名船员）带上绳索等救援装备乘坐1条橡皮艇先前往金堂县供电公司，第2小组（4名船员）带上所有的生活物资等待通知后前往金堂县供电公司。

7月11日16：45，第1小组出发前往金堂县供电公司并于17：15安全到达。

7月11日17：20，第2小组出发并于17：50安全到达。

7月11日17：30，应急中心装备处第二梯队车辆及人员到达金堂县城。因正遇洪峰过境，金堂县城所有被淹街道水位暴涨，车辆无法到达金堂县供电公司，救援队伍临时退出积水较深的路段返回安全地点待命，并通过卫星电话持续与第一梯队抢险人员保持联系，得知还有一轮洪峰即将到来。第一梯队领队要求当晚所有人员在车上过夜，待水位下降。

7月12日9：00，第二梯队抢险人员顺利到达金堂县供电公司，下午按照政府现场指挥部指令，历时1个小时，利用自吊车配合完成万达广场10kV线路台变拆除及更换；利用大型照明灯塔，配合县政府清淤应急照明工作；利用炊事车为现场抢修人员提供餐食保障，持续工作到16日。

7月12日14：30，成都公司申请2台400～500kW发电车到金堂公司支援。经联系营销部调配，资阳、眉山公司各一辆400kW发电车于7月12日19：23分到达金堂现场，主要任务是为重要保电区域提供照明。

7月14日，接到现场指挥部命令，县城某小区地下停车场水退后要立即更换受损配电箱及户表，需提供现场照明。接到通知后抢险队员立即携带两盏全方位泛光灯赶往该小区，历经3小时左右顺利完成任务。

国网四川省电力公司于7月18日16时结束防汛抢险Ⅳ级应急响应。

成都公司于7月18日17：30分结束防汛抢险Ⅱ级应急响应。

（三）主要经验

1．快速响应，高效应对

险情发生后，应急中心快速反应、积极应对、了解险情，并在第一时间汇报省公司，集结应急队伍，调配应急装备物资，全力配合政府部门，有效开展抢险救灾工作。成都公司根据险情发展和省公司、各级政府相关工作安排，启动了Ⅱ级防汛应急响应，要求公司上下快速反应，落实责任，高效应对灾情险情。

2．反应迅速，指挥得当

相关部门各司其职，密切协作，有效开展专业指导；相关单位区域联动，展现出较强的执行力；公司应急响应流程基本得以有效运转，为本次应急处置工作的有效开展提供了坚强保障。在应急抢险救灾过程中，涌现出不少先进集体和个人，冲锋在前，吃苦在先，不辞辛劳，无私奉献，彰显了国网品牌形象和社会责任担当，为全体干部员工树立了标杆榜样，为公司的"诚信、责任、创新、奉献"价值观提供了生动注解。

3．对接政府，协同配合

一是主动对接地方政府，及时掌握险情信息，为电力应急处置提供了必要的决策依据。二是坚决听从政府应急指挥部统一指挥，全面完成各项电力应急保障任务，千方百计为各指挥部和安置点提供应急保电、排险照明等电力保障，确保了抢险救援工作的有效开展，忠实履行了电力央企的社会责任。

4．调配资源，可靠保障

本次应急处置工作能够圆满完成，离不开高效运转的应急联动机制和强有力的后勤物资保障。一是充分发挥区域联动应急抢险救援机制的作用，统一集中调配发电车等应急资源，迅速组织集结应急保障力量；二是灾情发生后，应急中心后勤保障组迅速响应，于30min内集结完毕物资所需，并在整个应急处置过程中多次及时补充应急食品和劳动保护用品，解决了抢险人员的后顾之忧；三是物资调配组及时响应救灾现场需求，第一时间调配皮划艇、冲锋舟、炊事车、应急照明、自吊车等应急物资和装备，支援前线。同时省公司营销部紧急调拨了2台发电车，有力支援了抢险救灾工作。国网四川电力"7·11"金堂、邛崃应急救援处置现场如图4-2所示。

图4-2　国网四川电力"7·11"金堂、邛崃应急救援处置现场

五、国网四川电力乐山"8·18"特大洪灾应急抢险

（一）事件背景

2020年8月17日至18日，乐山上游的成都、眉山、雅安等地普降暴雨，持续强降雨导致青衣江、岷江、大渡河水位持续上涨。8月18日，青衣江、岷江乐山段发生超警超保水位，青衣江夹江水文站洪峰最高水位414.71m，为有历史记录最大洪水，洪水重现期百年一遇。岷江五通桥水文站洪峰最高水位345.63m，为1953年建站以来最大洪水，洪水重现期50年一遇。四川省启动I级防汛应急响应，为有记录以来首次。8月18日，百年一遇的洪峰过境乐山，全市11个县（市、区）和乐山高新区全部受灾，中心城区三成区域发生内涝，全市沿江区域和乡镇（街道）大量房屋、商铺、农作物遭到水毁，大量供配电设施被洪水冲刷、浸泡，严重受损。乐山"8·18"特大洪灾现场如图4-3所示。

图4-3 乐山"8·18"特大洪灾现场

（二）处置过程

8月16日23：30，国网乐山供电公司根据天气预警及上游水文预警信息启动Ⅲ级防汛应急响应，公司所属单位立即对辖区电力设备开展特巡。

8月17日18：30，国网乐山供电公司根据天气及水文预警信息，将防汛应急响应自

Ⅲ级提高至Ⅱ级并向国网四川公司应急指挥中心作出汇报，公司进入临战状态。

8月18日2：40，乐山市防汛应急指挥部发布Ⅱ级防汛应急响应，乐山城区已出现洪水漫灌风险。国网乐山供电公司为保障人民生命安全，立即采取高危区段停运避险措施，同时对重要用户保电。

8月18日6：00，国网乐山供电公司与乐山市防汛应急指挥部同步启动Ⅰ级防汛应急响应，并向国网四川公司应急指挥中心作出汇报。

8月18日11：00，国网乐山供电公司全力组织力量开展灾后电力恢复，省公司抽调眉山、自贡、宜宾等公司应急支援队伍及应急发电车8辆全部投入现场。

8月18日21：00，恢复80条10kV线路（含支线），恢复台区3336台（其中公变2503台，专变833台）。

8月21日10：00，恢复102条10kV线路（含支线），恢复台区3635台。

8月24日4：30，经过连续六昼夜奋战，乐山城区所有小区恢复正常供电。

（三）主要经验

1．组织机构高效协同

"8·18"洪灾发生后，国网乐山供电公司立即启动防汛应急预案，召开紧急会议部署抗洪抢险工作，并积极向省公司汇报相关情况。省公司负责同志及应急中心等管理部门靠前指挥，协调动员全省应急力量支援乐山抗洪抢险工作。为提升电网抢修恢复效率，乐山公司运检部、物资部、安监部等管理部门相关人员驻守各县公司开展现场办公，由抗洪应急指挥部统一指挥，统筹协调各地支援人员及抢险物资等工作。其中运检部主要负责制订应急抢修方案，协调、组织抢修工作，汇总上报各类抢修信息等，营销部主要负责电表更换抢修、用户宣传、供电方案拟定等，物资部主要负责应急物资采购、存放及配送等，安监部主要负责协调应急工器具以及现场安全指导等。

2．受损情况快速收集

灾情发生后，国网乐山供电公司及时安排人员到乐山港、肖坝、白燕路等沿河、地势低洼地段进行线路巡视排查，对存在淹没风险的配电设施开展蹲守监控，及时收集受损情况并报备。一些小区由于积水太深已无法到达现场，为及时核实各小区受损情况，国网乐山供电公司安排人员通过乐山物业协会将各水淹小区的配电设施受损情况进行了统计，在第一时间确定了各小区用户的受损情况。

3．复电工作有序推进

抢险过程中国网乐山供电公司始终坚持"生命至上""抢险不冒险"的方针，凡是水位上涨存在触电隐患的线路设备，严格按照"水进电停，水退电复"的原则，不管是公线还是用户专线，及时进行停电避险，确保周边人员生命安全。经统计，"8·18"洪灾期间总计避险拉停配网线路107条，占乐山市中区配电线路总数的48.2%。

洪水退后第一时间对停电避险的线路开展复电工作，根据受灾轻重情况逐条检查。受损较轻具备送电条件的线路第一时间恢复供电，可隔离受损区段的线路在隔离相应区段后恢复线路其他部分供电。

4．抢险队伍保障有力

由于乐山市市中区受灾最为严重，乐山公司积极调配受灾较轻的井研、沙湾等公司人员组成支援队伍赶赴市中区，全力配合投入城网线路的抢修恢复。省公司同时抽调眉山、自贡、宜宾等公司抢险支援队伍紧急驰援乐山。经过夜以继日的紧张抢修，23日当天即恢复阳江线等4条线路主干线供电。在抢险指挥部统一安排下，设备抢修与运行营销人员协同配合，确保了抢险工作安全顺利推进。

5．应急物资及时到位

设置专人收集物资需求信息，经审核后在系统内完成提报。本次抗洪抢险总计完成了11个批次需求提报，涵盖环网柜、变压器、高低压电缆、高低压开关、各类金具、工器具等共236项。国网乐山供电公司物资部门相关人员驻点办公，通过应急流程紧急采购各类物资，同时协调市公司高新区物资仓库对到货的应急物资进行堆放；配送方面，物资部门专门租用了一批货车、吊车等车辆用于现场配送，现场急需的物资安排专人专车配送，确保应急物资及时送达抢修现场。

6．重要用户保电不留死角

"8·18"洪灾期间，眉山、自贡、宜宾等公司支援应急发电车共8辆全部投入现场保电，总计接到保电任务35次，出动特种车辆23辆次，出动人员120余人次，累计保电（抽水）440h，顺利完成了市委、市政府等重要党政机关部门以及电视台、武警医院等重要用户保供电工作。

7．应急技改项目设计施工同步推进

洪灾造成部分小区地下配电室被水完全淹没，室内配电设备严重受损。为尽快恢复供电，同时防止地下配电室再次进水导致设备再次受损，本次安装的箱变等重要设备全部重新就近选址，安装在地面较高位置。现场由配网管理人员、设计人员及抢修人员等共同确定改造施工方案，在开展抢修的同时完成应急技改项目的实施，避免后期改造导致重复停电。

六、国网四川电力2020年金堂洪灾应急抢险

（一）灾情背景

从2020年8月11日起，受持续暴雨影响，金堂县域迎接了多次洪峰入境。8月17日15：00，流量8100m³/s的洪峰过境金堂，平1981年历史极值。县城大部分地区及多个乡镇遭受了严重的洪涝灾害，金堂电网更是受损严重：1座110kV变电站、3座35kV变电站、5条35kV线路、52条10kV线路紧急停运，涉及台区1339台、用户156 339户，停电区域接近全县的三分之二。本次特大洪灾涉及范围广、居民小区众多，部分受灾小区原配电室及配电设施水淹后严重受损，抽水清淤及设备修复难度巨大。

（二）救援经过

8月11日10：30，国网金堂公司构建完善的防汛组织体系，成立以电网公司负责人牵头负责、各部门协同配合的防汛指挥部。防汛领导小组按照职能分工下设九个职能工作小组，各职能工作小组分别由相关领导直接负责，工作小组组长由牵头部门负责人担任，各参与部门（个人）依据职责负责组内相应应急处置工作。各职能小组负责将本组工作情况、信息数据和阶段性总结向防汛办公室报送。

8月11日14：30，各部门按专业、分类别、设专员进行排查梳理，排查出防汛隐患81处，并全部采取相应管控措施，完成主业、农电、产业的防汛物资台账更新，梳理防汛应急队伍13支。提前储备防汛救灾物资，工器具合理分类、专列清册，定期维护保养，确保使用安全。

8月11日19：00，国网金堂公司防汛领导小组连夜召开会议，启动防汛应急处置工作，应对12日凌晨第一波洪峰过境金堂。

8月12日9：00，防汛指挥部安排专人在金堂县各水位监测点全程值守，实时报送水位和线路停电避险信息，全程掌握各风险点位电力设施运行情况。电力调度控制中心组织协调负荷转供，保证电网安全运行与电力电量平衡。

8月12日10：15，输、变、配各班组抢险不冒险，协同共应对，对输电线路有冲刷记录的杆塔加强巡视检查与运行监控，对有泥石流威胁的杆基强化防位移措施，如图4-4所示。

图4-4　电力抢险人员巡视

8月12日11：10，对临近河道的变电站进行全面巡视，检查主控室、继保室、高压室等是否存在渗漏、漏油情况，对可能积水的地下室、电缆沟以及场区排水设施进行检查和疏通。

8月12日12：00，调动潜水泵、塑料布、塑料管、沙袋、铁锹等防汛设备，以备随时投入使用。

8月12日12：15，配网抢修人员全天候待命，值班人员和车辆数量应需增加，以应对连日暴雨和洪峰过境带来抢修增多的情况，更快、更好地处理故障、恢复供电。

8月12日14：10，金堂公司电力设施防汛网格员全部出动，协调关停金堂县沿河光缆工程，拉网式走访易受灾小区。提前对8家重要客户及5家敏感客户进行防汛安全检查，指导客户做好防汛措施。

8月12日，国网金堂公司安排发电车驻扎县委县政府、110指挥中心，并安排专人现场值守确保政府机关不断电；时刻与小区及重要客户保持联系，关注水位对电气设备的威胁情况，尽最大努力保障了县医院、万达等7家重要客户的正常用电；特别对在2018年"7·11"洪灾中受损严重的棕榈湖、金海岸、生态水城等小区的地下室和配电房、单元户表等相关设备进行全面排查。网格员张贴汛情期间安全用电告知书，做好用电舆情收集，安抚停电小区居民情绪，耐心解释停电原因和送电情况，确保不发生优质服务投诉事件。

8月17时16：45，为尽快恢复居民生活用电，成都公司迅速召集14家兄弟单位和国网成都供电公司党员服务队紧急驰援金堂，组成了一支上千人的抢险队伍。

8月17日17：30，在成都公司的统一领导下，按照就近原则，由受灾情况较轻的青白江公司全力支援金堂公司的后勤保障。成都公司派出两辆移动式餐饮车支援金堂地区的抢修人员伙食供应。

8月17日20：15，在成都公司的坚强领导下，金堂公司和14家支援的兄弟单位抢修人员迅速投入停电线路、小区的现场查勘工作中，收集汇总抢修工作中存在的问题和难点，并及时向公司前线防汛指挥部汇报请示，制订有针对性的抢修方案和措施。

8月18日8：15，国网金堂公司对每条线路安排专人跟踪协调，现场协助制订、实施临时供电方案，做好群众情绪正向引导，协调物管、社区做好设备选址、通道开挖等相关配合工作，全力抢通居民生活用电。

8月18日8：30，在政府部门的大力支持下，与受灾小区物管公司（业主委员会）签订了《临时供电方案确认书》《临时配电设施安全运行管理协议》，约定了其在临时供电期间对临时用电设施的维护、运行、看管、保护等职责。

8月19日16：00，国网四川省电力公司结束防汛抢险Ⅳ级应急响应。

（三）主要经验

1．以人为本，减少危害

把保障人民群众和全局员工的生命财产安全作为首要任务，最大限度地减少洪涝灾害造成的人员伤亡和各类危害。

2．居安思危，预防为主

贯彻预防为主的思想，树立常备不懈的观念，防患于未然。增强忧患意识，坚持预防与应急并重，常态与非常态相结合，做好应对重大汛情的各项准备工作。

3．统一领导，分级负责

在公司的统一领导下，按照综合协调、分类管理、分级负责、属地为主的要求，开展电网预防和处置重大汛情的工作。

4．考虑全局，突出重点

采取必要手段保证电网安全；通过灵活方式重点保障高危客户、重要客户应急供电及人民群众生活基本用电。

5．快速反应，协同应对

充分发挥公司整体优势，建立健全"上下联动、区域协作"快速响应机制，加强与政府的沟通和协作，整合内外部应急资源，协同开展重大汛情应急处置工作。

6．依靠科技，提高素质

依托省电力公司和成都供电公司，以及当地气象、环境部门技术力量，加强电网设施设备应对重特大汛情的预防和处置科学技术研究和开发，采用先进的监测预警和应急处置技术。充分发挥专家队伍和专业人员的作用，提高应对突发事件的能力。

第五章 突发灾害应急演练

第一节 应急演练基础理论

一、应急演练概述

演练就是集体性的练习活动，在不同的领域，对演练有不同的称谓。比如在军队中一般称为演习，在培训机构中一般叫角色扮演，在政府机构中叫作演练。演练对于提高各领域应对综合能力，增强公众公共安全意识、社会责任意识和自救互救能力都具有重要意义。

应急演练属于应急管理中的应急准备范畴。应急演练是指各级人民政府及其部门、企事业单位、社会团体等组织相关单位及人员，依据有关应急预案，模拟应对突发事件的活动。应急演练是应急管理的重要组成部分，是对应急管理机制、应急能力建设的综合性检验手段。

（一）应急演练的目的

（1）检验预案。通过开展应急演练，直观检验应急预案和应急处置方案的科学性、合理性、有效性及预案之间的协调性，查找应急预案中存在的问题，进而完善应急预案，提高应急预案的实用性和可操作性。

（2）完善准备。通过开展应急演练，检查应对突发事件所需应急队伍、物资、装备、技术等方面的准备情况，发现不足及时予以调整补充，做好应急准备工作。

（3）锻炼队伍。通过开展应急演练，增强演练组织单位、参与单位和人员等对应急预案的熟悉程度，提高其应急处置能力。

（4）磨合机制。通过开展应急演练，进一步明确各应急部门、机构、人员的岗位、职责和任务，理顺工作关系，提高各级应急管理机构、应急救援机构和应急救援队伍协同应对突发事件的处理能力，完善应急管理机制。

（5）科普宣教。通过开展应急演练，普及应急知识，增强公众风险防范意识和自救互救能力，提高社会整体应急反应能力。

（二）应急演练的基本原则

应急演练原则包括以下四点。

（1）结合实际，合理定位。紧密结合应急管理工作实际，明确演练目的，根据资源条件确定演练方式和规模。

（2）着眼实战，讲求实效。以提高应急指挥人员的指挥协调能力、应急队伍的实战能力为着眼点。重视对演练效果及组织工作的评估、考核，总结推广好经验，及时整改存在的问题。

（3）精心组织，确保安全。围绕演练目的，精心策划演练内容，科学设计演练方案，周密组织演练活动，制订并严格遵守有关安全措施，确保演练参与人员及演练装备设施的安全。

（4）统筹规划，厉行节约。统筹规划应急演练活动，适当开展跨地区、跨部门、跨行业的综合性演练，充分利用现有资源，努力提高应急演练效益。

（三）应急演练的分类

应急演练的类型按组织形式划分，可分为桌面演练、模拟演练和实战演练；按内容划分，可分为单项演练和综合演练；按目的和作用划分，可分为检验性演练、示范性演练和研究性演练。

1．按组织形式划分

（1）桌面演练。桌面演练是指参演人员利用地图、沙盘、流程图、计算机模拟、视频会议等辅助手段，针对事先假定的演练情景，讨论和推演应急决策及现场处置的过程，从而促进相关人员掌握应急预案中所规定的职责和程序，提高指挥决策和协同配合能力。桌面演练的主要特点是对演练情景进行口头演练，通常在室内完成，参演人员主要来自应急组织的代表和关键人员，事后一般采取口头评论的形式收集参演人员的建议，并形成书面报告，总结并评估演练活动。桌面演练的方法成本较低，操作和实施较为方便，缺点是不涉及具体的应急行动，体验感不强。实战演练之前一般都需要先通过桌面演练进行前期准备。

（2）模拟演练。模拟演练是随着信息科技，尤其是计算机技术和虚拟现实技术的发展而出现的新型演练方式，其演练环境设置、参演组织、演练内容、演练进程可以与实战演练基本一致，所不同的是在模拟演练中，突发事件的情景、事件态势的发展、各种应急响应行动和应对策略都是通过模拟仿真技术实现的。相对于桌面演练，

模拟演练中的声、光、多媒体效果能够为参演人员提供更为真实和紧张的演练场景，使得参演人员在心理上更为接近实战，获得更好的演练效果。相对于实战演练，模拟演练依托计算机网络开展多角色、大范围演练，能大大降低对应急装备和演练空间的要求，能更方便地组织跨省跨部门的联合演练，尤其是针对重大或特别重大突发事件的应急演练。

（3）实战演练。实战演练是指参演人员利用应急处置涉及的设备和物资，针对事先设置的突发事件情景及其后续的发展情景，通过实际决策行动和操作，完成真实应急响应的过程，从而检验和提高相关人员的临场组织指挥、队伍调动应急处置和后勤保障等应急能力。实战演练需要调动真实的应急人员和应急装备、资源等，以应急指挥中心为中心节点，延伸至各下级应急指挥机构、救援队伍、应急保障机构、公众等参演单位和人员，整个过程涉及了应急管理的决策层、管理层、执行层、实施层，演练规模一般较大、成本较高，组织协调工作难度也较大。但实战演练是体验感最强、最能检验应急人员以及应急体系的策划和响应能力，以及应急技术、应急装备的协调性、有效性和合理性。

2．按内容划分

（1）单项演练。单项演练是指涉及应急预案或现场设置方案中一项或几项特定应急响应功能的演练活动。注重针对一个或少数几个参与单位（岗位）的特定环节和功能进行检验。例如，对新的流程程序的测试，对新型装备或特定技能的训练等。单项演练是综合演练的基础，通过验证每一个功能和系统都能够良好运转，为综合演练做好准备工作。

（2）综合演练。综合演练是指涉及应急预案中多项或全部应急响应功能的演练活动，注重对多个环节和功能进行检验，特别是对不同单位之间应急机制和联合应对能力的检验。综合演练一般会尽可能地模拟真实事件情景，形成一种"压力环境"，并激活预案中涉及的大部分应急行动部门和应急资源。

3．按目的与作用划分

（1）检验性演练。检验性演练是指为检验应急预案的可行性、应急准备的充分性、应急机制的协调性及相关人员的应急处置能力而组织的演练。检验性演练注重对应急能力的评估，无论是桌面演练形式还是实战演练形式，都需要制定相应的检验细则，形成评估报告，以确保检验的可操作性。总结评估，并对评分较低的项目进行整改跟踪，是检验性演练的重要步骤。

（2）示范性演练。示范性演练是指为向观摩人员展示应急能力或提供示范教学而开展的表演性演练。示范性演练注重教学培训，需要根据观摩学习人员的类别、水平、特点等进行演练设计和实施。演练可分为若干个阶段，在不同阶段中可中断演练进程，并进行更细致的分析和讲解。示范性演练的成功与否，以观摩人员的学习收获程度和能力提升程度为评判依据。

（3）研究性演练。研究性演练是指为研究和解决突发事件应急处置的重点、难点问题，试验新方案、新技术、新装备而组织的演练。研究性演练往往会基于一定的假设条件，设置特殊突发事件情景，将难点问题充分暴露，并在此基础上对新的方案进行试验和验证。

不同类型的演练相互组合，可以形成单项桌面演练、综合桌面演练、单项实战演练、综合实战演练、单项示范性演练、综合示范性演练等，所有演练都可以视为某几种演练的组合或别称，所有的名称不予展开赘述。

（四）应急演练的过程

完整的应急演练活动可以分为演练计划、演练准备、演练实施、演练评估改进四个阶段。

（1）应急演练计划是指演练组织单位根据实际情况与应急预案的规定，对应急演练项目做出基本构想和总体计划。

应急演练计划的主要工作有：启动项目、分析需求、界定范围、确定目的、选择目标和形成计划。其中，启动项目是应急演练的起点，分析需求是应急演练的基础和首要环节，界定范围是要聚焦应急演练的对象、规模和时空安排，确定目的是确定需要通过演练提升的应急能力，选择目标是明确应急演练的任务指标，形成计划是应急演练计划文本的完成。应急演练计划可以是针对某一特定演练的计划，也可以是中长期的系列规划（如年度演练计划等）。

（2）应急演练准备包括演练设计和演练前准备两个部分。

①应急演练设计是指为演练设计演练脚本，勾画突发事件的初始情景和动态的事件清单，并根据演练脚本进行详细的工作文件开发，包括给各参与方的工作手册和各类表单等。应急演练设计是将演练规划落实到一次具体演练的桥梁。

②演练前准备可以说是完成演练设计后到正式演练前所有工作的统称，具体可能包括演练保障（包含人员、场所、经费、物资、装备、通信等）、演练前会议、预演练等。

（3）应急演练实施包括演练启动或导入、演练正式实施、演练结束或终止等环节。

①演练启动或导入。演练需要有启动环节，或由组织者进行导入性的介绍。如果是有通知的演练，则一般有比较正式的启动仪式；如果是没有通知的演练，则一般有

警报或事件启动程序。

②演练正式实施，即按照计划组织演练实施过程，其中既包括按计划的脚本实施，也包括临时的局部调整。

③演练结束或终止，即正式宣布演练结束的程序，或按照事先约定，如果出现突发事件或其他情况提前终止演练。

（4）应急演练评估改进包括应急演练评估和应急演练改进两个环节。

①应急演练评估是演练组织者、参演者、评估者等在全面分析演练记录及相关资料的基础上，针对演练活动的组织过程、参演者的表现进行反思和评估，填写评估表单，并形成评估报告的过程。

②应急演练的改进是召开应急演练总结会后，对照应急演练工作中暴露的问题，明确改进计划并进行改进提高的过程，包括对预案、演练规划的修订，对组织机构和工作流程的调整，对应急装备的改进等。

第二节　洪涝灾害演练科目设计

一、科目概述

洪涝灾害实战模拟演练分后方指挥模块和现场实操模块两部分，按照如下流程同时进行：

洪涝灾害预警发布（后方指挥）—应急准备及值班（后方指挥、现场实操）—洪涝灾害发生后，信息发布（后方指挥）及现场先期处置（现场实操）—启动洪涝灾害应急响应（后方指挥）—洪涝灾害信息报送及新闻发布（后方指挥）—应急救援队伍及物资集结（现场实操）—车辆交通（现场实操）—灾害现场综合保障（现场实操）—应急通信及灾情查勘（现场实操与后方指挥互动）—现场搜救（现场实操）—现场救援（现场实操）—灾情回传（现场实操）—协同会商（现场实操与后方指挥互动）—抢险物资及队伍申请与调拨（现场实操与后方指挥互动）—现场应急抢修（现场实操）—洪涝灾害响应结束（后方指挥）。

二、主要演练科目流程

（一）预警研判发布和行动

演练地点：应急值班室、安监部、各部门会议室、相关受灾单位应急办。

参与人员：应急值班人员、应急办主任、各部门应急联络人员。

设备清单：值班短信系统。

演练内容和目的：值班人员及时跟踪气象、初始灾害情况并按应急办指令正确完整发布预警信息到相关单位和人员。各部门（单位）开展态势研判，按照预案开展预警行动和应急准备措施。检验预警研判、发布流程机制，检验各部门按照预案开展各项应急准备工作和预警行动措施。

（二）突发事件信息收集和报送

演练地点：应急值班室。

参与人员：应急值班人员、各部门应急联络人员。

设备清单：值班短信系统。

演练内容和目的：模拟洪涝灾害发生后，值班人员开展突发洪涝灾害应急信息接报。检验公司突发事件信息收集、汇总、流转、上报和发布机制。

（三）响应行动及应急指挥中心启用

演练地点：公司本部及相关单位应急指挥中心。

参与人员：公司领导、各部门（单位）分管负责人及应急联络人、应急值班人员。

设备物资清单：值班短信系统、指挥中心接入的视频会议系统、应急指挥信息系统、调度、物资、营销、变电站视频监控等系统。

演练内容和目的：各部门人员接到响应启动通知后迅速到达应急指挥中心；应急指挥中心大屏显示、应急视频会议连线等设备功能启用迅速正常；指挥长通过连线和值班席的汇报获取灾情信息，并与各部门（单位）开展会商研判，调用查看可用应急资源（各部门备放在指挥中心的抢险有关基础资料），并下达处置指令。检验公司洪涝灾害事件专项应急领导小组启动响应机制是否科学，包括指挥中心调用预案、队伍资料、电网基础资料及各软件系统流畅程度等；检验各部门收到响应短信后集结指挥中心参与联合处置和值班的时效。

（四）应急队伍响应集结和拉动

演练地点：应急物资仓库或选定集结区域。

演练人员：应急基干队伍、抢险队伍。

设备物资清单：洪涝灾害专项应急预案中所规定的应急装备和物资。

演练内容和目的：根据演练科目要求，演练总指挥下达队伍集结指令，应急基干队伍和抢险队伍按预案做好人员、物资和装备的集结；检验应急基干队伍响应集结的时效，以及队伍行径拉动的组织（含着装、携带装车装备物资、抢险物资等）。

（五）应急指挥部搭建及保电

演练地点：选定区域。

演练人员：应急基干队伍。

应急装备：洪涝灾害专项应急预案中所规定的应急装备和物资。

演练内容和目的：演练总指挥下达搭建公司现场临时应急指挥部，并负责处理政府现场指挥部、灾民安置点照明保电指令。科目涉及的所有演练人员、物资及车辆在要求时间内到达现场，要求时间内完成公司临时指挥部帐篷的搭建，确保指挥部能正常开展各项应急处置工作，并完成政府应急指挥部临时应急电源和应急照明的安装。

（六）应急通信与保障

演练地点：选定区域。

演练人员：应急基干队伍。

应急装备：应急通信装备。

演练内容和目的：一是负责公司视频会议系统接入，完成视频采集点设置、线缆敷设、联调等工作，保证事发单位应急指挥中心、临时指挥部与公司应急指挥中心能正常进行视频会议。二是携带卫星便携站到达临时指挥部，快速完成卫星小站安全调试工作，与上级单位卫星主站建立卫星传输通道。指挥部搭建完毕后，立即在临时指挥部部署视频会议系统，利用卫星呼叫公司视频会议终端，进行双方视频会议。三是通信人员将各个演练现场图像实时传送至指挥大厅，确保指挥长、观摩人员能实时观看各个演练现场的应急处置情况。

（七）电网处置与恢复

演练地点：调控中心、变电站监控室、输电架空线路杆塔倒塔断线现场。

演练人员：调控中心调度人员、变电运维人员。

演练内容和目的：调控中心按照调度处置方案流程开展电网倒闸操作处置，抢修队伍按照指挥长及设备管理部门指令开展输电线路现场抢修，做好电网受损情况统计，恢复停电区域供电。检验电网调度快速处置能力，应急抢修队伍快速抢修恢复能力。

（八）重要客户保电

演练地点：应急值班席、高危重要客户。

演练人员：应急值班人员、应急抢险队伍。

演练内容和目的：应急基干队伍按照指令赶赴高危重要客户现场，通过发电车接入开展紧急保电，检验公司应急发电设备应用，检验重要客户应急保供电能力。

（九）舆情客户防洪排涝处置

演练地点：应急值班室、公司客户中心、舆情客户配电房。

演练人员：应急值班人员、客户服务人员、应急基干队伍。

演练内容和目的：模拟舆情客户小区配电房进水，公司应大客户请求和地方政府抢险需求，协助客户开展防洪排涝抢险处置。检验公司应急救援特种装备功能应用和舆情应对能力。

（十）变电站人员失联应急处置

演练地点：公司及相关单位应急指挥中心、变电站。

演练人员：应急指挥中心人员、应急基干队伍、无人机分队。

演练内容和目的：模拟因山体滑坡导致道路交通、移动信号中断及倒塔断线导致变电站人员失联，公司通过无人机投送生活物资、对讲机等，与变电站建立联系，组织抢险队伍抢修。检验应急救援特种装备应用。

（十一）应急协调联动处置

演练地点：变电站。

演练人员：变电站值班人员、应急协调联动单位应急队伍。

应急装备：防汛装备和物资。

演练内容和目的：模拟受灾地区遭遇强降雨，河流水位持续上涨，对变电站设备及生活区构成安全威胁。公司通过向应急联动单位发出应急支援，各单位联动共同开展变电站抗洪抢险处置。

第三节　洪涝灾害演练后评估

一、演练评估总则

（一）评估目的

通过评估发现洪涝灾害事件应急预案、应急组织、应急人员、应急机制、应急保障等方面存在的问题或不足，提出改进意见或建议，并总结演练中好的做法和主要优点等。

（二）评估依据

（1）有关安全应急法律法规、标准及有关规定和要求。

（2）洪涝灾害演练活动所涉及的相关应急预案和演练文件。

（3）洪涝灾害演练单位的相关技术标准、操作规程或管理制度。

（4）洪涝灾害相关突发事件应急救援典型案例资料。

（5）其他相关材料。

（三）评估原则

实事求是、科学考评、依法依规、以评促改。

（四）评估程序

评估准备、评估实施和评估总结。

二、评估组及职责

（一）演练评估组构成

演练评估组由应急管理方面专家和相关领域专业技术人员或相关方代表组成，规模较大、演练情景和参演人员较多或实施程序复杂的演练，可设多级评估，并确定总体负责人及各小组负责人。

（二）演练评估组职责

负责对洪涝灾害应急演练的准备、组织与实施等进行全过程、全方位的跟踪评估。演练结束后，及时向演练单位或演练领导小组及其他相关专业工作组提出评估意见、建议，并撰写演练评估报告。

（三）演练评估准备

第一步，成立评估机构和确定评估人员。成立演练评估组和确定评估人员，评估人员应有明显标识。

第二步，演练评估需求分析。制订演练评估方案之前，应确定评估工作目的、内容和程序。

第三步，演练评估资料的收集。收集演练评估所需要的相关资料和文件。

第四步，选择评估方式和方法。演练评估主要是通过对洪涝灾害演练活动或参演人员的表现进行的观察、提问、自述、检查、比对、验证、实测而获取客观证据，比较演练实际效果与目标之间的差异，总结演练中好的做法，查找存在的问题。

演练评估应以演练目标为基础，每项演练目标都要设计合理的评估项目方法、标准。根据演练目标的不同，可以用选择项（如是/否判断、多项选择等）、评分（如0——缺项、1——较差、3——一般、5——优秀）、定量测量（如响应时间、被困人数、获救人数等）等方法进行评估。

（四）编写评估方案和评估标准

1.编写评估方案

内容通常包括以下六项。

（1）概述：洪涝灾害应急演练模拟的事件名称、发生的时间和地点、事故过程的情景描述、主要应急行动等。

（2）目的：阐述演练评估的主要目的。

（3）内容：演练准备和实施情况的评估内容。

（4）信息获取：主要说明如何获取演练评估所需的各种信息。

（5）工作组织实施：演练评估工作的组织实施过程和具体工作安排。

（6）附件：演练评估所需相关表格等。

2.制订评估标准

演练评估组召集有关方面和人员，根据演练总体目标和各参演机构的目标，以及具体演练情景事件、演练流程和保障方案，明确演练评估内容及要求，制订好演练评估表格，包括演练目标、评估方法、评估标准和相关记录项等。

3.培训评估人员

演练评估人员应听取演练组织或策划人员介绍演练方案以及组织和实施流程，并可进行交互式讨论，进一步明晰演练流程和内容。同时，评估组内部应围绕以下内容开展内部专题培训。

（1）演练组织和实施的相关文件。

（2）演练评估方案。

（3）演练单位的应急预案和相关管理文件。

（4）熟悉演练场地，了解有关参演部门和人员的基本情况、相关演练设施，掌握相关技术处置标准和方法。

（5）其他有关内容。

4.准备评估材料、器材

根据演练需要，准备评估工作所需的相关材料、器材，主要包括演练评估方案文本、评估表格、记录表、文具、通信设备、计时设备、摄像或录音设备、计算机或相关评估软件等。

（五）洪涝灾害演练评估实施

1.评估人员就位

根据演练评估方案安排，评估人员提前就位，做好演练评估准备工作。

2．观察、记录和收集数据、信息和资料

演练开始后，演练评估人员通过观察、记录和收集演练信息和相关数据、信息和资料，观察演练实施及进展、参演人员表现等情况，及时记录演练过程中出现的问题。在不影响演练进程的情况下，评估人员可进行现场提问并做好记录。

3．演练评估

根据演练现场观察和记录，依据制订的评估表，逐项对演练内容进行评估，及时记录评估结果。

（六）演练评估总结

1．演练点评

演练结束后，可选派有关代表（演练组织人员、参演人员、评估人员或相关方人员）对演练中发现的问题及取得的成效进行现场点评。

2．参演人员自评

演练结束后，演练单位应组织各参演小组或参演人员进行自评，总结演练中的优点和不足，介绍演练收获及体会。演练评估人员应参加参演人员自评会并做好记录。

3．评估组评估

参演人员自评结束后，演练评估组负责人应组织召开专题评估工作会议，综合评估意见。评估人员应根据演练情况和演练评估记录发表建议并交换意见，分析相关信息资料，明确存在问题并提出整改要求和措施等。

4．编制演练评估报告

演练现场评估工作结束后，评估组针对收集的各种信息资料，依据评估标准和相关文件资料对演练活动全过程进行科学分析和客观评价，并撰写演练评估报告，评估报告应向所有参演人员公示。洪涝灾害应急演练评估报告模板见附录十一，内容通常包括以下五项。

（1）演练基本情况：演练的组织及承办单位、演练形式、演练模拟的事故名称、发生的时间和地点、事故过程的情景描述、主要应急行动等。

（2）演练评估过程：演练评估工作的组织实施过程和主要工作安排。

（3）演练情况分析：依据演练评估表格的评估结果，从演练的准备及组织实施情况、参演人员表现等方面具体分析好的做法和存在的问题以及演练目标的实现、演练成本效益分析等。

（4）改进的意见和建议：对演练评估中发现的问题提出整改的意见和建议。

（5）评估结论：对演练组织实施情况的综合评价，并给出优（无差错地完成了所有应急演练内容）、良（达到了预期的演练目标，差错较少）、中（存在明显缺陷，但没有影响实现预期的演练目标）、差（出现了重大错误，演练预期目标受到严重影响，演练被迫中止，造成应急行动延误或资源浪费）等评估结论。

5.整改落实

演练组织单位应根据评估报告中提出的问题和不足，制订整改计划，明确整改目标，制订整改措施，并跟踪督促整改落实，直到问题解决为止。同时，总结分析存在问题和不足的原因。

附　录

附录一　洪涝灾害预警分级

一、Ⅰ级（红色）预警
出现下列情况之一。

（1）政府防汛抗旱部门发布洪涝灾害红色预警（3h降雨量将达100mm以上，或者已达100mm以上且降雨可能持续）。

（2）两个及以上市（州）公司辖区24h持续降雨量达250mm以上，以及遇到20年一遇及以上的洪涝灾害。

二、Ⅱ级（橙色）预警
出现下列情况之一。

（1）政府防汛抗旱部门发布洪涝灾害橙色预警（3h降雨量将达50mm以上，或者已达50mm以上且降雨可能持续）。

（2）两个及以上市（州）公司辖区24h持续降雨量达200mm以上，以及遇到10年一遇及以上的洪涝灾害。

三、Ⅲ级（黄色）预警
出现下列情况之一。

（1）政府防汛抗旱部门发布洪涝灾害黄色预警（6h降雨量将达50mm以上，或者已达50mm以上且降雨可能持续）。

（2）两个及以上市（州）公司辖区24h持续降雨量达100mm以上，以及遇到5年一遇及以上的洪涝灾害。

四、Ⅳ级（蓝色）预警

出现下列情况之一。

领导小组视洪涝灾害预警情况、可能危害程度、救灾能力和社会影响等综合因素，研究发布蓝色预警。

附录二　洪涝灾害预警通知模板

××公司预警通知

××预警［20××］第××号

签发人：×××　　　　　　　　　　　　　时间：20××年××月××日××时××分

主送单位	××公司、××公司		
预警来源	××气象台预警、××防汛抗旱指挥部通知		
险情类别	洪涝（××、××）	预警级别	红（橙）色
影响范围	××市，××市，××，××，×××，×××，×××，×××，×××县	影响时间	××月××日—××月××日
事件概要	××省气象台××日××时发布暴雨蓝色预警：××日××时至××日××时，××市、××市、××州、××市、××县部分地方有暴雨（雨量××～××mm），其中××市、××市、××州的局部地方有大暴雨（雨量××～××mm）。		
有关措施要求	强降雨即将来临，预计将影响××、××、××区域多家单位。各单位一定要高度重视，提前做好各项准备，受到强降雨影响后，要立即启动应急响应，科学高效组织抢修恢复。 1．立即启动应急机制，合理安排应急值班，各级单位领导干部要到岗到位，专业部门要加强值守，加强监测监控，调配好抢险队伍、救援装备和物资，做好各项应急准备工作。 2．加强与当地政府和气象等部门的联系，密切关注气象变化情况，根据情况变化及时调整应急措施。 3．合理安排电网运行方式，做好事故预想，落实灾害预防、预警措施，确保电网安全稳定运行。 4．通知辖区所属工程建设单位和施工单位，要做好防洪、防淹、防突水、防突泥、防滑坡等工作，停止塔吊等高空室外作业。 5．有关公司要对负有管理责任的水电站大坝做好防汛形势分析，落实防护措施，加强巡视工作，确保安全。 6．加强输变配电设备的巡视检查和隐患排查工作，做好相关设施的防雷、防雨、防风、防潮工作，落实防灾抗灾措施。 7．做好次生灾害的防范应对工作，确保党政军机关、通信、防汛机构、煤矿、交通等重点单位、重要用户可靠供电。 8．科学救灾，合理避险，切实落实各项安全措施，加强抢修安全管理，确保抢修工作人身安全。 9．加强应急值班和信息报告工作，发生异常情况和突发事件，按规定立即报告公司总部。		
联系人	×××部门：×××　　邮箱：××××××@sgcc.com.cn 办公电话：×××××××　手机：1××××××××××		

抄报：公司领导、×××助理、×××总师、×××总监

抄送：办公室、安监部、××部门……

审核：×××　起草：×××

附录三　洪涝灾害预警流程

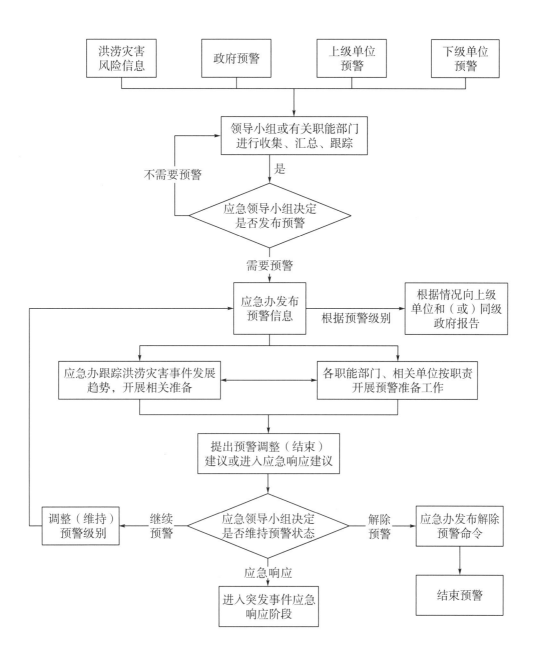

附录四　洪涝灾害事件分级

根据防汛事件的性质、危害程度、影响范围等因素，结合电网运行实际情况，将防汛事件分为特别重大、重大、较大、一般四级。

1. 特别重大防汛事件

出现下列情况之一，为公司特别重大防汛事件。

（1）因洪水直接造成特大电网、设备事故。

（2）因洪水直接造成10kV及以下的配网设施大面积受损，对任何一个县造成全县（包括县城和所有乡镇）停电限电，且基层单位在一周内不能完全恢复。

（3）公司所属水电站大坝、厂房上下游形成堰塞湖，河道断流。

（4）国家或省级政府决定实施分洪措施或确定为特别重大防汛事件的。

（5）重要城市的防洪堤防接近危险控制水位。

（6）领导小组视防汛事件危害程度、灾区救灾能力和社会影响等综合因素，研究确定为特别重大事件的。

（7）其他与防汛有关的非常重大事项。

2. 重大防汛事件

出现下列情况之一，为公司重大防汛事件。

（1）因洪水直接造成重大电网、设备事故。

（2）因洪水直接造成10kV及以下的配网设施大面积受损，对任何一个县50%以上乡镇造成停电限电，且基层单位在3天内不能完全恢复。

（3）公司所属水电站大坝、厂房上下游形成堰塞湖，河道水流受阻。

（4）国家或省级政府确定为重大防汛事件的。

（5）领导小组视防汛事件危害程度、灾区救灾能力和社会影响等综合因素，研究确定为重大事件的。

（6）其他与防汛有关的重大事项。

3. 较大防汛事件

出现下列情况之一，为公司较大防汛事件。

（1）因洪水直接造成较大电网、设备事故。

（2）因洪水直接造成一个县内20%以上50%以下乡镇停电。

（3）公司所属水电站水库上游泥石流等较大物体冲击坝体，可能影响闸门正常启闭或水工建筑物安全。

（4）国家或省级政府确定为较大防汛事件的。

（5）领导小组视防汛事件危害程度、灾区救灾能力和社会影响等综合因素，研究确定为较大事件的。

（6）其他与防汛有关的较大事项。

4．一般防汛事件

出现下列情况之一，为公司一般防汛事件。

（1）因洪水直接造成一般电网、设备事故。

（2）因洪水直接造成一个县内20%以上50%以下乡镇限电。

（3）因洪水直接造成任何一项大型电力基建工程停工。

（4）公司所属水电站库区及厂区上、下游边坡发生垮塌导致河道水流受阻，但暂未影响大坝、厂房水工建筑正常运行。

（5）领导小组视防汛事件危害程度、灾区救灾能力和社会影响等综合因素，研究确定为一般事件的。

（6）其他与防汛有关的一般事项。

上述分级标准有关数量的表述中，“以上”含本数，“以下”不含本数。

附录五　洪涝灾害应急响应分级标准

事件分级	各层面相关单位应急响应等级			
	省公司	省会城市（成都）公司	市（州）公司	县级公司
特别重大	Ⅰ	Ⅰ	Ⅰ	Ⅰ
重大	Ⅱ	Ⅰ	Ⅰ	Ⅰ
较大	Ⅲ	Ⅱ	Ⅱ	Ⅰ
一般	Ⅳ	Ⅲ	Ⅲ	Ⅱ

注：1.省会城市公司应急响应分为三级，Ⅰ级响应对应特别重大、重大事件，Ⅱ级响应对应较大事件，Ⅲ级响应对应一般事件。

2. 市（州）应急响应分为三级，Ⅰ级响应对应特别重大、重大事件，Ⅱ级响应对应较大事件，Ⅲ级响应对应一般事件。

3. 县级公司应急响应分为二级，Ⅰ级响应对应特别重大、重大、较大事件，Ⅱ级响应对应一般事件。

4. 发生特别重大、重大事件，省公司启动Ⅰ、Ⅱ级响应时，受到影响的省会城市（成都）、市（州）和县级公司，均应启动Ⅰ级响应。

附录六　洪涝灾害事件应急指挥部组成及职责

角色	组成	职责
总指挥	Ⅰ、Ⅱ级响应事件由公司董事长、总经理担任总指挥，Ⅲ、Ⅳ级响应事件由分管副总经理担任总指挥	负责防汛事件总体指挥决策工作
副总指挥	Ⅰ、Ⅱ级响应事件副总指挥由分管副总经理担任，Ⅲ、Ⅳ级响应事件副总指挥由协管相关业务的总经理助理、总师、副总师担任	协助总指挥负责防汛事件应对进行指挥协调；主持应急会商会，必要时作为现场工作组组长带队赴事发现场指导处置工作
指挥长	设备部主任	负责应急处置的统筹组织管理。执行落实总指挥的工作部署，领导指挥各工作组，指导协调事发单位开展应急处置工作
副指挥长	设备部副主任	协助指挥长组织做好事件应急处置工作，并在指挥长不在时代行其职责
指挥部成员包括办公室、发展部、财务部、设备部、安监部、营销部、建设部、调控中心、交易中心、物资部、科技部、后勤部、党建部、宣传部、产业办、应急中心负责人，下设9个工作组		
应急救援组	组长：应急中心主任 成员：设备部、营销部、应急中心、协议医疗机构	组织协调应急救援队携带特种救灾设备、应急发电车（机），在第一时间赶赴灾区，承担灾情初步查勘、人员救助、危险源隔离、救援营地搭建等任务，为政府救灾、灾民安置、临时医疗点等公共机构提供应急供电和照明
救灾抢修组	组长：设备部主任 成员：设备部、建设部、营销部、安监部、发展部、产业办	负责组织中心和区域救灾抢修队伍、装备开展抢修工作，负责国家电网公司外援抢修队伍工作协调。设备部、建设部组员协调受损输变电设备设施抢修恢复工作，设备部组员协调受损城市、农村配网设备设施抢修恢复工作，建设部组员协调受损电网基建设备设施抢修恢复工作，营销部组员协调受损营业设施和电能计量装置抢修恢复工作，电科院为应急抢修提供技术支撑

续表

角色	组成	职责
电网调控组	组长：调控中心主任 成员：设备部、营销部、调控中心、交易中心	组织协调处理电网故障，保证电网安全稳定运行及电力电量平衡，及时恢复电网供电，根据领导小组指令，启动电网备调中心。营销部组员协调调动营销体系，做好用电需求侧管理工作；交易中心组员协调跨市（州）电力电量支援
通信保障组	组长：调控中心主任 成员：调控中心、科技部	负责协调处理通信故障，提供可靠的通信保障，满足救灾现场与后方指挥部的语音、视频、数据的双向传输需要，保证公司系统网络和自动化设备正常运行
客户服务组	组长：营销部主任 成员：营销部、设备部	负责动员组织客户服务系统，向社会停电客户做好沟通、解释、协调工作，指导高危和重要客户避灾救灾工作，及时将受灾高危和重要客户保电需求向领导小组汇报，组织公司系统应急发电车（机）调配，为高危和重要客户保电。其中设备部组员协助做好城农网客户服务工作
新闻及公共关系组	组长：宣传部主任 成员：办公室、营销部、调控中心、宣传部	负责沟通协调社会新闻媒体，按照领导小组授权范围，负责媒体应对、舆情引导，对外宣传报道公司受灾情况和救灾抢险工作进度。其中，办公室组员提供公共关系协调方面的支持，营销部组员提供客户供电服务信息方面的支持，调控中心组员提供电网运行信息方面的支持
治安交通保障组	组长：办公室主任 成员：办公室、设备部、安监部	负责协调掌握治安交通状况，维护现场治安秩序，为救灾抢险中人员、物资提供交通安全保障
后勤保障组	组长：物资部主任 成员：设备部、安监部、建设部、营销部、物资部、后勤部、财务部、发展部、产业办、协议医疗机构	负责联系协调设备物资供应厂家，组织应急物资储备仓库开展应急值班，组织应急救援物资、救灾抢险设备调拨、采购、运输等工作。其中，后勤部组员负责公司本部救灾人员生活保障，指导协调各灾区生活保障工作，组织协调药品等医疗物资购买和调配；发展部、财务部组员负责协调救灾项目、资金和保险理赔事宜
稳定及思想工作组	组长：党建部主任 成员：办公室、后勤部、党建部、协议医疗机构	按照领导小组要求，各参与部门依照职责开展处置协调工作，负责防汛事件中员工思想稳定、伤亡受困员工及家属安抚等善后工作

附录七 洪涝灾害事件预警（响应）行动日报模板

国网四川公司×××预警响应行动日报

国网××公司 20××年××月××日××时

一、××事件（风险）情况

1. 当前情况和发展趋势

目前，根据××××预报，××××将会，影响持续到××月××日。

重要事项：省部级以上领导、公司领导视察、调研应急工作，对重大突发事件指示批示；重大活动保电。

【示例】11月26日，××副总经理带领安监、设备、营销部负责人赴××，分别到××镇500kV××线组塔架线现场和××县××镇配电抢修现场督导检查，慰问一线抢修人员，在当晚举行的抢险汇报会上要求××公司加强抢修组织，加大力量投入，强化安全管控，做好后勤保障，尽快完成抢修复电收尾工作，并持续做好冬季电网保暖保供各项工作。

【示例】12月13日，××公司完成××保电任务。

二、电网负荷情况

各单位负荷创新高情况。

【示例】13日，××负荷创新高，达××万kV。

三、预警行动及响应情况

（一）预警及行动情况

预警共××项：省公司级预警×项，为×××（省公司所发布预警需附原件）；地市公司级预警××项；县公司级预警××项。

（二）应急响应情况

启动应急响应共×项：省公司级×项，为××类别×级，启动××预案；地市公司级应急响应×项；县公司级应急响应×项。

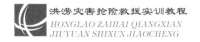
四、突发事件救援及处置情况

各单位突发事件应急处置总体情况，如洪涝等灾害影响电网情况及处置情况、社会突发事件供电支援情况等。

【示例】12月12日××市××区发生重大洪涝灾害，电网运行正常。

（一）具有社会影响的停电事件应急处置情况

各级单位发生如下事件，应急处置工作详细情况。

（1）各级党政军机关办公区停电。

（2）广播电视设施、重要军事设施停电等重要机构停电。

（3）机场、港口、铁路（高铁）牵引站及车站等重要交通设施停电。

（4）商业圈或人员密集区域的重要标志性建筑和广场、大型居民社区，重要供水、供气、供暖（冬季）企业，地铁、大型综合医院等重要场所和公共基础设施停电。

（5）县级及以上政府所在地城区供电全停；2个以上乡镇所在地供电全停。

（6）各类发电企业发生严重异常、能源供应紧缺、影响电网安全稳定运行，可能造成大范围限电或停电。

（二）地质灾害/洪涝/强对流等自然灾害处置情况

例如：××公司9月7日，××地区受降雨影响，停运16条10kV线路，停电570个台区、3941户用户。××公司积极组织抢修，投入人员79人、车辆19台。截至8日6时，已全部恢复供电。

各级单位发生如下事件，应急处置工作详细情况。

（1）发生较大及以上冰灾、洪涝等灾害灾难。

（2）城市发生道路坍塌影响输变配电设备设施安全运行。

各级单位发生如下火灾事件，应急处置工作详细情况。

（1）变电站主要设备发生火灾，地下变电站、室内变电站、电缆隧道火灾。

（2）基建现场、建筑物（含调度大楼、办公大楼、营业厅、物资仓库、水电站、发电厂、信息机房等）火灾。

（3）森林草原火情。

（三）网络与信息安全事件处置情况

发生生产控制大区、管理信息大区或互联网大区遭网络攻击造成的等保四级系统或重要一类信息系统功能遭破坏、数据遭窃取、资产遭损害时，各单位应急处置工作详细情况。

（四）社会突发事件应急供电支援情况

发生影响较大的危化品火灾、地下矿井事故、山体滑坡、建筑物坍塌、重大交通事故时，政府启动应急救援，各单位提供电力支援情况。

附录八 应急物资需求申报表

XX公司应急物资需求申报表

应急情况原因：

序号	物料编码	物料描述	数量	计量单位	估算单价	估算总价	需求到货时间	交货地点	交货联系人及手机号码	物资技术联系人及手机号码	建议供应商	备注

需求部门（单位）：　　　　　　　　　　　　　　　　需求提报人及手机号码：

项目管理部门意见（盖章）：　　　　　　　　　　　　安全监察部门意见（盖章）：

财务部意见（盖章）：　　　　　　　　　　　　　　　发展策划部意见（盖章）：

本单位分管领导意见：

本单位主要领导意见（各单位根据内控管理办法决定是否签署）：　　　　　需求提报时间：

注：应急采购必须满足应急救援抢险或突发事故的需求。

附录九　洪涝灾害处置后评估（模板）

洪涝灾害处置后评估（模板）

洪涝事件：　　　　　　　　　　　　　　处置地点：
评估单位：　　　　　　　　　　　　　　评估日期：　　年　　月　　日
被评估对象：指挥层

指标内容	评分设计
部署决策 （30分）	1. 严格按照预案有关规定进行部署和决策，救援和恢复工作步骤合理、妥当，得满分； 2. 延误部署和决策，扣10～20分； 3. 部署决策过程中出现重大失误不得分
协同应对 （30分）	1. 根据事态发展，积极主动向国家有关职能部门提出援助需求，加快抢修和恢复的进度，得满分； 2. 被动提出援助需求，扣10～20分； 3. 需要而未提出援助需求，不得分
应急研判 （30分）	根据事态发展，针对进入和解除应急状态，决定启动、调整和终止事件响应等重要节点的研判，出现一次错误，扣8分，扣完为止
信息披露 （30分）	1. 信息披露内容准确、及时、要素齐全，得满分； 2. 信息披露内容不准确，扣10分；信息披露不及时，扣10分；信息披露要素不齐全，扣10分，扣完为止

被评估对象：管理层

一级指标	二级指标	三级指标	评分设计
预警管理（33分）	预警分级（5分）	—	1. 未开展预警分级工作的，不得分； 2. 预警分级机制不符合要求的，发现一处扣2分，扣完为止
	预警发布（8分）	—	1. 未做预警通知1次扣3分； 2. 预警措施缺乏针对性1次扣2分； 3. 预警级别确定不合理1次扣1分； 4. 预警发布流程不规范1次扣1分，扣完为止
	预警行动（12分）	—	1. 应开展应急值班而未开展扣3分； 2. 应及时报送信息未报送扣2分； 3. 应急预警未加强电网运行监测、电网设备运维扣2分； 4. 应急队伍等人员未按照要求进入待命状态扣2分； 5. 其他预警措施未响应到位1次扣2分； 6. 措施执行情况未反馈1次扣1分，扣完为止
	预警调整和结束（8分）	—	1. 未及时调整或者解除预警响应的1次扣2分； 2. 调整或者解除程序不符合要求的，1次扣1分，扣完为止
处置与救援（67分）	处置措施（12分）	—	1. 未掌握先期处置方法的每人次扣2分； 2. 未及时上报事件简明信息扣3分； 3. 未进行正确的先期处置导致人员自身伤亡或事故扩大本项不得分，扣完为止
	应急响应（20分）	启动应急响应（10分）	1. 未按预案要求启动应急响应本项不得分； 2. 启动应急响应的级别不正确扣5分； 3. 未按规定报告上级或地方政府扣5分
		应急响应行动（10分）	1. 未按预案要求启用应急指挥中心扣5分； 2. 未按要求开展应急会商扣5分； 3. 未要求开展应急值班扣5分； 4. 未部署相关专业人员开展救援，发现一处扣2分，扣完为止
	信息报送（24分）	信息收集与交换（10分）	1. 信息报送内容、数据不一致每发现一处扣2分； 2. 信息不完整每发现一处扣2分； 3. 沟通交换信息不及时每发现一处扣2分，扣完为止
		信息发布程序（8分）	1. 未及时制定信息发布模板和新闻发布通稿扣3分； 2. 未按要求进行信息发布和新闻发布扣4分； 3. 信息发布不及时或产生负面影响的扣4分
		信息发布内容（6分）	1. 信息发布的内容不全面扣3分； 2. 不同阶段未做好动态管理、及时更新发现一处扣3分，扣完为止

一级指标	二级指标	三级指标	评分设计
处置与救援 （67分）	舆情引导 （6分）	—	1. 未建立舆情监测预警系统的扣2分； 2. 监测人员职责不落实、分析不到位的扣2分； 3. 上报及发布不及时，扣2分； 4. 未开通官方微博、微信，信息发布渠道单一的扣2分
	调整与结束 （5分）	—	1. 调整或解除应急响应的条件与预案不一致扣3分； 2. 发布调整或解除应急响应通知不及时、不规范，每发现一处扣2分，扣完为止
恢复与重建 （20分）	后期处置 （15分）	事件损失分析 （5分）	1. 未进行损失统计及综合分析的每次扣2分； 2. 未及时开展保险理赔及费用结算每次扣2分
		事件调查分析 （10分）	未针对突发事件进行分析每次扣2分
	资料归档 （5分）	—	响应结束后未及时进行资料归档的扣3分

被评估对象：一线操作层

一级指标	二级指标	评分设计
演练准备 （12分）	—	现场应急处置的人员数量不足、两穿一戴不规范、携带的工器具不齐全，每发现一处扣1分，扣完为止
处置与救援 （108分）	先期处置（24分）	先期处置阶段的处置措施不够全面、得当或与应急处置卡不一致，每发现一处扣4分，扣完为止
	信息报告（24分）	1. 未按应急处置卡要求报告事件信息不得分； 2. 报告事件信息不规范扣10～15分
	应急处置（24分）	现场应急处置阶段的处置措施不够全面、得当或与应急处置卡不一致，每发现一处扣4分，扣完为止
	应急救援（24分）	应急救援措施不够全面、得当或与预案不一致，每发现一处扣4分，扣完为止
	后期处置（12分）	后期处置不全面、不正确，发现一处扣3分，扣完为止

附录十　洪涝灾害应急预案评审表（模板）

应急预案形式评审表

评审项目	评审内容及要求	评审意见
封面	应急预案版本号、应急预案名称、单位名称等内容	
目录	1. 页码标注准确（预案简单时目录可省略）； 2. 层次清晰，编号和标题编排合理	
正文	1. 文字通顺、语言精练、通俗易懂； 2. 结构层次清晰，内容格式规范； 3. 图表、文字清楚，编排合理（名称、顺序、大小等）； 4. 无错别字，同类文字的字体、字号统一	
附件	1. 附件项目齐全，编排有序合理； 2. 多个附件应标明附件的对应序号； 3. 需要时，附件可以独立装订	
编制过程	1. 成立应急预案编制工作组； 2. 全面分析本单位危险因素，确定可能发生的事故和其他突发事件类型及危害程度； 3. 针对危险源和事故危害程度，制订相应的防范措施； 4. 客观评价本单位应急能力，掌握可利用的社会应急资源情况； 5. 制订相关专项预案和现场处置方案，建立应急预案体系； 6. 充分征求相关部门和单位意见，并对意见及采纳情况进行记录； 7. 必要时与相关专业应急救援单位签订应急救援协议； 8. 应急预案经过评审或论证； 9. 重新修订后评审的，一并注明	

专项应急预案要素评审表

评审项目		评审内容及要求	评审意见
事件类型和危险程度分析*		1. 客观分析本单位存在的危险源及危险程度; 2. 客观分析可能引发突发事件的诱因、影响范围及后果; 3. 提出相应的突发事件预防和应急措施	
组织机构及职责*	应急组织体系	1. 清晰描述本单位的应急组织体系(推荐使用图表); 2. 明确应急组织成员日常及应急状态下的工作职责; 3. 规定的工作职责合理,相互衔接	
	指挥机构及职责	1. 清晰表述本单位应急指挥体系; 2. 应急指挥部门职责明确; 3. 各应急工作小组设置合理,应急工作明确	
预防与预警	危险源监控	1. 明确危险源的监测监控方式、方法; 2. 明确技术性预防和管理措施; 3. 明确采取的应急处置措施	
	预警行动	1. 明确预警信息发布的方式及流程; 2. 预警级别与采取的预警措施科学合理	
信息报告 *		1. 明确本单位24小时应急值守电话; 2. 明确本单位内部应急信息报告的方式、要求与处置流程; 3. 明确向上级单位、政府有关部门进行应急信息报告的责任部门、方式、内容和时限; 4. 明确向突发事件相关单位通告、报警的责任部门、方式、内容和时限; 5. 明确向有关单位发出请求支援的责任部门、方式和内容	
应急响应*	响应分级	1. 分级清晰合理,且与上级应急预案响应分级衔接; 2. 体现突发事件紧急和危害程度; 3. 明确紧急情况下应急响应决策的原则	
	响应程序	1. 明确具体的应急响应程序和保障措施; 2. 明确救援过程中各专项应急功能的实施程序; 3. 明确扩大应急的基本条件及原则; 4. 辅以图表直观表述应急响应程序	
	处置措施	1. 针对突发事件种类制定相应的应急处置措施; 2. 符合实际,科学合理; 3. 程序清晰,简单易行	
应急物资与装备保障*		1. 明确对应急救援所需的物资和装备的要求; 2. 应急物资与装备保障符合单位实际,满足应急要求	

注: "*"代表应急预案的关键要素。如果专项应急预案作为总体应急预案的附件,总体应急预案已经明确的要素,专项应急预案可省略。

现场处置方案要素评审表

评审项目	评审内容及要求	评审意见
事件特征*	1．明确可能发生突发事件的类型和危险程度，清晰描述作业现场风险； 2．明确突发事件判断的基本征兆及条件	
应急组织及职责*	1．明确现场应急组织形式及人员； 2．应急职责与工作职责紧密结合	
应急处置*	1．明确第一发现者进行突发事件初步判定的要点及报警时的必要信息； 2．明确报警、应急措施启动、应急救护人员引导、扩大应急等程序； 3．针对操作程序、工艺流程、现场处置、事故控制和人员救护等方面制定应急处置措施； 4．明确报警方式、报告单位、基本内容和有关要求	
注意事项	1．佩戴个人防护器具方面的注意事项； 2．使用抢险救援器材方面的注意事项； 3．有关救援措施实施方面的注意事项； 4．现场自救与互救方面的注意事项； 5．现场应急处置能力确认方面的注意事项； 6．应急救援结束后续处置方面的注意事项； 7．其他需要特别警示的注意事项	

注："*"代表应急预案的关键要素。现场处置方案落实到岗位每个人，可以只保留应急处置。

应急预案附件要素评审表

评审项目	评审内容及要求	评审意见
有关部门、机构或人员的联系方式	1. 列出应急工作需要联系的部门、机构或人员至少两种联系方式，并保证准确有效； 2. 列出所有参与应急指挥、协调人员姓名、所在部门、职务和联系电话，并保证准确有效	
重要物资装备名录或清单	1. 以表格形式列出应急装备、设施和器材清单，清单应当包括种类、名称、数量以及存放位置、规格、性能、用途和用法等信息； 2. 定期检查和维护应急装备，保证准确有效	
规范化格式文本	给出信息接报、处理、上报等规范化格式文本，要求规范、清晰、简洁	
关键的路线、标识和图纸	1. 警报系统分布及覆盖范围； 2. 重要防护目标一览表、分布图； 3. 应急救援指挥位置及救援队伍行动路线； 4. 疏散路线、重要地点等标识； 5. 相关平面布置图纸、救援力量分布图等	
相关应急预案名录、协议或备忘录	列出与本应急预案相关的或相衔接的应急预案名称，以及与相关应急救援部门签订的应急救援协议或备忘录	

注：附件根据应急工作需要而设置，部分项目可省略。

附录十一　洪涝灾害应急演练评估报告模板

××公司洪涝灾害应急演练评估报告

演练名称		演练时间	
演练类型	□桌面/□实战　　□单项/□综合　□检验性/□示范性/□研究性　　□内部/□联合 □有脚本/□无脚本　　□省公司级/□地市级/□县级		
组织单位		参演单位	
演练总指挥		参演人数	
演练涉及预案		评估组人员	
演练总体情况	一、演练基本情况 背景、目的、意义和科目设置。 …… 二、演练效果 依据演练评估表格的评估结果，从演练的准备及组织实施情况、参演人员表现等方面分析好的做法和存在的问题以及演练目标的实现、演练成本效益分析等。 〔示例〕 （一）定位准确，情景真实。本次演练模拟情景设置合理，展现了较强的上下联动、内外协同配合的能力。 （二）科目合理，要素齐全。参演单位包括预案要求的各部门和单位，过程覆盖处置全流程，包括预警、响应、处置、汇报等环节，符合预案要求，具有很强的实用性和针对性。 （三）协调控制、组织有序。综合运用应急指挥中心和软件平台等技术手段，以桌面推演结合实战为主要表现形式，辅以视频、图片和PPT，过程衔接紧密顺畅，体现了很强的导调控制能力和组织协调能力。		
存在问题及改进措施	一、本预案上一次演练发现问题的改进情况 …… 二、本次演练评估发现的问题整改意见和建议 演练组织、实施方面、应急管理等。 三、对涉及应急预案的意见和建议 预案适应性、预案修订建议等。		
评估结论①	□优　　□良　　□中　　□差		
备注	表战演练准备情况评估表 实战演练实施情况评估表 桌面演练评估表		

填表人：　　　　　　评估日期：

---

① 评估标准：优（无差错完成所有演练内容）、良（达到预期的演练目标，差错较少）、中（存在明显缺陷，但没有影响实现预期的演练目标）、差（出现重大错误，演练预期目标受到严重影响，演练被迫中止，造成应急行动延误或资源浪费）。

附录十二 实战演练评估

实战演练准备情况的评估从演练策划与设计、演练文件编制、演练保障三个方面进行，具体评估内容见下表。

实战演练准备情况评估表

评估项目		评估内容	满足条件 打"√"	不满足条件或不适 用作问题情况说明
1. 演练策划 与设计 （10分）	1.1	目标明确且具有针对性，符合本单位实际	☐	
	1.2	演练目标简明、合理、具体、可量化和可实现	☐	
	1.3	演练目标应明确"由谁在什么条件下完成什么任务，依据什么标准，取得什么效果"	☐	
	1.4	演练目标设置是从提高参演人员的应急能力角度考虑	☐	
	1.5	设计的演练情景符合演练单位实际情况，且有利于促进实现演练目标和提高参演人员应急能力	☐	
	1.6	考虑到演练现场及可能对周边社会秩序造成的影响	☐	
	1.7	演练情景内容包括了情景概要、事件后果、背景信息，演化过程要素等，要素较为全面	☐	
	1.8	演练情景中的各事件之间的演化衔接关系科学、合理，各事件有确定的发生与持续时间	☐	
	1.9	确定了各参演单位和角色在各任务场景中的期望行动以及期望行动之间的衔接关系	☐	
	1.10	确定演练内容所需注入的信息及其注入形式	☐	

续表

评估项目		评估内容	满足条件打"√"	不满足条件或不适用作情况问题情况说明
2. 演练文件编制（9分）	2.1	制订了演练工作方案、安全及各类保障方案、宣传方案	☐	
	2.2	根据演练需要编制了演练脚本或演练观摩手册	☐	
	2.3	各单项文件中要素齐全、内容合理、符合演练规范要求	☐	
	2.4	文字通顺、语言精练、通俗易懂	☐	
	2.5	内容格式规范、各项附件项目齐全、编排顺序合理	☐	
	2.6	演练工作方案经过评审或报批	☐	
	2.7	演练保障方案印发至演练的各保障部门	☐	
	2.8	演练宣传方案考虑到演练前、中、后各环节宣传需要	☐	
	2.9	编制的观摩手册中各项要素齐全，并有安全告知	☐	
3. 演练保障（9分）	3.1	人员的分工明确、职责清晰、数量满足演练要求	☐	
	3.2	演练经费充足、保障充分	☐	
	3.3	器材使用管理科学、规范、满足演练需要	☐	
	3.4	场地选择符合演练策划情景设置要求、现场条件满足演练要求	☐	
	3.5	演练活动安全保障条件准备到位并满足要求	☐	
	3.6	充分考虑演练实施中可能面临的各种风险，制订必要的应急预案或采取有效控制措施	☐	
	3.7	参演人员能够确保自身安全	☐	
	3.8	采用多种通信保障措施，有备份通信手段	☐	
	3.9	对各项演练保障条件进行了检查确认	☐	

实战演练准备情况的评估可从预警与信息报告、紧急动员、事故监测与研判、指挥和协调、事故处置、应急资源管理、应急通信、信息公开、人员保护、警戒与管制、医疗救护、现场控制及恢复和其他13个方面进行，具体评估内容参见下表。

实战演练实施情况评估表

评估项目	评估内容	满足条件打"√"	不满足条件或不适用作情况说明
1. 预警与信息报告（8分）	1.1 演练单位能够根据监测监控系统数据变化状况、事故险情紧急程度和发展势态或有关部门提供的预警信息进行预警	☐	
	1.2 演练单位有明确的预警条件、方式和方法	☐	
	1.3 对有关部门提供的信息、现场人员发现险情或隐患进行及时预警	☐	
	1.4 预警方式、方法和预警结果在演练中表现有效	☐	
	1.5 演练单位内部信息通报系统能够及时投入使用，能够及时向有关部门和人员报告事故信息	☐	
	1.6 演练中事故信息报告程序规范，符合应急预案要求	☐	
	1.7 在规定时间内能够完成向上级主管部门或地方人民政府报告事故信息程序，并持续更新	☐	
	1.8 能够快速向本单位以外的有关部门、周边群众通报事故信息	☐	
2. 紧急动员（6分）	2.1 演练单位能够根据应急预案快速确定事故的严重程度及等级	☐	
	2.2 演练单位能够根据事故级别，启动相应的应急响应，采用有效的工作程序、警告、通知和动员相应范围内的人员	☐	
	2.3 演练单位能够通过总指挥或指挥授权人员及时启动应急响应	☐	
	2.4 演练单位应急响应迅速，动员效果较好	☐	
	2.5 演练单位能够适应事先不通知或突袭抽查式的应急演练	☐	
	2.6 非工作时间以及至少有一名单位主要领导不在应急岗位的情况下能够完成本单位的紧急动员	☐	

续表

评估项目		评估内容	满足条件打"√"	不满足条件或不适用作情况说明
3. 事故监测与研判（4分）	3.1	演练单位在接到事故报告后，能够及时开展事故早期评估，获取事件的准确信息	☐	
	3.2	演练单位及相关单位能够持续监测事故全过程	☐	
	3.3	事故监测人员能够科学评估其潜在危害性	☐	
	3.4	能够及时报告事态评估信息	☐	
4. 指挥和协调（11分）	4.1	现场指挥部能够及时成立，并确保其安全高效运转	☐	
	4.2	指挥人员能够指挥和控制其职责范围内所有的参与单位及部门，救援队伍和救援人员的应急响应行动	☐	
	4.3	应急指挥人员表现出较强指挥协调能力，能够对救援工作全局有效掌控	☐	
	4.4	指挥部各位成员能够在较短规定时间内到位，分工明确并各负其责	☐	
	4.5	现场指挥部能够及时提出有针对性对性的事故应急处置措施或制订切实可行的现场处置方案并报总指挥部批准	☐	
	4.6	指挥部重要岗位有后备人选，并能够进行合理轮换	☐	
	4.7	现场指挥部制订的救援方案科学可行，调集了足够的应急救援资源和装备（包括专业救援人员和相关装备）	☐	
	4.8	现场指挥部与当地政府或本单位指挥中心信息畅通，并实现信息持续更新和共享	☐	
	4.9	应急指挥决策程序科学，内容有预见性、科学可行	☐	
	4.10	指挥部能够对事故现场有效传达指令，进行有效管控	☐	
	4.11	应急指挥中心能够及时启用，各项功能正常、满足使用	☐	

续表

评估项目		评估内容	满足条件打"√"	不满足条件或不适用作情况说明
5. 事故处置（8分）	5.1	参演人员能够按照处置方案规定或在指定的时间内迅速赶到现场开展救援	☐	
	5.2	参演人员能够对事故先期状况做出正确判断，采取的先期处置措施科学、合理，处置结果有效	☐	
	5.3	现场参演人员职责清晰，分工合理	☐	
	5.4	应急处置程序正确、规范，处置措施执行到位	☐	
	5.5	参演人员之间有效联络，沟通顺畅有效，并能够有序配合，协同救援	☐	
	5.6	事故现场处置过程中，参演人员能够对现场实施持续安全监测或监控	☐	
	5.7	事故处置过程中采取了措施防止次生或衍生事故发生	☐	
	5.8	针对事故现场采取必要的安全措施，确保救援人员安全	☐	
6. 应急资源管理（4分）	6.1	根据事态评估结果，能够识别和确定应急行动所需的各类资源，同时根据需要联系资源供应方	☐	
	6.2	参演人员能够快速、科学使用外部提供的应急资源并投入应急救援行动	☐	
	6.3	应急设施、设备、器材等数量和性能能够满足现场应急需要	☐	
	6.4	应急资源的管理和使用规范有序，不存在浪费情况	☐	
7. 应急通信（4分）	7.1	通信网络系统正常运转，通信能力能够满足应急响应的需求	☐	
	7.2	应急队伍能够建立多途径的通信系统，确保通信畅通	☐	
	7.3	有专职人员负责通信设备的管理	☐	
	7.4	应急通信效果良好，演练各方通信信息顺畅	☐	

续表

评估项目		评估内容	满足条件打"√"	不满足条件或不适用情况说明
8. 信息公开（4分）	8.1	明确事故信息发布部门、发布原则，事故信息能够由现场指挥部及时准确向新闻媒体通报	□	
	8.2	指定了专门负责公共关系的人员，主动协调媒体关系	□	
	8.3	能够主动就事故情况在内部进行告知，并及时通知相关方（股东/家属/周边居民等）	□	
	8.4	能够对事件舆情持续监测和研判，并对涉及的公共信息妥善处置	□	
9. 人员保护（4分）	9.1	演练单位能够综合考虑各种因素并协调有关方面，确保各方人员安全	□	
	9.2	应急救援人员配备适当的个体防护装备，或采取了必要自我安全防护措施	□	
	9.3	有受到或可能受到事故波及或影响的人员的安全保护方案	□	
	9.4	针对事件影响范围内的特殊人群，能够采取适当方式发出警告并采取安全防护措施	□	
10. 警戒与管制（4分）	10.1	关键应急场所的人员进出通道受到有效管制	□	
	10.2	合理设置了交通管制点、划定管制区域	□	
	10.3	各种警戒与管制标志、标识设置明显，警戒措施完善	□	
	10.4	有效控制出入口，清除道路上的障碍物，保证道路畅通	□	
11. 医疗救护（4分）	11.1	应急响应人员对受伤人员采取有效期急救，急救药品、器材配备有效	□	
	11.2	及时与场外医疗救护资源建立联系取得支援，确保伤员及时得到救治	□	
	11.3	现场医疗人员能够对伤病人员情做出正确诊断，并按照既定的医疗程序对伤病人员进行处置	□	
	11.4	现场急救车辆能够及时准确地将伤员送往医院，并带齐有伤员有关资料	□	

续表

评估项目		评估内容	满足条件打"√"	不满足条件或不适用作情况说明
12. 现场控制及恢复（4分）	12.1	针对事故可能造成的人员安全健康与环境、设备与设施方面的潜在危害，以及为降低事故影响而制订的技术对策和措施有效	☐	
	12.2	事故现场产生的污染物或有毒有害物质能够及时、有效处置，并确保没有造成二次污染或危害	☐	
	12.3	能够有效安置疏散人员，清点人数，划定安全区域并提供基本生活等后勤保障	☐	
	12.4	现场保障条件满足事故处置、控制和恢复的基本需要	☐	
13. 其他（8分）	13.1	演练情景设计合理，满足演练要求	☐	
	13.2	演练达到了预期目标	☐	
	13.3	参演的组成机构或人员职责能够与应急预案相符合	☐	
	13.4	参演人员能够按时就位，正确并熟练使用应急器材	☐	
	13.5	参演人员能够以认真态度，并及时、有效地完成演练活动中应承担的角色工作内容	☐	
	13.6	应急响应程序符合实际并与应急预案中规定的内容相一致	☐	
	13.7	应急预案得到了充分验证和检验，并发现了不足之处	☐	
	13.8	参演人员的能力也得到了充分检验和锻炼	☐	

附录十三 桌面演练评估

桌面演练的评估可从演练策划与准备、演练实施两个方面进行，具体评估内容参见下表。

桌面演练评估表

评估项目		评估内容	满足条件打"√"	不满足条件或不适用作情况说明
1. 演练策划与准备	1.1	目标明确	☐	
	1.2	演练目标简单、合理、具体、可量化和可实现	☐	
	1.3	设计的演练情景符合参演人员需要，目有利于促进实现演练目标和提高参与人员应急能力	☐	
	1.4	演练情景内容包括了情景概要、事件后果、背景信息、演化过程等要素，要素较为全面	☐	
	1.5	演练情景中的各事件之间的演化衔接关系设置科学、合理，各事件有确定的发生与持续时间	☐	
	1.6	确定了各参演单位和角色在各场景中的期望行动以及期望行动之间的衔接关系	☐	
	1.7	确定所需注入的信息及其注入形式	☐	
	1.8	制定了演练工作方案，明确了参演人员的角色和分工	☐	
	1.9	演练活动保障人员数量和工作能力满足桌面演练需要	☐	
	1.10	演练现场布置、各种器材、设备等硬件条件满足桌面演练需要	☐	

续表

评估项目		评估内容	满足条件打"√"	不满足条件或不适用作情况说明
2. 演练实施	2.1	演练背景、进程以及参演人员角色分工等解说清晰正确	☐	
	2.2	根据事态发展，分级响应迅速、准确	☐	
	2.3	模拟指挥人员能够表现出较强指挥协调能力，演练过程中各项协调工作全局有效掌控	☐	
	2.4	按照模拟真实发生的事件表述应急处置方法和内容	☐	
	2.5	通过多媒体文件、沙盘、信息条等多种形式向参演人员展示应急演练场景，满足演练要求	☐	
	2.6	参演人员能够准确接收并正确理解演练注入人的信息	☐	
	2.7	参演人员根据情况提供的信息和情景做出正确的判断和决策	☐	
	2.8	参演人员能够主动搜集和分析演练中需要的各种信息	☐	
	2.9	参演人员制订的救援方案科学可行，符合给出实际事故情况处置要求	☐	
	2.10	参演人员应急过程中的决策程序科学、内容有预见性、科学可行	☐	
	2.11	参演人员能够依据给出的演练情景快速准确定事故的严重程度及等级	☐	
	2.12	参演人员能够根据响应级别，确定启动应急响应的接报程序、方法和内容	☐	
	2.13	参演人员熟悉事故信息的接报程序、方法和内容	☐	
	2.14	参演人员熟悉各自应急职责，并能够较好配合其他小组或人员开展工作	☐	
	2.15	参与演练各小组负责人能根据各成员意见提出本小组的统一决策意见	☐	
	2.16	参演人员对决策意见的表达思路清晰、内容全面	☐	
	2.17	参演人员做出的各项决策、行动符合角色身份要求	☐	
	2.18	参演人员能够与本应急小组共享相关应急信息	☐	
	2.19	应急演练能够全身心地参与到整个演练活动中	☐	
	2.20	演练的各项预定目标都得以顺利实现	☐	